基本的な関数のグラフと **2** 次曲線（x 軸，y 軸，原点の表記は省略）

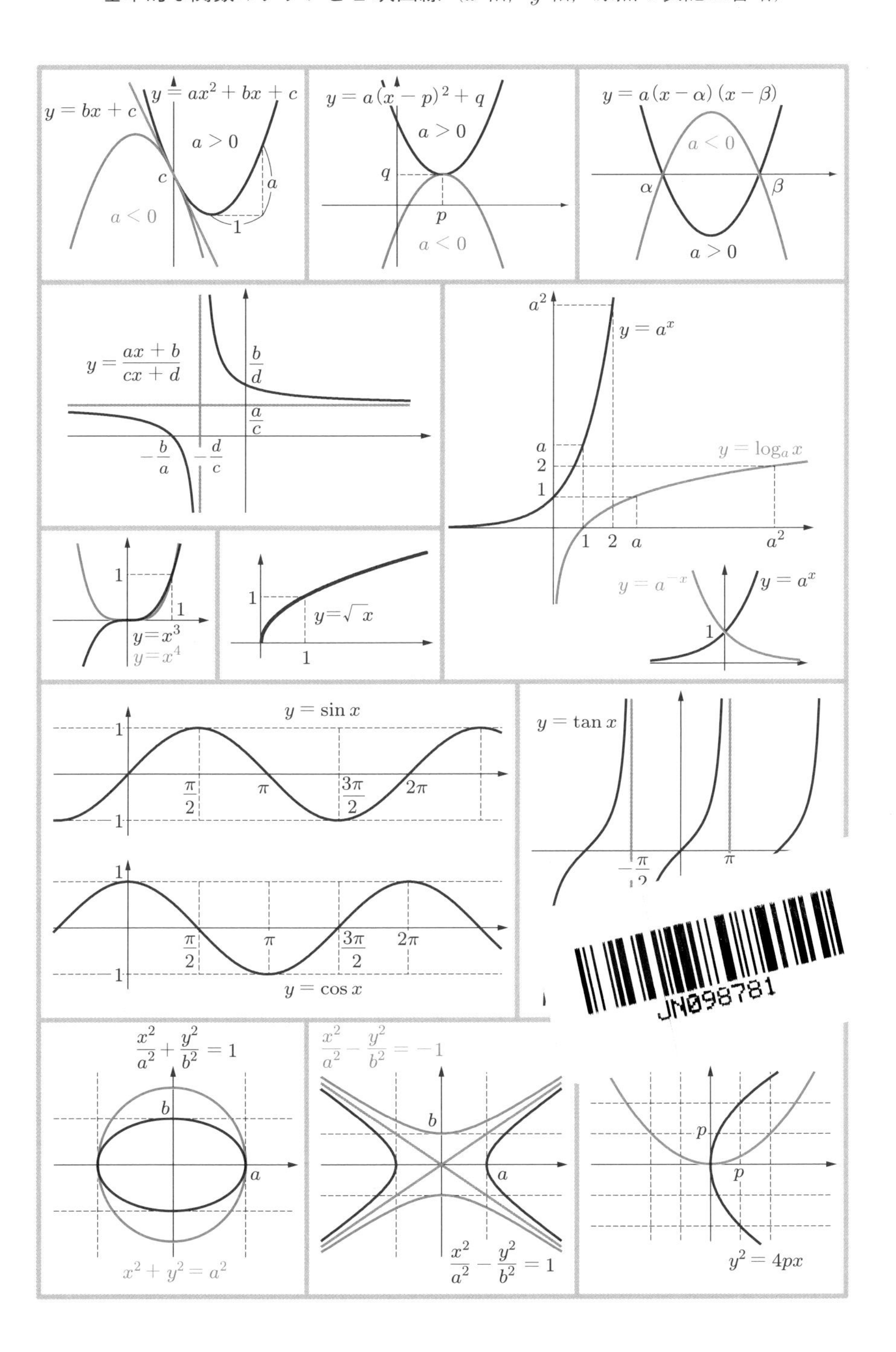

微分積分

第2版

工学系数学テキストシリーズ

上野 健爾 監修
工学系数学教材研究会 編

DIFFERENTIAL AND INTEGRAL

森北出版

監修の言葉

「宇宙という書物は数学の言葉を使って書かれている」とはガリレオ・ガリレイの言葉である．この言葉通り，物理学は微積分の言葉を使って書かれるようになった．今日では，数学は自然科学や工学の種々の分野を記述するための言葉として必要不可欠であるばかりでなく，人文・社会科学でも大切な言葉となっている．しかし，外国語の学習と同様に「数学の言葉」を学ぶことは簡単でない場合が多い．とりわけ大学で数学を学び始めると高校との違いに驚かされることが多い．問題の解き方ではなく理論の展開そのものが重視されることにその一因がある．

「原論」を著し今日の数学の基本をつくったユークリッドは，王様から幾何学を学ぶ近道はないかと聞かれて「幾何学には王道はない」と答えたという伝説が残されている．しかし一方では，優れた教科書と先生に巡り会えば数学の学習が一段と進むことも多くの例が示している．

本シリーズは学習者が数学の本質を理解し，数学を多くの分野で活用するための基礎をつくることができる教科書を，それのみならず数学そのものを楽しむこともできる教科書をめざして作成されている．企画・立案から執筆まで実際に教壇に立って高校から大学初年級の数学を教えている先生方が一貫して行った．長年，数学の教育に携わった立場から，学習者がつまずきやすい箇所，理解に困難を覚えるところなどに特に留意して，取り扱う内容を吟味し，その配列・構成に意を配っている．本書は特に高校数学から大学数学への移行に十分な注意が払われている．この点は従来の大学数学の教科書と大きく異なり，特筆すべき点である．さらに，図版を多く挿入して理解の手助けになるように心がけている．また，定義やあらかじめ与えられた条件とそこから導かれる命題との違いが明瞭になるように従来の教科書以上に注意が払われている．推論の筋道を明確にすることは，数学を他の分野に応用する場合にも大切なことだからである．それだけでなく，数学そのものの面白さを味わうことができるように記述に工夫がなされている．例題もたくさん取り入れ，それに関連する演習問題も多数収録して，多くの問題を解くことによって本文に記された理論の理解を確実にすることができるように配慮してある．このように，本シリーズは，従来の教科書とは一味も二味も違ったものになっている．

本シリーズが大学生のみならず数学の学習を志す多くの人々に学びがいのある教科書となることを切に願っている．

上野　健爾

まえがき

工学系数学テキストシリーズ『基礎数学』,『微分積分』,『線形代数』,『応用数学』,『確率統計』は，発行から7年を経て，このたび改訂の運びとなった．本シリーズは，実際に教壇に立つ経験をもつ教員によって書かれ，これを手に取る学生がその内容を理解しやすいように，教員が教室の中で使いやすいように，細部まで十分な配慮を払った．

改訂にあたっては，従来の方針のとおり，できる限り日常的に用いられる表現を使い，理解を助けるために多くの図版を配置した．また，定義や定理，公式の解説のあとには必ず例または例題をおいて，その理解度を確かめるための問いをおいた．本書を読むにあたっては，実際に問いが解けるかどうか，鉛筆を動かしながら読み進めるようにしてほしい．

本書は十分に教材の厳選を行って編まれたが，改訂版ではさらにそれを進めるとともに，より学びやすいようにいくつかの節の移動を行った．本書によって数学を習得することは，これから多くのことを学ぶ上で計り知れない力となることであろう．粘り強く読破してくれることを祈ってやまない．

微分積分学はあらゆる工学の基礎である．本書に書かれた内容を自分のものとすることは，技術者としての大きな力になることは間違いない．文章をできるだけ正確に読み，焦らず，諦めず，その考え方のひとつひとつを理解していく姿勢が望まれる．

改訂作業においても引き続き，京都大学名誉教授の上野健爾先生にこのシリーズ全体の監修をお引き受けいただけることになった．上野先生には「数学は考える方法を学ぶ学問である」という強い信念から，つねに私たちの進むべき方向を示唆していただいた．ここに心からの感謝を申し上げる．

最後に，本シリーズの改訂の機会を与えてくれた森北出版の森北博巳社長，私たちの無理な要求にいつも快く応えてくれた同出版社の上村紗帆さん，太田陽喬さんに，ここに，紙面を借りて深くお礼を申し上げる．

2022年12月

工学系数学テキストシリーズ 執筆者一同

本書について

1.1	この枠内のものは，数学用語の定義を表す．用語の内容をしっかりと理解し，使えるようになることが重要である．
1.1	この枠内のものは，証明によって得られた定理や公式を表す．それらは数学的に正しいと保証されたことがらであり，あらたな定理の証明や問題の解決に使うことができる．
note	補助説明，典型的な間違いに対する注意など，数学を学んでいく上で役立つ，ちょっとしたヒントである．読んで得した，となることを期待する．
	関数電卓や数表を利用して解く問いを示す．現代社会では，AI（人工知能）の活用が日常のものとなっている．数学もまた例外ではなく，コンピュータなどの機器やツールを使いこなす能力が求められる．

内容について

◆第1章では，ごく小さな数を無限に加え合わせていくという考え方や，限りなく近づくとはどのような意味かを学ぶ．これらの考え方は極限とよばれ，微分積分法の基礎をなす重要な概念となっている．

◆第2章では，さまざまな量の変化率を扱うための微分法を学ぶ．第3節では微分係数や導関数の概念とその計算法を扱う．第4節ではその応用として，グラフ描画や増加量の近似，および媒介変数表示された曲線の扱い方などが中心となっている．

◆第3章では，微小量を加え合わせて1つの値を求める積分法全般を学ぶ．ここでは計算だけでなく，「積分とは何か」や「積分を計算した結果，何がわかるのか」ということも理解してほしい．そのため，とくに第6節の「定積分」では，積分の考え方がよくわかるように心がけた．

◆第4章では，これまでに学んだ関数をべき関数の和として表すことを学ぶ．たとえば，x が0に近い場合に関数 $\sin x$ を x に置き換えるといったことは，工学を学ぶ中でしばしばみられる．そのような置き換えが可能となる理由や，置き換えたときに生じる「ずれ」についても理解してほしい．

◆通常，現象を表す関数は複数の独立変数を含んでおり，独立変数が1つだけというのはまれなことである．第5，6章では，2つの独立変数を含む関数 $x = f(x, y)$ に対して，微分法と積分法の考え方がどのように適用できるのかを学ぶ．

◆重要公式と基本的な関数のグラフは見返しに挙げておいた．必要に応じてこれを参考にしながら読み進めてほしい．

◆数学の理解をより確かなものにするには，多くの問題を解いて学んだ知識を確実に身につける必要がある．そのため本書では，主要な章の終わりには章末問題を設けた．

目 次

ギリシャ文字

大文字	小文字	読み	大文字	小文字	読み
A	α	アルファ	N	ν	ニュー
B	β	ベータ	Ξ	ξ	グザイ（クシィ）
Γ	γ	ガンマ	O	o	オミクロン
Δ	δ	デルタ	Π	π	パイ
E	ϵ, ε	イプシロン	P	ρ	ロー
Z	ζ	ゼータ（ツェータ）	Σ	σ	シグマ
H	η	イータ（エータ）	T	τ	タウ
Θ	θ	シータ	Υ	υ	ウプシロン
I	ι	イオタ	Φ	φ, ϕ	ファイ
K	κ	カッパ	X	χ	カイ
Λ	λ	ラムダ	Ψ	ψ	プサイ（プシィ）
M	μ	ミュー	Ω	ω	オメガ

Chapter 1

数列と関数の極限

1 数列とその極限

1.1 等差数列と等比数列

数列の一般項とその和　数を一定の規則にしたがって一列に並べたものを数列という．数列

$$a_1,\ a_2,\ a_3,\ \ldots,\ a_n,\ \ldots$$

を $\{a_n\}$ と表す．並べられたおのおのの数を**項**といい，a_1 を第 1 項または**初項**，a_2 を第 2 項，a_3 を第 3 項，$\cdots$，a_n を第 n 項という．第 n 項 a_n を n の式で表したものを数列 $\{a_n\}$ の**一般項**という．また，数列 $\{a_n\}$ の初項から第 n 項までの和 $a_1 + a_2 + a_3 + \cdots + a_n$ を S_n とかく．

等差数列　a, d が定数のとき，

$$a,\ a+d,\ a+2d,\ a+3d,\ \ldots \tag{1.1}$$

のように，初項 a に一定の数 d を次々に加えていくことによって得られる数列を**等差数列**といい，d をその**公差**という．等差数列については，次のことが成り立つ．

1.1　等差数列の一般項

初項 a，公差 d の等差数列 $\{a_n\}$ の一般項は，次のように表される．

$$a_n = a + (n-1)d$$

1.2　等差数列の和

初項 a，公差 d の等差数列 $\{a_n\}$ の初項から第 n 項までの和 S_n は，次のようになる．

$$S_n = \frac{n(a_1 + a_n)}{2} = \frac{n\{2a + (n-1)d\}}{2}$$

とくに，$a = d = 1$ とすれば，1 から n までの自然数の和は，次のようになる．

$$1 + 2 + 3 + \cdots + n = \frac{n(n+1)}{2} \tag{1.2}$$

例題 1.1　等差数列の和

等差数列の和 $17 + 23 + 29 + \cdots + 101$ を求めよ．

解　与えられた等差数列の初項は 17，公差は 6 である．したがって，その一般項は $a_n = 17 + (n-1) \cdot 6 = 6n + 11$ となる．最後の項 101 が第何項かを調べると，

$$6n + 11 = 101 \quad \text{よって} \quad n = 15$$

となるから，求める和は初項から第 15 項までの和である．したがって，次が得られる．

$$17 + 23 + 29 + \cdots + 101 = \frac{15(17 + 101)}{2} = 885$$

問 1.1　次の等差数列の和を求めよ．

(1)　$1 + 2 + 3 + \cdots + 100$

(2)　$39 + 35 + 31 + \cdots + 3$

(3)　$10 + 13 + 16 + \cdots + 40$

(4)　$5 + \dfrac{11}{2} + 6 + \cdots + 9$

等比数列の一般項とその和　a, r が定数のとき，

$$a,\ ar,\ ar^2,\ ar^3,\ \ldots \tag{1.3}$$

のように，初項 a に一定の数 r を次々にかけていくことによって得られる数列を**等比数列**といい，r をその**公比**という．等比数列については，次のことが成り立つ．

1.3　等比数列の一般項

初項 a，公比 r の等比数列 $\{a_n\}$ の一般項は，次のように表される．

$$a_n = ar^{n-1}$$

1.4　等比数列の和

初項 a，公比 r の等比数列 $\{a_n\}$ の初項から第 n 項までの和 S_n は，次のようになる．

$$S_n = \begin{cases} \dfrac{a(1-r^n)}{1-r} = \dfrac{a(r^n-1)}{r-1} & (r \neq 1 \text{ のとき}) \\ na & (r = 1 \text{ のとき}) \end{cases}$$

[note]　$r < 1$ のときは $S_n = \dfrac{a(1-r^n)}{1-r}$，$r > 1$ のときは $S_n = \dfrac{a(r^n-1)}{r-1}$ が使いやすい．

例題 1.2　等比数列の和

次の等比数列の和を求めよ．

(1)　$3 + 6 + 12 + \cdots + 1536$　　(2)　$1 - \dfrac{1}{2} + \dfrac{1}{4} - \cdots - \dfrac{1}{128}$

解　(1)　初項 3，公比 2 の等比数列であるから，その一般項は $a_n = 3 \cdot 2^{n-1}$ となる．$1536 = 3 \cdot 2^9 = 3 \cdot 2^{10-1}$ であるから，1536 は第 10 項である．よって，求める和 S_{10} は，次のようになる．

$$S_{10} = \frac{3 \cdot (2^{10}-1)}{2-1} = 3069$$

(2)　初項 1，公比 $-\dfrac{1}{2}$ の等比数列であるから，その一般項は $a_n = \left(-\dfrac{1}{2}\right)^{n-1}$ である．$-\dfrac{1}{128} = \left(-\dfrac{1}{2}\right)^7 = \left(-\dfrac{1}{2}\right)^{8-1}$ となるから，$-\dfrac{1}{128}$ は第 8 項である．よって，求める和 S_8 は，次のようになる．

$$S_8 = \frac{1 \cdot \left\{1 - \left(-\dfrac{1}{2}\right)^8\right\}}{1 - \left(-\dfrac{1}{2}\right)} = \frac{85}{128}$$

問 1.2　次の等比数列の和を求めよ．

(1)　$2 + 4 + 8 + 16 + \cdots + 2^{10}$　　(2)　$1 - 3 + 9 - 27 + \cdots - 243$

(3)　$1 - \dfrac{1}{3} + \dfrac{1}{9} - \dfrac{1}{27} + \cdots - \dfrac{1}{243}$　　(4)　$2 + \sqrt{2} + 1 + \dfrac{1}{\sqrt{2}} + \cdots + \dfrac{1}{4\sqrt{2}}$

1.2 いろいろな数列の和

総和の記号　数列 $\{a_n\}$ の初項から第 n 項までの和 $a_1 + a_2 + a_3 + \cdots + a_n$ を,

$$\sum_{k=1}^{n} a_k = a_1 + a_2 + a_3 + \cdots + a_n \tag{1.4}$$

と表す. 左辺は, k を 1 から n まで 1 つずつ増やしたときの a_k の和を表す. $\sum$ を**総和の記号**または**シグマ記号**という.

> [note]　番号を表す文字は必ずしも k である必要はなく, また, 加える番号は 1 から始まる必要はない.

例 1.1　総和の記号 $\sum$ を用いないで表し, その和を求める.

(1) $\displaystyle\sum_{k=1}^{5} 3^k = 3^1 + 3^2 + 3^3 + 3^4 + 3^5 = \frac{3(3^5 - 1)}{3 - 1} = 363$

(2) $\displaystyle\sum_{n=0}^{4} (n^2 + 1) = (0^2 + 1) + (1^2 + 1) + (2^2 + 1) + (3^2 + 1) + (4^2 + 1) = 35$

(3) $\displaystyle\sum_{k=1}^{10} 2 = \overbrace{2 + 2 + 2 + \cdots + 2}^{10\text{ 個}} = 20$

例題 1.3　総和の記号

$2 + 6 + 18 + \cdots + 2 \cdot 3^{10}$ を総和の記号 $\sum$ を用いて表せ.

解　$\displaystyle 2 + 6 + 18 + \cdots + 2 \cdot 3^{10} = \sum_{k=0}^{10} 2 \cdot 3^k$　$\left[= \displaystyle\sum_{k=1}^{11} 2 \cdot 3^{k-1}\text{ などでもよい}\right]$

問 1.3　次の式を, 総和の記号 $\sum$ を用いないで表し, その和を求めよ.

(1) $\displaystyle\sum_{k=0}^{4} (3k + 5)$　(2) $\displaystyle\sum_{n=1}^{5} 3 \cdot 2^{n-1}$　(3) $\displaystyle\sum_{k=3}^{5} k(k + 2)$

問 1.4　次の式を総和の記号 $\sum$ を用いて表せ.

(1) $2^{10} + 2^9 + 2^8 + \cdots + 2 + 1$　(2) $\dfrac{1}{2} + \dfrac{2}{3} + \dfrac{3}{4} + \cdots + \dfrac{99}{100}$

数列の和の公式 1 から n までの自然数の累乗の和を求める．

1 から n までの自然数の和は，等差数列の和の公式によって，次のようになる．

$$\sum_{k=1}^{n} k = 1+2+3+\cdots+n = \frac{n(n+1)}{2}$$

次に，1 から n までの自然数の 2 乗の和

$$\sum_{k=1}^{n} k^2 = 1^2+2^2+3^2+\cdots+n^2$$

を求める．任意の自然数 k について，展開式 $(k+1)^3 = k^3+3k^2+3k+1$ が成り立つから，これを $(k+1)^3-k^3 = 3k^2+3k+1$ と変形して，$k=1$ から $k=n$ までの値を代入した式をすべて加えると，

$$\begin{array}{rcccccc}
 & \cancel{2^3} & -\ 1^3 & = & 3\cdot 1^2 & + & 3\cdot 1 & +\ 1 \\
 & \cancel{3^3} & -\ \cancel{2^3} & = & 3\cdot 2^2 & + & 3\cdot 2 & +\ 1 \\
 & \cancel{4^3} & -\ \cancel{3^3} & = & 3\cdot 3^2 & + & 3\cdot 3 & +\ 1 \\
 & & \vdots & & \vdots & & \vdots & \\
+) & (n+1)^3 & -\ \cancel{n^3} & = & 3\cdot n^2 & + & 3\cdot n & +\ 1 \\
\hline
 & (n+1)^3 & -\ 1^3 & = & 3\displaystyle\sum_{k=1}^{n} k^2 & + & 3\displaystyle\sum_{k=1}^{n} k & +\ n
\end{array}$$

となる．ここで，$\displaystyle\sum_{k=1}^{n} k = \frac{n(n+1)}{2}$ であるから，

$$\begin{aligned}
\sum_{k=1}^{n} k^2 &= \frac{1}{3}\left\{(n+1)^3 - 1^3 - 3\sum_{k=1}^{n} k - n\right\} \\
&= \frac{1}{3}\left\{n^3+3n^2+3n+1-1-3\cdot\frac{n(n+1)}{2} - n\right\} \\
&= \frac{n(n+1)(2n+1)}{6}
\end{aligned}$$

となる．

同様に，展開式 $(k+1)^4 = k^4+4k^3+6k^2+4k+1$ を用いることによって，1 から n までの自然数の 3 乗の和の公式が得られる［→練習問題 1[4]］．

以上をまとめると，次の自然数の累乗の和に関する公式が成り立つ．

1.5　自然数の累乗の和の公式

任意の自然数 n に対して，次の式が成り立つ．

(1) $\displaystyle\sum_{k=1}^{n} k = 1+2+3+\cdots+n = \frac{n(n+1)}{2}$

(2) $\displaystyle\sum_{k=1}^{n} k^2 = 1^2+2^2+3^2+\cdots+n^2 = \frac{n(n+1)(2n+1)}{6}$

(3) $\displaystyle\sum_{k=1}^{n} k^3 = 1^3+2^3+3^3+\cdots+n^3 = \frac{n^2(n+1)^2}{4} = \left\{\frac{n(n+1)}{2}\right\}^2$

[note]　上記の公式 (1), (3) から，任意の自然数 n に対して，公式

$$1^3+2^3+3^3+\cdots+n^3 = (1+2+3+\cdots+n)^2$$

が成り立つことがわかる．

例 1.2　和の公式を用いて，数列の和を求める．

(1) $$\sum_{k=6}^{10} k^2 = 6^2+7^2+\cdots+10^2$$
$$= (1^2+2^2+\cdots+10^2)-(1^2+2^2+\cdots+5^2)$$
$$= \frac{10(10+1)(2\cdot 10+1)}{6} - \frac{5(5+1)(2\cdot 5+1)}{6} = 330$$

(2) $$\sum_{k=1}^{n-1} k^2 = 1^2+2^2+\cdots+(n-1)^2$$
$$= \frac{(n-1)\{(n-1)+1\}\{2(n-1)+1\}}{6} = \frac{n(n-1)(2n-1)}{6}$$

(3) $$\sum_{k=1}^{10} k^3 = 1^3+2^3+\cdots+10^3 = \left\{\frac{10(10+1)}{2}\right\}^2 = 3025$$

問 1.5　和の公式を用いて，次の数列の和を求めよ．

(1) $\displaystyle\sum_{k=1}^{n-1} k$　　(2) $\displaystyle\sum_{k=11}^{20} k^2$　　(3) $\displaystyle\sum_{k=5}^{8} k^3$

総和の記号の性質　c が定数のとき

$$\sum_{k=1}^{n} c = \overbrace{c + c + c + \cdots + c}^{n\text{ 個}} = nc$$

となる．また，数列 $\{a_n\}$ と定数 c に対して

$$\begin{aligned}\sum_{k=1}^{n} ca_k &= ca_1 + ca_2 + ca_3 + \cdots + ca_n \\ &= c(a_1 + a_2 + a_3 + \cdots + a_n) = c\sum_{k=1}^{n} a_k\end{aligned}$$

となる．さらに，2 つの数列 $\{a_n\}$, $\{b_n\}$ に対して，次のことが成り立つ．

$$\begin{aligned}\sum_{k=1}^{n}(a_k \pm b_k) &= (a_1 \pm b_1) + (a_2 \pm b_2) + (a_3 \pm b_3) + \cdots + (a_n \pm b_n) \\ &= (a_1 + a_2 + a_3 + \cdots + a_n) \pm (b_1 + b_2 + b_3 + \cdots + b_n) \\ &= \sum_{k=1}^{n} a_k \pm \sum_{k=1}^{n} b_k \qquad \text{（複号同順）}\end{aligned}$$

1.6　総和の記号の性質

2 つの数列 $\{a_n\}$, $\{b_n\}$ および定数 c について，次のことが成り立つ．

(1)　$\displaystyle\sum_{k=1}^{n} c = nc$　　　(2)　$\displaystyle\sum_{k=1}^{n} ca_k = c\sum_{k=1}^{n} a_k$

(3)　$\displaystyle\sum_{k=1}^{n}(a_k \pm b_k) = \sum_{k=1}^{n} a_k \pm \sum_{k=1}^{n} b_k$　　（複号同順）

(2)，(3) の性質をあわせて線形性という．

例 1.3　総和の記号の性質を用いて，いろいろな数列の和を求める．

(1)　$\displaystyle\sum_{k=1}^{10}(4k - 3) = 4\sum_{k=1}^{10} k - \sum_{k=1}^{10} 3 = 4 \cdot \frac{10(10+1)}{2} - 3 \cdot 10 = 190$

(2)
$$\begin{aligned}\sum_{k=1}^{n}(2k^2 - 3k) &= 2\sum_{k=1}^{n} k^2 - 3\sum_{k=1}^{n} k \\ &= 2 \cdot \frac{n(n+1)(2n+1)}{6} - 3 \cdot \frac{n(n+1)}{2}\end{aligned}$$

$$= \frac{n(n+1)}{6} \cdot \{2(2n+1)-9\} = \frac{n(n+1)(4n-7)}{6}$$

問 1.6　次の和を求めよ．

(1) $\displaystyle\sum_{k=1}^{n}(5k-7)$　(2) $\displaystyle\sum_{k=1}^{n}(3k^2+4k)$　(3) $\displaystyle\sum_{k=1}^{10}(k^3-2k)$

1.3 数列の極限

数列の極限値　項が無限に続く数列を**無限数列**という．無限数列 $\{a_n\}$ の n が限りなく大きくなるとき，第 n 項 a_n の変化の様子を調べる．

例 1.4　(1)　$a_n = \dfrac{1}{n}$ のとき，

$$a_{10} = \frac{1}{10} = 0.1, \quad a_{100} = \frac{1}{100} = 0.01, \quad a_{1000} = \frac{1}{1000} = 0.001, \quad \ldots$$

となって，n が限りなく大きくなるとき，a_n は限りなく 0 に近づいていく．

(2)　$a_n = \dfrac{n+1}{n}$ のとき，

$$a_{10} = \frac{11}{10} = 1.1, \quad a_{100} = \frac{101}{100} = 1.01, \quad a_{1000} = \frac{1001}{1000} = 1.001, \quad \ldots$$

となって，n が限りなく大きくなるとき，a_n は限りなく 1 に近づいていく．

n が限りなく大きくなることを $n \to \infty$ と表す．∞ は**無限大**と読む．一般に，$n \to \infty$ のとき，a_n がある一定の値 α に限りなく近づいていくならば，数列 $\{a_n\}$ は α に**収束する**といい，

$$\lim_{n\to\infty} a_n = \alpha \quad \text{または} \quad a_n \to \alpha \ (n \to \infty) \tag{1.5}$$

と表す．このとき，α を数列 $\{a_n\}$ の**極限値**という．

$a_n = c$（c は定数）のとき，数列 $\{a_n\}$ の極限値は c であるとする．

例 1.5　例 1.4(1) は

$$\lim_{n\to\infty} \frac{1}{n} = 0 \quad \text{または} \quad \frac{1}{n} \to 0 \ (n \to \infty)$$

と表される．一般に，a_n が分数で表されているとき，a_n の分子が一定で，分母の絶対値だけが限りなく大きくなっていくならば，a_n は限りなく 0 に近づいていく．

数列の極限値は，次の性質をもつ．

1.7 数列の極限値の性質

$\lim_{n\to\infty} a_n = \alpha,\ \lim_{n\to\infty} b_n = \beta$ のとき，次のことが成り立つ．

(1) $\lim_{n\to\infty} c\,a_n = c\alpha$ （c は定数）

(2) $\lim_{n\to\infty} (a_n \pm b_n) = \alpha \pm \beta$ （複号同順）

(3) $\lim_{n\to\infty} a_n b_n = \alpha\beta$

(4) $\lim_{n\to\infty} \dfrac{a_n}{b_n} = \dfrac{\alpha}{\beta}$ （$b_n \neq 0,\ \beta \neq 0$）

(1)，(2) が成り立つから，数列の極限値は線形性をもつ．

例題 1.4 数列の極限値

極限値 $\lim_{n\to\infty} \dfrac{2n^2+3n+1}{n^2+1}$ を求めよ．

解 分子，分母を分母の最高次数の項 n^2 で割る．$\dfrac{1}{n} \to 0,\ \dfrac{1}{n^2} \to 0\ (n \to \infty)$ であることを用いると，極限値は次のようになる．

$$\lim_{n\to\infty} \frac{2n^2+3n+1}{n^2+1} = \lim_{n\to\infty} \frac{2+3\cdot\dfrac{1}{n}+\dfrac{1}{n^2}}{1+\dfrac{1}{n^2}} = \frac{2+3\cdot 0+0}{1+0} = 2$$

問 1.7 次の極限値を求めよ．

(1) $\lim_{n\to\infty} \dfrac{5n+3}{4n-2}$ (2) $\lim_{n\to\infty} \dfrac{4n+1}{3-2n}$ (3) $\lim_{n\to\infty} \dfrac{3n^2-4n+3}{5n^2+2}$

数列の発散 数列 $\{a_n\}$ が収束しないとき，数列 $\{a_n\}$ は**発散する**という．

n が限りなく大きくなるとき，a_n の値が限りなく大きくなるならば，数列 $\{a_n\}$ は**正の無限大に発散する**，または **∞ に発散する**といい，

$$\lim_{n\to\infty} a_n = \infty \quad \text{または} \quad a_n \to \infty\ (n \to \infty) \tag{1.6}$$

と表す．また，十分大きな n に対して $a_n < 0$ でその絶対値が限りなく大きくなるならば，数列 $\{a_n\}$ は**負の無限大に発散する**，または **$-\infty$ に発散する**といい，

$$\lim_{n\to\infty} a_n = -\infty \quad \text{または} \quad a_n \to -\infty\ (n \to \infty) \tag{1.7}$$

と表す．

発散する数列 $\{a_n\}$ が正の無限大にも負の無限大にも発散しないときは，数列 $\{a_n\}$ は**振動する**という．したがって，数列が発散するとき，「正の無限大に発散する」，「負の無限大に発散する」，「振動する」のいずれかになる．

例題 1.5　数列の極限

一般項が次の式で表される数列の収束・発散を調べ，収束するときにはその極限値を求めよ．

(1)　$n^3 - 5n$　　(2)　$\dfrac{-2n^2 + 5n - 3}{n + 7}$　　(3)　$\sin \dfrac{n\pi}{2}$

解　(1)　最高次数の項 n^3 でくくると，

$$n^3 - 5n = n^3 \left(1 - \frac{5}{n^2}\right)$$

となる．$n \to \infty$ のとき $n^3 \to \infty$, $1 - \dfrac{5}{n^2} \to 1$ であるから，与えられた式は正の無限大に発散する．

(2)　分子，分母を分母の最高次数の項 n で割り，$n \to \infty$ とすると，

$$\lim_{n \to \infty} \frac{-2n^2 + 5n - 3}{n + 7} = \lim_{n \to \infty} \frac{-n\left(2 - \dfrac{5}{n} + \dfrac{3}{n^2}\right)}{1 + \dfrac{7}{n}} = -\infty$$

となる．したがって，負の無限大に発散する．

(3)　$n = 1$ から順に代入していくと，

$$1, 0, -1, 0, 1, \ldots$$

と同じ値の並びが繰り返される．この数列は一定の値に収束せず，正の無限大にも負の無限大にも発散しないから，振動する．

問 1.8　一般項が次の式で表される数列の収束・発散を調べ，収束するときにはその極限値を求めよ．

(1)　$-2n^2 + 3n$　　(2)　$\dfrac{3n^2 - 2}{n - 5}$　　(3)　$\cos n\pi$

等比数列の極限 等比数列 $\{r^n\}$ の収束と発散は，公比 r の値によって次のように分類することができる．

1.8 等比数列の収束と発散

$$\lim_{n\to\infty} r^n = \begin{cases} \infty & (r > 1 \text{ のとき}) \\ 1 & (r = 1 \text{ のとき}) \\ 0 & (|r| < 1 \text{ のとき}) \end{cases}$$

$r \leqq -1$ のときは $\{r^n\}$ は振動する

例題 1.6 等比数列の極限

一般項が次の式で表される数列の収束・発散を調べ，収束するときにはその極限値を求めよ．

(1) $\left(\dfrac{2}{3}\right)^n$ (2) $(-3)^n$ (3) $\dfrac{5^n+2^n}{5^n-2^n}$

解 公比を r とする．

(1) $|r| = \left|\dfrac{2}{3}\right| < 1$ であるから，$\displaystyle\lim_{n\to\infty}\left(\frac{2}{3}\right)^n = 0$ である．よって，0 に収束する．

(2) $r = -3 \leqq -1$ であるから，振動する．

(3) 分母と分子を 5^n で割ると，$\displaystyle\lim_{n\to\infty}\left(\frac{2}{5}\right)^n = 0$ であるから，

$$\lim_{n\to\infty}\frac{5^n+2^n}{5^n-2^n} = \lim_{n\to\infty}\frac{1+\left(\dfrac{2}{5}\right)^n}{1-\left(\dfrac{2}{5}\right)^n} = 1$$

である．よって，1 に収束する．

問 1.9 次の等比数列の収束・発散を調べ，収束するときにはその極限値を求めよ．

(1) $1, \dfrac{3}{2}, \dfrac{9}{4}, \dfrac{27}{8}, \ldots$ (2) $2, -1, \dfrac{1}{2}, -\dfrac{1}{4}, \ldots$ (3) $2, \sqrt{2}, 1, \dfrac{1}{\sqrt{2}}, \ldots$

問 1.10 一般項が次の式で表される数列の収束・発散を調べ，収束するときにはその極限値を求めよ．

(1) $\dfrac{2^n-1}{2^n}$ (2) $\dfrac{3^n-2^n}{4^n+2^n}$ (3) $\dfrac{2^n-5^n}{3^n-2^n}$

1.4 級数とその和

級数とその収束・発散　　数列 $\{a_n\}$ の項を形式的に限りなく加えていったもの

$$a_1 + a_2 + a_3 + \cdots + a_n + \cdots$$

を**無限級数**，または単に**級数**といい，$\displaystyle\sum_{n=1}^{\infty} a_n$ と表す．a_1 から a_n までの和

$$S_n = \sum_{k=1}^{n} a_k = a_1 + a_2 + a_3 + \cdots + a_n \tag{1.8}$$

を，この級数の**(第 n) 部分和**という．部分和の作る数列 $\{S_n\}$ がある値 S に収束するとき，すなわち，$\displaystyle\lim_{n\to\infty} S_n = S$ であるとき，級数 $\displaystyle\sum_{n=1}^{\infty} a_n$ は S に**収束する**という．このとき，S を**級数の和**といい，

$$\sum_{n=1}^{\infty} a_n = a_1 + a_2 + a_3 + \cdots + a_n + \cdots = S \tag{1.9}$$

と表す．数列 $\{S_n\}$ が発散するときには，級数 $\displaystyle\sum_{n=1}^{\infty} a_n$ は**発散する**という．

級数 $\displaystyle\sum_{n=1}^{\infty} a_n$ が S に収束するとき，その第 n 部分和 S_n が S に収束するから，

$$\lim_{n\to\infty} a_n = \lim_{n\to\infty} (S_n - S_{n-1}) = S - S = 0$$

が成り立つ．このこととその対偶によって，次が成り立つ．

$$\text{級数} \sum_{n=1}^{\infty} a_n \text{ は収束する} \Longrightarrow \lim_{n\to\infty} a_n = 0 \tag{1.10}$$

$$\lim_{n\to\infty} a_n \neq 0 \Longrightarrow \text{級数} \sum_{n=1}^{\infty} a_n \text{ は発散する} \tag{1.11}$$

例題 1.7 級数の収束と発散

次の級数の収束・発散を調べ，収束するときにはその和を求めよ．

(1) $\dfrac{1}{2}+\dfrac{2}{3}+\dfrac{3}{4}+\cdots+\dfrac{n}{n+1}+\cdots$

(2) $\dfrac{1}{1\cdot 2}+\dfrac{1}{2\cdot 3}+\dfrac{1}{3\cdot 4}+\cdots+\dfrac{1}{n(n+1)}+\cdots$

解 第 n 部分和を S_n とする．

(1) 一般項 a_n の分子・分母を n で割ると，$a_n=\dfrac{n}{n+1}=\dfrac{1}{1+\dfrac{1}{n}}\to 1\ (n\to\infty)$ となる．a_n が 0 に収束しないから，与えられた級数は発散する．

(2) 部分分数への分解 $\dfrac{1}{k(k+1)}=\dfrac{1}{k}-\dfrac{1}{k+1}$ を用いると，

$$
\begin{aligned}
S_n &= \frac{1}{1\cdot 2}+\frac{1}{2\cdot 3}+\frac{1}{3\cdot 4}+\cdots+\frac{1}{n(n+1)}\\
&= \left(\frac{1}{1}-\frac{1}{2}\right)+\left(\frac{1}{2}-\frac{1}{3}\right)+\left(\frac{1}{3}-\frac{1}{4}\right)+\cdots+\left(\frac{1}{n}-\frac{1}{n+1}\right)\\
&= 1-\frac{1}{n+1}
\end{aligned}
$$

である．$\displaystyle\lim_{n\to\infty}S_n=\lim_{n\to\infty}\left(1-\frac{1}{n+1}\right)=1$ であるから，この級数は収束し，その和は 1 である．すなわち

$$
\sum_{n=1}^{\infty}\frac{1}{n(n+1)}=\frac{1}{1\cdot 2}+\frac{1}{2\cdot 3}+\frac{1}{3\cdot 4}+\cdots+\frac{1}{n(n+1)}+\cdots=1
$$

が成り立つ．

問 1.11 次の級数の収束・発散を調べ，収束するときにはその和を求めよ．

(1) $\displaystyle\sum_{n=1}^{\infty}\frac{2n+1}{2n}$　　(2) $\displaystyle\sum_{n=1}^{\infty}\frac{1}{(2n-1)(2n+1)}$

等比級数　$a\neq 0$ とするとき，初項 a，公比 r の等比数列の作る級数

$$
\sum_{n=1}^{\infty}ar^{n-1}=a+ar+ar^2+ar^3+\cdots+ar^{n-1}+\cdots \tag{1.12}
$$

を**無限等比級数**，または単に**等比級数**という．

等比級数 $\displaystyle\sum_{n=1}^{\infty}ar^{n-1}$ の収束と発散について調べる．第 n 部分和を S_n とすると，

$$S_n = a + ar + ar^2 + \cdots + ar^{n-1} = \begin{cases} \dfrac{a(1-r^n)}{1-r} & (r \neq 1) \\ na & (r = 1) \end{cases}$$

である．$|r| < 1$ のとき，$\displaystyle\lim_{n\to\infty} r^n = 0$ であるから，

$$S_n \to \frac{a}{1-r} \quad (n \to \infty)$$

となる．$r = 1$ のときは，$S_n = na$ であるから S_n は発散する．$r > 1$ または $r \leqq -1$ のときは，r^n が発散するから S_n も発散する．

以上のことから，等比級数の収束と発散について，次のことが成り立つ．

1.9　等比級数の収束と発散

初項 a $(a \neq 0)$，公比 r の等比級数は，$|r| < 1$ のときに限って収束し，その和は次のようになる．

$$\sum_{n=1}^{\infty} ar^{n-1} = a + ar + ar^2 + \cdots + ar^{n-1} + \cdots = \frac{a}{1-r}$$

$|r| \geqq 1$ のとき，等比級数は発散する．

例題 1.8　**等比級数の収束と発散**

次の等比級数の収束・発散を調べ，収束するときにはその和を求めよ．

(1)　$2 + \dfrac{2}{3} + \dfrac{2}{9} + \cdots + \dfrac{2}{3^{n-1}} + \cdots$

(2)　$1 - 2 + 4 - 8 + \cdots + (-2)^{n-1} + \cdots$

解　(1)　与えられた級数は，初項が 2，公比が $\dfrac{1}{3}$ の等比級数である．$\left|\dfrac{1}{3}\right| < 1$ だからこの級数は収束し，その和は次のようになる．

$$S = \frac{2}{1 - \dfrac{1}{3}} = 3$$

(2)　公比は -2 であり，$|-2| \geqq 1$ だから，この級数は発散する．

問 1.12　次の等比級数の収束・発散を調べ，収束するときにはその和を求めよ．

(1)　$9 + 3 + 1 + \dfrac{1}{3} + \cdots$

(2)　$5 - \dfrac{5}{2} + \dfrac{5}{4} - \dfrac{5}{8} + \cdots$

(3)　$1 + \dfrac{3}{2} + \dfrac{9}{4} + \dfrac{27}{8} + \cdots$

級数の和の性質　数列の極限値の性質（定理 1.7）によって，級数の和は次の線形性の性質をもつ．

1.10 級数の和の線形性

$\displaystyle\sum_{n=1}^{\infty} a_n$, $\displaystyle\sum_{n=1}^{\infty} b_n$ が収束するとき，$\displaystyle\sum_{n=1}^{\infty} c\,a_n$（$c$ は定数），$\displaystyle\sum_{n=1}^{\infty} (a_n \pm b_n)$ も収束して，次のことが成り立つ．

(1) $\displaystyle\sum_{n=1}^{\infty} c\,a_n = c\sum_{n=1}^{\infty} a_n$

(2) $\displaystyle\sum_{n=1}^{\infty} (a_n \pm b_n) = \sum_{n=1}^{\infty} a_n \pm \sum_{n=1}^{\infty} b_n$　（複号同順）

例 1.6　級数 $\displaystyle\sum_{n=1}^{\infty} \frac{(-1)^n + 2^n}{3^n}$ の収束・発散を調べる．

$$\sum_{n=1}^{\infty} \frac{(-1)^n + 2^n}{3^n} = \sum_{n=1}^{\infty} \left\{ \left(-\frac{1}{3}\right)^n + \left(\frac{2}{3}\right)^n \right\}$$

であり，$\left|-\dfrac{1}{3}\right| < 1$, $\left|\dfrac{2}{3}\right| < 1$ であるから，等比級数 $\displaystyle\sum_{n=1}^{\infty} \left(-\frac{1}{3}\right)^n$, $\displaystyle\sum_{n=1}^{\infty} \left(\frac{2}{3}\right)^n$ は収束する．したがって，級数の和の線形性から与えられた級数も収束し，その和は次のようになる．

$$\begin{aligned}\sum_{n=1}^{\infty} \frac{(-1)^n + 2^n}{3^n} &= \sum_{n=1}^{\infty} \left(-\frac{1}{3}\right)^n + \sum_{n=1}^{\infty} \left(\frac{2}{3}\right)^n \\ &= \frac{-\dfrac{1}{3}}{1 - \left(-\dfrac{1}{3}\right)} + \frac{\dfrac{2}{3}}{1 - \dfrac{2}{3}} = \frac{-1}{3+1} + \frac{2}{3-2} = \frac{7}{4}\end{aligned}$$

問 1.13　次の級数の収束・発散を調べ，収束するときにはその和を求めよ．

(1) $\displaystyle\sum_{n=1}^{\infty} \frac{3 \cdot 5^{n-1} - 2^{n-1}}{10^{n-1}}$　　(2) $\displaystyle\sum_{n=1}^{\infty} \frac{1 + 2^n + 3^n}{4^n}$

1.5 数列の漸化式と数学的帰納法

数列の漸化式　数列 $\{a_n\}$ のいくつかの項の間に，たとえば，

$$a_{n+1} = 3a_n + 1 \quad (n = 1, 2, 3, \ldots)$$

のような関係が成り立っているとき，初項 a_1 がわかれば，この式の n に 1, 2, 3, ... を代入することによって，数列の項を順番に求めていくことができる．このような，数列 $\{a_n\}$ の，一般項を含むいくつかの項の間に成り立つ関係式を**漸化式**という．

例 1.7　数列 $\{a_n\}$ が $a_1 = 1$ および漸化式 $a_{n+1} = 3a_n + 1$ を満たすとき，はじめの 5 項は次のようになる．

$$\begin{aligned}
a_1 & & &= 1 \\
a_2 &= 3a_1 + 1 = 3 \cdot 1 + 1 &&= 4 \\
a_3 &= 3a_2 + 1 = 3 \cdot 4 + 1 &&= 13 \\
a_4 &= 3a_3 + 1 = 3 \cdot 13 + 1 &&= 40 \\
a_5 &= 3a_4 + 1 = 3 \cdot 40 + 1 &&= 121 \\
&\vdots
\end{aligned}$$

問 1.14　次の条件を満たす数列の最初の 5 項を求めよ．

(1) $a_1 = 2,\ a_{n+1} = 3a_n - 2$　　(2) $a_1 = 1,\ a_{n+1} = -2a_n + 1$

数学的帰納法　奇数を小さい順に加えてみると，

$$1 = 1^2, \quad 1 + 3 = 2^2, \quad 1 + 3 + 5 = 3^2, \quad 1 + 3 + 5 + 7 = 4^2, \quad \ldots$$

となっている．このことから，一般に，すべての自然数 n に対して，

命題 p「$1 + 3 + 5 + \cdots + (2n - 1) = n^2$」

が成り立つことが予想される．自然数は無数にあるから，いくつかの自然数について成り立つことを確かめても，すべての自然数 n に対して命題 p を証明したことにはならない．ここで，

(i) $n = 1$ のとき命題 p が成り立つ

(ii) n がある自然数 k のときに命題 p が成り立つと仮定すると，
n がその次の自然数 $k + 1$ のときにも命題 p が成り立つ

ということが証明できれば，(i)から $n=1$ のときに命題 p が成り立ち，(ii)から $n=2$ のとき命題 p が成り立つ．再び (ii)から，$n=3$ のとき命題 p が成り立ち，これを繰り返せば，すべての自然数 n について命題 p が成り立つことになる．このような証明の方法を，**数学的帰納法**という．

この方法にしたがって，実際に証明する．

(i)　$n=1$ のとき，左辺 $=1$, 右辺 $=1^2=1$ となるから，命題 p は成り立つ．

(ii)　$n=k$ のとき命題が成り立つと仮定すれば，

$$1+3+5+\cdots+(2k-1)=k^2 \qquad \cdots\cdots ①$$

が成り立つ．①の両辺に $2k-1$ の次の奇数である $2k+1$ を加えると，

$$1+3+5+\cdots+(2k-1)+(2k+1)=k^2+(2k+1)$$

となる．右辺は $k^2+2k+1=(k+1)^2$ となるから，

$$1+3+\cdots+(2k-1)+(2k+1)=(k+1)^2 \qquad \cdots\cdots ②$$

が得られる．②は $n=k+1$ のときにも命題 p が成り立つことを示している．

(i), (ii) より，数学的帰納法によって，すべての自然数 n に対して命題 p が成り立つ．

問1.15　数学的帰納法を用いて，すべての自然数 n について次の等式が成り立つことを証明せよ．

$$1+2+3+\cdots+n=\frac{n(n+1)}{2}$$

練習問題 1

[1] 等差数列 3, 5, 7, 9, ... について，次の問いに答えよ．

(1) 一般項 a_n を求めよ．　(2) 第 10 項 a_{10} を求めよ．

(3) 初項から第 10 項までの和を求めよ．

[2] 等比数列 1, −2, 4, −8, ... について，次の問いに答えよ．

(1) 一般項 a_n を求めよ．　(2) 第 10 項 a_{10} を求めよ．

(3) 初項から第 10 項までの和を求めよ．

[3] 次の和を総和の記号 $\sum$ を用いて表し，その和を求めよ．

(1) $1\cdot 2+2\cdot 3+3\cdot 4+\cdots+9\cdot 10$

(2) $1\cdot 2\cdot 3+2\cdot 3\cdot 4+3\cdot 4\cdot 5+\cdots+8\cdot 9\cdot 10$

[4] 展開式 $(k+1)^4=k^4+4k^3+6k^2+4k+1$ を用いて，1 から n までの自然数の 3 乗の和に関する次の公式を導け．

$$\sum_{k=1}^{n} k^3=\frac{n^2(n+1)^2}{4}$$

[5] 次の極限値を求めよ．

(1) $\displaystyle\lim_{n\to\infty}\frac{n+3}{4n^2-1}$　(2) $\displaystyle\lim_{n\to\infty}\frac{2n^2-1}{(3n-2)(2n+5)}$

[6] 次の等比級数の収束・発散を調べ，収束するときにはその和を求めよ．

(1) $1+3+9+27+\cdots$　(2) $5+1+\dfrac{1}{5}+\dfrac{1}{25}+\cdots$

[7] 等比級数 $1-2x+4x^2-8x^3+\cdots$ が収束するような x の値の範囲を求め，そのときの和を求めよ．

[8] 数学的帰納法によって，次の和の公式が成り立つことを証明せよ．

(1) $\displaystyle\sum_{k=1}^{n} k^2=\frac{n(n+1)(2n+1)}{6}$　(2) $\displaystyle\sum_{k=1}^{n} k^3=\frac{n^2(n+1)^2}{4}$

2 関数とその極限

2.1 関数の収束と発散

関数の極限値 第 1 節では数列の極限について学んだ．ここでは，関数の性質を調べるための方法として，関数の極限について学習する．

関数 $f(x)$ において，x が a とは異なる値をとりながら限りなく a に近づくとき，その近づき方によらずに，$f(x)$ の値が限りなく一定の値 α に近づいていくならば，$f(x)$ は α に**収束する**といい，

$$\lim_{x\to a} f(x)=\alpha \quad \text{または} \quad f(x)\to\alpha\ (x\to a) \tag{2.1}$$

と表す．定数 α を，x が a に近づくときの $f(x)$ の**極限値**という．

例 2.1 関数 $\dfrac{x^2-1}{x-1}$ の $x\to 1$ としたときの極限値は 2 である．これは次のように計算する．

$$\lim_{x\to 1}\frac{x^2-1}{x-1}=\lim_{x\to 1}\frac{(x+1)(x-1)}{x-1}=\lim_{x\to 1}(x+1)=2$$

問 2.1 次の極限値を求めよ．

(1) $\displaystyle\lim_{x\to 2}\frac{x^2+x-6}{x-2}$ (2) $\displaystyle\lim_{x\to -1}\frac{x^3+1}{x+1}$

一般に，$x\to a$ のとき $f(x)$, $g(x)$ が収束するならば，それらの定数倍，和・差・積・商も収束して，次の性質が成り立つ．

2.1 関数の極限値の性質

$\displaystyle\lim_{x\to a} f(x)=\alpha,\ \lim_{x\to a} g(x)=\beta$ のとき，次のことが成り立つ．

(1) $\displaystyle\lim_{x\to a} c\,f(x)=c\alpha$ （c は定数）

(2) $\displaystyle\lim_{x\to a}\{f(x)\pm g(x)\}=\alpha\pm\beta$ （複号同順）

(3) $\displaystyle\lim_{x\to a} f(x)g(x)=\alpha\beta$

(4) $\displaystyle\lim_{x\to a}\frac{f(x)}{g(x)}=\frac{\alpha}{\beta}$ （$g(x)\neq 0,\ \beta\neq 0$）

(1), (2) は，関数の極限値も線形性をもつことを示している．

$x \to \pm\infty$ のときの極限値　一般に，変数 x の値が限りなく大きくなることを $x \to \infty$ と表し，$x < 0$ でその絶対値が限りなく大きくなることを $x \to -\infty$ と表す．

関数 $y = f(x)$ において，$x \to \infty$ のとき $f(x)$ が限りなく一定の値 α に近づいていくならば，$f(x)$ は α に**収束する**といい，

$$\lim_{x \to \infty} f(x) = \alpha \quad \text{または} \quad f(x) \to \alpha \ (x \to \infty) \tag{2.2}$$

と表す．このとき，α を $x \to \infty$ のときの $f(x)$ の**極限値**という．$x \to -\infty$ の場合も同様である．$x \to \infty$ と $x \to -\infty$ をあわせて $x \to \pm\infty$ とかくこともある．

関数の極限値の性質は，$x \to \pm\infty$ のときも成り立つ．これ以後，$x \to a$ は，$x \to \infty$ や $x \to -\infty$ も含むものとする．数列の場合と同じように，分数式は，その分子が一定の範囲内の値をとり，分母の絶対値が限りなく大きくなるとき，その分数式の値は限りなく 0 に近づく．たとえば，$x \to \infty$ のとき $\dfrac{1}{x} \to 0$ である．

例 2.2

$$\lim_{x \to \infty} \frac{4x - 1}{3x - 3} = \lim_{x \to \infty} \frac{4 - \dfrac{1}{x}}{3 - \dfrac{3}{x}} = \frac{4 - 0}{3 - 0} = \frac{4}{3}$$

例題 2.1　関数の極限値

次の極限値を求めよ．

(1) $\displaystyle \lim_{x \to -\infty} \frac{5x^2 - x}{4 - 2x^2}$　　(2) $\displaystyle \lim_{x \to \infty} \left(\sqrt{x^2 + 1} - x \right)$

解　(1) 分母，分子を分母の最大次数の項 x^2 で割り，$x \to -\infty$ とすれば，求める極限値は次のようになる．

$$\lim_{x \to -\infty} \frac{5x^2 - x}{4 - 2x^2} = \lim_{x \to -\infty} \frac{5 - \dfrac{1}{x}}{\dfrac{4}{x^2} - 2} = -\frac{5}{2}$$

(2) 分子に無理関数を含まない形に直す．これを分子の有理化という．有理化したあと $x \to \infty$ とすれば，求める極限値は次のようになる．

$$\lim_{x \to \infty} \left(\sqrt{x^2 + 1} - x \right) = \lim_{x \to \infty} \frac{\left(\sqrt{x^2 + 1} - x \right)\left(\sqrt{x^2 + 1} + x \right)}{\sqrt{x^2 + 1} + x}$$

$$= \lim_{x \to \infty} \frac{(x^2 + 1) - x^2}{\sqrt{x^2 + 1} + x}$$

$$= \lim_{x \to \infty} \frac{1}{\sqrt{x^2+1}+x} = 0$$

問2.2　次の極限値を求めよ．

(1)　$\displaystyle\lim_{x \to \infty} \frac{3x+5}{2x+4}$　　(2)　$\displaystyle\lim_{x \to -\infty} \frac{-3x^3-x^2+1}{x^3+5x+4}$

(3)　$\displaystyle\lim_{x \to \infty} \left(\sqrt{x+1}-\sqrt{x}\right)$　　(4)　$\displaystyle\lim_{x \to \infty} \left(\sqrt{4x^2-9}-2x\right)$

関数の発散　極限値 $\displaystyle\lim_{x \to a} f(x)$ が存在しないときは，$x \to a$ のとき $f(x)$ は**発散する**という．$x \to a$ のとき，$f(x)$ の値が限りなく大きくなるならば，$f(x)$ は**正の無限大に発散する**，または **∞ に発散する**といい，$f(x) < 0$ で $f(x)$ の絶対値が限りなく大きくなるならば，$f(x)$ は**負の無限大に発散する**，または **$-\infty$ に発散する**という．これらをそれぞれ

$$\lim_{x \to a} f(x) = \infty, \quad \lim_{x \to a} f(x) = -\infty \tag{2.3}$$

と表す．

例題 2.2　関数の極限

次の収束・発散を調べよ．

(1)　$\displaystyle\lim_{x \to \infty} (x^3-2x^2-3)$　　(2)　$\displaystyle\lim_{x \to 0} \frac{1}{x^2}$　　(3)　$\displaystyle\lim_{x \to \infty} \sin x$

解　(1)　最高次数の項 x^3 でくくると

$$\lim_{x \to \infty} (x^3-2x^2-3) = \lim_{x \to \infty} x^3 \left(1-\frac{2}{x}-\frac{3}{x^3}\right) = \infty$$

となるから，正の無限大に発散する．

(2)　$x \to 0$ のとき，$f(x) = \dfrac{1}{x^2}$ の分子は一定で，分母は正の値をとりながら限りなく 0 に近づく．このとき，$f(x)$ の値は限りなく大きくなるから，正の無限大に発散する．

$$\lim_{x \to 0} \frac{1}{x^2} = \infty$$

(3)　$x \to \infty$ のとき，$\sin x$ は -1 と 1 の間の値をとりながら変化し，一定の値には近づかない．したがって，$x \to \infty$ のとき $\sin x$ は発散する．

[note]　関数の発散には (3) のような場合も含まれる．

問2.3　次の収束・発散を調べ，収束するときにはその極限値を求めよ．

(1) $\displaystyle\lim_{x\to-\infty}\left(x^3-5x-10\right)$　(2) $\displaystyle\lim_{x\to1}\frac{1}{(x-1)^2}$　(3) $\displaystyle\lim_{x\to\infty}2^{-x}$　(4) $\displaystyle\lim_{x\to\infty}\cos x$

2.2 関数の連続性

片側極限　変数 x が，$x>a$ を満たしながら限りなく a に近づくことを $x\to a+0$，$x<a$ を満たしながら限りなく a に近づくことを $x\to a-0$ と表す．

$a=0$ のときは，それぞれ $x\to+0$ および $x\to-0$ と表す．

$x\to a-0$　$x\to a+0$　a　x　x

$x\to-0$　$x\to+0$　0　x　x

例2.3　$\displaystyle\lim_{x\to+0}\frac{1}{x}=\infty,\quad\lim_{x\to-0}\frac{1}{x}=-\infty$

$\displaystyle\lim_{x\to a+0}f(x)=\alpha,\ \lim_{x\to a-0}f(x)=\beta$ であるとき，α を**右側極限値**，β を**左側極限値**，α と β をあわせて**片側極限値**という．極限値 $\displaystyle\lim_{x\to a}f(x)$ が存在するのは，2つの片側極限値がともに存在して，それらが一致するときである．

例2.4　$\displaystyle\lim_{x\to0}\frac{x}{|x|}$ について考える．

$f(x)=\dfrac{x}{|x|}$ とおき，$x\to+0,\ x\to-0$ の2つの片側極限値を求める．

$x>0$ のときは $|x|=x$ であるから，

$$\lim_{x\to+0}f(x)=\lim_{x\to+0}\frac{x}{|x|}=\lim_{x\to+0}\frac{x}{x}=\lim_{x\to+0}1=1$$

である．したがって，$f(x)$ の右側極限値は1である．

y　$x\to+0$　1　O　x　-1　$x\to-0$

また，$x<0$ のときは $|x|=-x$ であるから，

$$\lim_{x\to-0}f(x)=\lim_{x\to-0}\frac{x}{|x|}=\lim_{x\to-0}\frac{x}{-x}=\lim_{x\to-0}(-1)=-1$$

となる．したがって，$f(x)$ の左側極限値は -1 である．右側極限値と左側極限値が一致しないから，極限値 $\displaystyle\lim_{x\to0}f(x)$ は存在しない．

問2.4　次の収束・発散を調べ，収束するときにはその極限値を求めよ．

(1) $\displaystyle\lim_{x\to 1-0}\frac{|x-1|}{x-1}$　　(2) $\displaystyle\lim_{x\to 1+0}\frac{1}{|x-1|}$　　(3) $\displaystyle\lim_{x\to -1}\frac{1}{x+1}$

関数の連続性　$x>0$ や $-1<x\leqq 3$ のように，数直線上の連続した範囲を**区間**という．$a\leqq x\leqq b$ のように，両端を含む区間を**閉区間**といい，$[a,b]$ と表す．また，$a<x<b$ のように，両端を含まない区間を**開区間**といい，(a,b) と表す．実数全体も区間として扱い，これを $(-\infty,\infty)$ と表す．とくに範囲を限定しないで，区間 I ということもある．

$[a,b]=\{x\,|\,a\leqq x\leqq b\}$　　$(a,b)=\{x\,|\,a<x<b\}$

一般に，$x=a$ を含む区間で定義された関数 $y=f(x)$ が，

$$\lim_{x\to a}f(x)=f(a) \tag{2.4}$$

を満たすとき，関数 $y=f(x)$ は $x=a$ で**連続**であるという．このとき，$y=f(x)$ のグラフは $x=a$ でつながっている．

例 2.5　関数 $f(x)$ を次のように定義する．

$$f(x)=\begin{cases}\dfrac{x^2+x}{x} & (x\neq 0)\\[2mm] 0 & (x=0)\end{cases}$$

このとき，

$$\lim_{x\to 0}f(x)=\lim_{x\to 0}\frac{x^2+x}{x}=\lim_{x\to 0}(x+1)=1$$

となり，$x\to 0$ のときの極限値は存在するが，この値は $f(0)=0$ とは一致しない（図 1）．したがって，関数 $y=f(x)$ は $x=0$ で連続ではない．

この関数の場合には，$f(0)=1$ と定義し直すことによって，連続な関数とすることができる（図 2）．

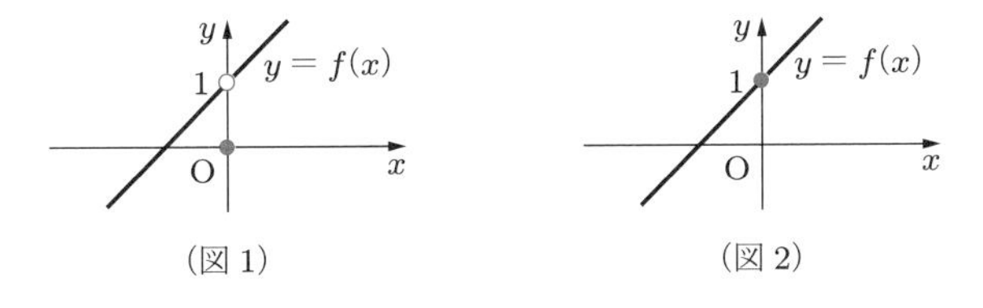

（図 1）　（図 2）

問2.5　関数 $f(x) = \begin{cases} \dfrac{x^2 - x - 6}{x + 2} & (x \neq -2) \\ a & (x = -2) \end{cases}$ が $x = -2$ で連続になるような定数 a の値を求めよ.

関数 $f(x)$ が，区間 I に含まれるすべての x で連続であるとき，$f(x)$ は区間 I で連続であるという．定数関数 $y = c$ (c は定数)，べき関数 $y = x^n$ (n は自然数)，正弦関数 $y = \sin x$，指数関数 $y = 2^x$ などは，実数全体で連続な関数である．また，ある区間で連続な関数の和・差・積・商で表される関数，合成関数，逆関数などは，その定義域で連続であることが知られている．関数の定義域が明示されていないときは，その関数が定義できる最大の範囲を定義域として考える．

例 2.6　$y = x, y = 2^x, y = \sin x$ は連続であるから，次の関数も連続である．

$$y = x + 2^x, \quad y = 2^{-x} \sin x$$

また，分数関数 $y = \dfrac{1}{x^2 - 1}$ $(x \neq \pm 1)$，無理関数 $y = \sqrt{2 - x}$ $(x \leqq 2)$，指数関数 $y = 2^x$ の逆関数である対数関数 $y = \log_2 x$ $(x > 0)$ なども連続である．

練習問題 2

[1] 次の極限値を求めよ.

(1) $\displaystyle\lim_{h\to 0}\frac{1}{h}\left(\frac{1}{4+h}-\frac{1}{4}\right)$　　(2) $\displaystyle\lim_{x\to\infty}\left(\sqrt{x^2+x}-x\right)$

[2] 次の収束・発散を調べ，収束するときにはその極限値を求めよ.

(1) $\displaystyle\lim_{x\to\infty}\frac{3x^2+x+5}{2x^2+3x+2}$　　(2) $\displaystyle\lim_{x\to\infty}\frac{-2x^3+x+5}{x^2+2x+4}$

(3) $\displaystyle\lim_{x\to-\infty}\frac{x^2+3x+4}{4x^3-x^2+2x+1}$　　(4) $\displaystyle\lim_{x\to\infty}\frac{2^x+3}{3^x+1}$

(5) $\displaystyle\lim_{x\to 0}\frac{x+1}{2^x}$　　(6) $\displaystyle\lim_{x\to 0}\frac{x+2}{\cos x}$

[3] 次の収束・発散を調べ，収束するときにはその極限値を求めよ.

(1) $\displaystyle\lim_{x\to-1+0}\frac{|x+1|}{x+1}$　　(2) $\displaystyle\lim_{x\to-2-0}\frac{x^2+2x}{|x+2|}$

(3) $\displaystyle\lim_{x\to 2+0}\frac{1}{2-x}$　　(4) $\displaystyle\lim_{x\to-1-0}\frac{x}{x^2-1}$

(5) $\displaystyle\lim_{x\to\frac{\pi}{2}-0}\tan x$　　(6) $\displaystyle\lim_{x\to+0}\frac{1}{\sin x}$

[4] 実数 x に対して，

$$[x]=「x \text{ を超えない最大の整数}」$$

と定める．$[x]$ を**ガウス記号**という．(1) から (3) についてはその値を求め，(4) から (6) については収束・発散を調べ，収束するときにはその極限値を求めよ.

(1) $[1.34]$　　(2) $[0.99]$　　(3) $[-1.85]$

(4) $\displaystyle\lim_{x\to 1+0}[x]$　　(5) $\displaystyle\lim_{x\to 1-0}[x]$　　(6) $\displaystyle\lim_{x\to 2}[x]$

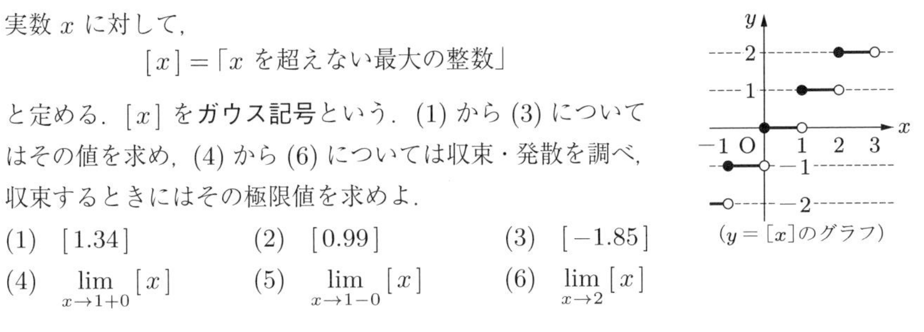

($y=[x]$ のグラフ)

[5] 次の関数がすべての実数で連続になるような定数 a の値を求めよ.

(1) $f(x)=\begin{cases}\dfrac{x^2-4}{x-2} & (x\neq 2)\\ a & (x=2)\end{cases}$　　(2) $f(x)=\begin{cases}2^x & (x\geqq 0)\\ a & (x<0)\end{cases}$

[6] $x=a$ の近くで $g(x)\leqq f(x)\leqq h(x)$ であり，$\displaystyle\lim_{x\to a}g(x)=\lim_{x\to a}h(x)=\alpha$ となるとき，$\displaystyle\lim_{x\to a}f(x)=\alpha$ が成り立つ．このことは，$x\to\pm\infty$ の場合も成り立つ．これを**はさみうちの原理**という．はさみうちの原理を使って次の式が成り立つことを証明せよ.

(1) $\displaystyle\lim_{x\to 0}x^2\sin\frac{1}{x}=0$　　(2) $\displaystyle\lim_{x\to\infty}\frac{\cos x}{x^2+1}=0$

Chapter 2

微分法

3 微分法

3.1 平均変化率と微分係数

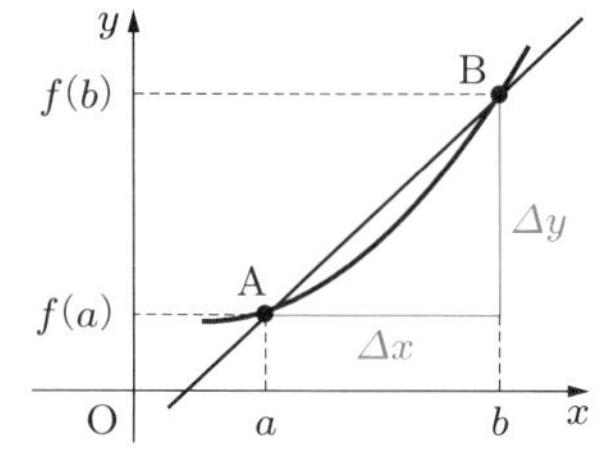

平均変化率　a, b $(a < b)$ を定数とする．関数 $y = f(x)$ において，x が a から b まで変化するときの x の変化量を Δx，y の変化量を Δy とすれば，$\Delta x = b - a$, $\Delta y = f(b) - f(a)$ となる．このとき，Δy と Δx の比

$$\frac{\Delta y}{\Delta x} = \frac{f(b) - f(a)}{b - a} \tag{3.1}$$

を，$x = a$ から $x = b$ までの $f(x)$ の**平均変化率**という．平均変化率は，$y = f(x)$ のグラフ上の 2 点 $\mathrm{A}(a, f(a))$, $\mathrm{B}(b, f(b))$ を通る直線の傾きを表している．

とくに，$x = a$ から $x = a + h$ $(h \neq 0)$ までの $f(x)$ の平均変化率は，

$$\frac{\Delta y}{\Delta x} = \frac{f(a + h) - f(a)}{h} \tag{3.2}$$

となる．

[note]　変化量は，変化後の値と変化前の値との差 (difference) を意味する．そこで，変化量を表す記号として，D に相当するギリシャ文字の Δ（デルタ）を用いる．

例題 3.1　**平均変化率**

x が次のように変化するとき，関数 $f(x) = x^2$ の平均変化率を求めよ．

(1)　$x = -1$ から $x = 2$ まで　　(2)　$x = a$ から $x = a + h$ まで

解　(1)　$\dfrac{\Delta y}{\Delta x} = \dfrac{f(2) - f(-1)}{2 - (-1)} = \dfrac{2^2 - (-1)^2}{3} = 1$

(2)　$\dfrac{\Delta y}{\Delta x} = \dfrac{f(a + h) - f(a)}{h} = \dfrac{(a + h)^2 - a^2}{h} = \dfrac{2ah + h^2}{h} = 2a + h$

問3.1 x が次のように変化するとき，関数 $f(x)$ の平均変化率を求めよ．

(1) $f(x) = x^2 + 1, \quad x = 1$ から $x = 2$ まで

(2) $f(x) = \dfrac{1}{x}, \quad x = 2$ から $x = 2 + h$ まで

(3) $f(x) = \sqrt{x}, \quad x = a$ から $x = a + h$ まで

微分係数と接線の傾き　関数 $y = f(x)$ の，$x = a$ から $x = a + h$ までの平均変化率 $\dfrac{\Delta y}{\Delta x}$ は，$y = f(x)$ のグラフ上の 2 点 $\mathrm{A}(a, f(a))$, $\mathrm{B}(a + h, f(a + h))$ を通る直線 ℓ' の傾きである．

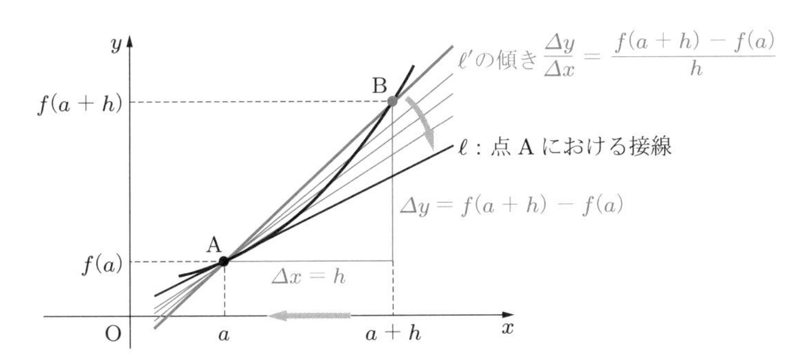

$\Delta x = h$ が限りなく 0 に近づいていくとき，直線 ℓ' が点 A を通るある直線 ℓ に限りなく近づいていくならば，この直線 ℓ を，点 $\mathrm{A}(a, f(a))$ における $y = f(x)$ のグラフの**接線**といい，点 A を**接点**という．

すなわち，平均変化率 $\dfrac{\Delta y}{\Delta x}$ の，$h \to 0$ としたときの極限値が存在すれば，その極限値は点 A における接線の傾きである．

例 3.1　関数 $y = x^2$ の $x = 3$ から $x = 3 + h$ までの平均変化率の，$\Delta x = h$ を限りなく 0 に近づけたときの極限値は

$$\lim_{\Delta x \to 0} \frac{\Delta y}{\Delta x} = \lim_{h \to 0} \frac{(3 + h)^2 - 3^2}{h} = \lim_{h \to 0} \frac{6h + h^2}{h} = \lim_{h \to 0} (6 + h) = 6$$

となる．したがって，$y = x^2$ のグラフ上の点 $\mathrm{A}(3, 9)$ における接線の傾きは 6 である．

一般に，関数 $f(x)$ の，$x = a$ から $x = a + h$ までの平均変化率の極限値

$$\lim_{\Delta x \to 0} \frac{\Delta y}{\Delta x} = \lim_{h \to 0} \frac{f(a + h) - f(a)}{h}$$

が存在するとき，関数 $y=f(x)$ は $x=a$ において**微分可能**であるという．このとき，この極限値を，$x=a$ における $f(x)$ の**微分係数**といい，$f'(a)$ で表す．

3.1　微分係数

$$f'(a)=\lim_{h\to 0}\frac{f(a+h)-f(a)}{h}$$

$y=f(x)$ が $x=a$ で微分可能であるとき，微分係数 $f'(a)$ は，$y=f(x)$ のグラフ上の点 $(a, f(a))$ における接線の傾きである．

例 3.2　関数 $f(x)=2x^2$ の $x=3$ における微分係数は，

$$\begin{aligned}f'(3)&=\lim_{h\to 0}\frac{f(3+h)-f(3)}{h}\\&=\lim_{h\to 0}\frac{2(3+h)^2-2\cdot 3^2}{h}\\&=\lim_{h\to 0}(12+2h)=12\end{aligned}$$

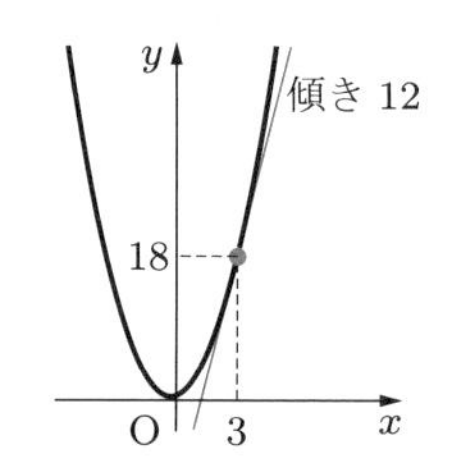

である．したがって，$y=2x^2$ のグラフ上の $x=3$ に対応する点における接線の傾きは 12 である．

問3.2　次の関数 $f(x)$ の，(　) 内に指定された x の値における微分係数を求めよ．

(1)　$f(x)=2x^2+x$　$(x=2)$　　(2)　$f(x)=x^3$　$(x=1)$

微分可能性と連続性　関数 $f(x)$ が $x=a$ で微分可能であるとき，$f(x)$ は $x=a$ で連続であることを示す．$x \neq a$ である x に対して $x-a=h$ とおくと，$x\to a$ のとき $h\to 0$ であるから，

$$\begin{aligned}\lim_{x\to a}\{f(x)-f(a)\}&=\lim_{x\to a}\frac{f(x)-f(a)}{x-a}\cdot(x-a)\\&=\lim_{h\to 0}\frac{f(a+h)-f(a)}{h}\cdot h=f'(a)\cdot 0=0\end{aligned}$$

となる．したがって，$\lim_{x\to a}f(x)=f(a)$ となるから，$f(x)$ は $x=a$ で連続である．

3.2　微分可能性と連続性

関数 $f(x)$ が $x=a$ で微分可能であれば，$f(x)$ は $x=a$ で連続である．

この逆は成り立たない．次は，連続であるが微分可能ではない関数の例である．

例 3.3　$f(x)=|x|$ は実数全体で連続である．しかし，

$$\lim_{h\to+0}\frac{f(0+h)-f(0)}{h}=\lim_{h\to+0}\frac{|h|}{h}=\lim_{h\to+0}\frac{h}{h}=1,$$

$$\lim_{h\to-0}\frac{f(0+h)-f(0)}{h}=\lim_{h\to-0}\frac{|h|}{h}=\lim_{h\to-0}\frac{-h}{h}=-1$$

となる．2 つの片側極限値が異なるから，微分係数 $\displaystyle\lim_{h\to0}\frac{f(0+h)-f(0)}{h}$ は存在しない．よって，$f(x)=|x|$ は $x=0$ で微分可能ではない．

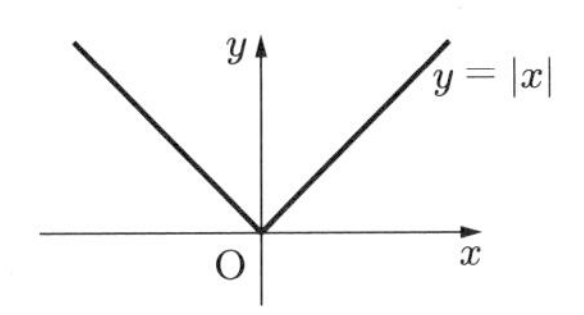

　このことは，原点 O において $y=|x|$ のグラフの接線が存在しないことを意味する．

3.2 導関数

導関数　関数 $y=f(x)$ が，ある区間 I のすべての点で微分可能であるとき，$y=f(x)$ は区間 I で微分可能であるという．このとき，区間 I のすべての点 a に対し，$x=a$ における微分係数 $f'(a)$ を対応させる関数を $f(x)$ の**導関数**といい，$f'(x)$ と表す．

3.3　$y=f(x)$ の導関数

$$f'(x)=\lim_{\Delta x\to0}\frac{\Delta y}{\Delta x}=\lim_{h\to0}\frac{f(x+h)-f(x)}{h}$$

$f(x)$ の導関数は，$f'(x)$ の他に

$$y',\quad \frac{dy}{dx},\quad \frac{df}{dx},\quad \frac{d}{dx}f(x) \tag{3.3}$$

と表すこともある．導関数を求めることを，関数 $y=f(x)$ を x で**微分する**という．

例 3.4　関数 $y=x^2$ に対して，$\Delta x=h$ のとき $\Delta y=(x+h)^2-x^2$ であるから，

$$\lim_{\Delta x\to0}\frac{\Delta y}{\Delta x}=\lim_{h\to0}\frac{(x+h)^2-x^2}{h}$$

$$= \lim_{h \to 0} \frac{(x^2 + 2xh + h^2) - x^2}{h} = \lim_{h \to 0}(2x + h) = 2x$$

となる．したがって，$y = x^2$ は微分可能であり，その導関数は $2x$ である．このことを $y' = 2x$, $(x^2)' = 2x$, $\dfrac{dy}{dx} = 2x$, $\dfrac{d}{dx}(x^2) = 2x$ などと表す．

問3.3　定義にしたがって，次が成り立つことを証明せよ．

(1)　$(x)' = 1$　　　　(2)　$(x^3)' = 3x^2$

導関数の公式　例 3.4 と問 3.3 の結果から，$(x)' = 1$, $(x^2)' = 2x$, $(x^3)' = 3x^2$ が成り立つ．このことから，n が自然数であるとき，$(x^n)' = nx^{n-1}$ であることが予想される．これは数学的帰納法を用いて証明することができる．

(i) $n = 1$ のときは，すでに問 3.3 (1) で示されている．(ii) ある自然数 k に対して，$\left(x^k\right)' = kx^{k-1}$ が成り立つと仮定する．そのとき，$y = x^{k+1}$ に対して，

$$\begin{aligned}
\lim_{\Delta x \to 0} \frac{\Delta y}{\Delta x} &= \lim_{h \to 0} \frac{(x+h)^{k+1} - x^{k+1}}{h} \\
&= \lim_{h \to 0} \frac{(x+h) \cdot (x+h)^k - x \cdot x^k}{h} \\
&= \lim_{h \to 0} \frac{x\left\{(x+h)^k - x^k\right\} + h(x+h)^k}{h} \\
&= \lim_{h \to 0} \left\{x \cdot \frac{(x+h)^k - x^k}{h} + (x+h)^k\right\} \\
&= x \lim_{h \to 0} \frac{(x+h)^k - x^k}{h} + \lim_{h \to 0}(x+h)^k \\
&= x(x^k)' + x^k \\
&= x \cdot k\,x^{k-1} + x^k = (k+1)x^k = (k+1)x^{(k+1)-1}
\end{aligned}$$

となるから，$(x^{k+1})' = (k+1)x^{(k+1)-1}$ が成り立つ．これは，$n = k+1$ のときに x^n は微分可能で，$(x^n)' = nx^{n-1}$ となることを示す．よって，数学的帰納法により，すべての自然数 n に対して $(x^n)' = nx^{n-1}$ が成り立つ．

また，定数関数 $y = c$ の導関数は次のようになる．

$$(c)' = \lim_{h \to 0} \frac{c - c}{h} = 0$$

3.4　x^n の導関数 I

自然数 n と定数 c に対して，次のことが成り立つ．

$$(x^n)' = nx^{n-1}, \quad (c)' = 0$$

例 3.5　$(3)' = 0, \quad \left(x^4\right)' = 4x^3, \quad \left(x^{10}\right)' = 10x^9$

さらに，次の導関数の線形性が成り立つ．

3.5　導関数の線形性

$f(x)$, $g(x)$ が微分可能であるとき，$cf(x)$, $f(x) \pm g(x)$ は微分可能で，次のことが成り立つ．ここで，c は定数である．

(1)　$\{cf(x)\}' = cf'(x)$

(2)　$\{f(x) \pm g(x)\}' = f'(x) \pm g'(x)$　（複号同順）

証明　(1)　$y = cf(x)$ のとき $\Delta y = cf(x+h) - cf(x)$ であるから，

$$\begin{aligned}\lim_{\Delta x \to 0} \frac{\Delta y}{\Delta x} &= \lim_{h \to 0} \frac{cf(x+h) - cf(x)}{h} \\ &= c \lim_{h \to 0} \frac{f(x+h) - f(x)}{h} = cf'(x)\end{aligned}$$

となる．したがって，$cf(x)$ は微分可能で $\{cf(x)\}' = c\,f'(x)$ が成り立つ．

(2)　$y = f(x) + g(x)$ のとき $\Delta y = \{f(x+h) + g(x+h)\} - \{f(x) + g(x)\}$ であるから，

$$\begin{aligned}\lim_{\Delta x \to 0} \frac{\Delta y}{\Delta x} &= \lim_{h \to 0} \frac{\{f(x+h) + g(x+h)\} - \{f(x) + g(x)\}}{h} \\ &= \lim_{h \to 0} \frac{f(x+h) - f(x)}{h} + \lim_{h \to 0} \frac{g(x+h) - g(x)}{h} = f'(x) + g'(x)\end{aligned}$$

となる．したがって，$f(x) + g(x)$ は微分可能で $\{f(x) + g(x)\}' = f'(x) + g'(x)$ が成り立つ．$\{f(x) - g(x)\}' = f'(x) - g'(x)$ も同じように証明することができる．　証明終

例 3.6　導関数の線形性を用いると，次のように計算することができる．

(1)　$(3x^2)' = 3 \cdot (x^2)' = 3 \cdot 2x = 6x$

(2)　$$\begin{aligned}\left(x^3 + \frac{1}{2}x^2 - 3x + 4\right)' &= (x^3)' + \frac{1}{2} \cdot (x^2)' - 3 \cdot (x)' + (4)' \\ &= 3x^2 + \frac{1}{2} \cdot 2x - 3 \cdot 1 + 0 = 3x^2 + x - 3\end{aligned}$$

問3.4　次の関数を微分せよ．

(1)　$y = x^3 - 4x^2 - 3$　　(2)　$y = -2x^4 + 3x + 1$　　(3)　$y = \dfrac{x^4 - x^2 + 1}{5}$

変数が x, y 以外の場合，たとえば関数 $s = 4.9t^2 + 2t$ の場合には，その導関数を

$$\frac{ds}{dt} = (4.9t^2 + 2t)' = 4.9 \cdot 2t + 2 \cdot 1 = 9.8t + 2$$

のように表す．$\dfrac{ds}{dt}$ を求めることを，s を t で微分するという．

問3.5　次の関数を（　）内に指定された変数について微分せよ．

(1)　$s = -\dfrac{1}{3}t^2 + 6t$　(t)　　(2)　$V = \pi r^2 h$　(h)　　(3)　$V = \dfrac{4}{3}\pi r^3$　(r)

導関数と微分係数　関数 $y = f(x)$ の $x = a$ における微分係数 $f'(a)$ は，導関数 $f'(x)$ の $x = a$ における値である．微分係数は次のように表すこともある．

$$y'(a), \qquad \left.\frac{dy}{dx}\right|_{x=a} \tag{3.4}$$

例3.7　関数 $f(x) = x^3 - x^2$ の導関数は $f'(x) = 3x^2 - 2x$ であるから，$x = 2$ における微分係数は，$f'(2) = 3 \cdot 2^2 - 2 \cdot 2 = 8$ である．

問3.6　次の関数の $x = -1$ における微分係数を求めよ．

(1)　$f(x) = 3x^3 + 2x^2 + x$　　(2)　$f(x) = -x^4 + x^3 - x^2 + 6$

3.3　分数関数と無理関数の導関数

分数関数と無理関数の導関数　関数 $y = f(x)$ の，x の変化量 $\Delta x = h$ に対する y の変化量を $\Delta y = f(x+h) - f(x)$ とする．

分数関数 $y = \dfrac{1}{x}$ の導関数を求める．$\Delta y = \dfrac{1}{x+h} - \dfrac{1}{x}$ であるから

$$\lim_{\Delta x \to 0} \frac{\Delta y}{\Delta x} = \lim_{h \to 0} \frac{1}{h}\left(\frac{1}{x+h} - \frac{1}{x}\right) \quad \text{[通分する]}$$

$$= \lim_{h \to 0} \frac{1}{h} \cdot \frac{x - (x+h)}{x(x+h)} = -\lim_{h \to 0} \frac{\cancel{h}}{\cancel{h}x(x+h)} = -\frac{1}{x^2}$$

となる．したがって，$y = \dfrac{1}{x}$ は微分可能で，$\left(\dfrac{1}{x}\right)' = -\dfrac{1}{x^2}$ が成り立つ．

次に，無理関数 $y=\sqrt{x}$ の導関数を求める．$\Delta y=\sqrt{x+h}-\sqrt{x}$ であるから

$$\lim_{\Delta x\to 0}\frac{\Delta y}{\Delta x}=\lim_{h\to 0}\frac{\sqrt{x+h}-\sqrt{x}}{h}\quad [\text{分子の有理化を行う}]$$
$$=\lim_{h\to 0}\frac{x+h-x}{h\left(\sqrt{x+h}+\sqrt{x}\right)}$$
$$=\lim_{h\to 0}\frac{\cancel{h}}{\cancel{h}\left(\sqrt{x+h}+\sqrt{x}\right)}=\frac{1}{2\sqrt{x}}$$

となる．したがって，$y=\sqrt{x}$ は微分可能で，$\left(\sqrt{x}\right)'=\dfrac{1}{2\sqrt{x}}$ である．

3.6 分数関数と無理関数の導関数

$$\left(\frac{1}{x}\right)'=-\frac{1}{x^2},\quad \left(\sqrt{x}\right)'=\frac{1}{2\sqrt{x}}$$

例 3.8 (1) $\left(3x^2+\dfrac{2}{5x}\right)'=3\left(x^2\right)'+\dfrac{2}{5}\left(\dfrac{1}{x}\right)'$

$$=3\cdot 2x+\frac{2}{5}\left(-\frac{1}{x^2}\right)=6x-\frac{2}{5x^2}$$

(2) $\left(1+2\sqrt{x}\right)'=0+2\left(\sqrt{x}\right)'=\dfrac{1}{\sqrt{x}}$

問 3.7 次の関数を微分せよ．

(1) $y=5x+\dfrac{3}{x}$　　(2) $y=\dfrac{2}{x}-3\sqrt{x}$

3.4 関数の積と商の導関数

関数の積の導関数　関数 $f(x), g(x)$ が微分可能であるとき，$y=f(x)g(x)$ の導関数を求める．微分可能な関数は連続であるから［→定理 3.2］，$\displaystyle\lim_{h\to 0}g(x+h)=g(x)$ が成り立つ．$\Delta y=f(x+h)g(x+h)-f(x)g(x)$ であるから，

$$\lim_{\Delta x\to 0}\frac{\Delta y}{\Delta x}=\lim_{h\to 0}\frac{f(x+h)g(x+h)-f(x)g(x)}{h}$$
$$=\lim_{h\to 0}\frac{f(x+h)g(x+h)-f(x)g(x+h)+f(x)g(x+h)-f(x)g(x)}{h}$$

$$= \lim_{h \to 0} \left\{ \frac{f(x+h) - f(x)}{h} \cdot g(x+h) + f(x) \cdot \frac{g(x+h) - g(x)}{h} \right\}$$

$$= f'(x)g(x) + f(x)g'(x) \quad \text{［極限値の線形性を用いた］}$$

となる．したがって，$y = f(x)g(x)$ は微分可能で，その導関数は次のようになる．

3.7　関数の積の導関数

関数 $f(x)$, $g(x)$ が微分可能であるとき，積 $f(x)g(x)$ は微分可能で，その導関数は次のようになる．

$$\{f(x)g(x)\}' = f'(x)g(x) + f(x)g'(x)$$

例 3.9　(1)　$\{(x^2-1)(2x^2+x-3)\}'$

$$= (x^2-1)'(2x^2+x-3) + (x^2-1)(2x^2+x-3)'$$

$$= 2x(2x^2+x-3) + (x^2-1)(4x+1)$$

$$= 8x^3 + 3x^2 - 10x - 1$$

(2)　$\left\{(2x+3)\sqrt{x}\right\}' = (2x+3)'\sqrt{x} + (2x+3)\left(\sqrt{x}\right)'$

$$= 2\sqrt{x} + (2x+3)\frac{1}{2\sqrt{x}} = \frac{6x+3}{2\sqrt{x}}$$

問3.8　次の関数を微分せよ．

(1)　$y = (x^2-5)(x^2-x+4)$　　(2)　$y = (3x+1)\sqrt{x}$

関数の商の導関数　関数 $g(x)$ $(g(x) \neq 0)$ が微分可能であるとき，$y = \dfrac{1}{g(x)}$ の導関数を求める．$\Delta y = \dfrac{1}{g(x+h)} - \dfrac{1}{g(x)}$ であるから

$$\lim_{\Delta x \to 0} \frac{\Delta y}{\Delta x} = \lim_{h \to 0} \frac{1}{h} \left(\frac{1}{g(x+h)} - \frac{1}{g(x)} \right) \quad \text{［通分する］}$$

$$= \lim_{h \to 0} \frac{1}{h} \cdot \frac{g(x) - g(x+h)}{g(x+h)g(x)}$$

$$= -\lim_{h \to 0} \frac{g(x+h) - g(x)}{h} \cdot \frac{1}{g(x+h)g(x)} = -\frac{g'(x)}{\{g(x)\}^2}$$

となる．したがって，$y=\dfrac{1}{g(x)}$ は微分可能で，$\left\{\dfrac{1}{g(x)}\right\}'=-\dfrac{g'(x)}{\{g(x)\}^2}$ が成り立つ．さらに，$f(x)$ が微分可能のとき，定理 3.7 によって $y=f(x)\cdot\dfrac{1}{g(x)}$ は微分可能で，

$$\left\{f(x)\cdot\frac{1}{g(x)}\right\}'=f'(x)\cdot\frac{1}{g(x)}+f(x)\cdot\left\{-\frac{g'(x)}{\{g(x)\}^2}\right\}$$
$$=\frac{f'(x)g(x)-f(x)g'(x)}{\{g(x)\}^2}$$

となるから，次の公式が成り立つ．

3.8 関数の商の導関数

関数 $f(x)$, $g(x)$ $(g(x)\neq 0)$ が微分可能であるとき，それらの商は微分可能で，その導関数は次のようになる．

$$\left\{\frac{f(x)}{g(x)}\right\}'=\frac{f'(x)g(x)-f(x)g'(x)}{\{g(x)\}^2}\quad とくに\quad \left\{\frac{1}{g(x)}\right\}'=-\frac{g'(x)}{\{g(x)\}^2}$$

例 3.10 (1) $\left(\dfrac{1}{2x-5}\right)'=-\dfrac{(2x-5)'}{(2x-5)^2}=-\dfrac{2}{(2x-5)^2}$

(2) $$\left(\frac{3x-2}{2x^2+1}\right)'=\frac{(3x-2)'(2x^2+1)-(3x-2)(2x^2+1)'}{(2x^2+1)^2}$$
$$=\frac{3(2x^2+1)-(3x-2)\cdot 4x}{(2x^2+1)^2}=\frac{-6x^2+8x+3}{(2x^2+1)^2}$$

問 3.9 次の関数を微分せよ．

(1) $y=\dfrac{1}{5x+4}$　(2) $y=\dfrac{3}{x^2-1}$

(3) $y=\dfrac{3x}{x^2+7}$　(4) $y=\dfrac{x^2-3}{x^2+x+1}$

導関数の公式の拡張 n が負の整数のとき $n=-m$ $(m>0)$ とおくと，関数の商の導関数の公式から，

$$(x^n)'=\left(x^{-m}\right)'=\left(\frac{1}{x^m}\right)'=-\frac{(x^m)'}{(x^m)^2}=-\frac{mx^{m-1}}{x^{2m}}=-mx^{-m-1}=nx^{n-1}$$

となる．また，$\left(x^0\right)' = (1)' = 0 = 0 \cdot x^{0-1}$ である．したがって，公式

$$(x^n)' = nx^{n-1}$$

は，任意の整数 n に対して成り立つ．

3.9　x^n の導関数 II

任意の整数 n に対して，次の式が成り立つ．

$$(x^n)' = nx^{n-1}$$

例 3.11　$\left(\dfrac{1}{x^2}\right)' = \left(x^{-2}\right)' = -2x^{-3} = -\dfrac{2}{x^3}$

問3.10　次の関数を微分せよ．

(1)　$y = \dfrac{1}{x^3}$　　(2)　$y = \dfrac{1}{2x^4}$

3.5　合成関数と逆関数の微分法

合成関数とその微分法　関数 $y = f(u),\ u = g(x)$ が与えられているとする．$u = g(x)$ の値域が $y = f(u)$ の定義域に含まれているとき，関数 $y = f(g(x))$ を $y = f(u)$ と $u = g(x)$ の**合成関数**という．

例 3.12　(1)　$y = u^3$ と $u = x^2 + 1$ の合成関数は，$y = (x^2 + 1)^3$ である．

(2)　$y = \sqrt[3]{x^2 + 1}$ は，$y = \sqrt[3]{u}$ と $u = x^2 + 1$ の合成関数である．

問3.11　次の関数はどのような関数の合成関数となっているか．

(1)　$y = 2^{3x+2}$　　(2)　$y = \dfrac{1}{3x + 5}$

$y = f(u),\ u = g(x)$ はともに微分可能な関数であるとする．このとき，合成関数 $y = f(g(x))$ の導関数を求める．

x が Δx だけ変化するときの $u = g(x)$ の変化量を Δu，$y = f(u)$ の変化量を Δy とする．微分可能なら連続であるから，$\Delta x \to 0$ とすれば $\Delta u \to 0,\ \Delta y \to 0$ であり，$\Delta u \neq 0$ ならば

$$\lim_{\Delta x \to 0} \frac{\Delta y}{\Delta x} = \lim_{\Delta x \to 0} \frac{\Delta y}{\Delta u} \cdot \frac{\Delta u}{\Delta x} = \lim_{\Delta u \to 0} \frac{\Delta y}{\Delta u} \cdot \lim_{\Delta x \to 0} \frac{\Delta u}{\Delta x} = \frac{dy}{du}\frac{du}{dx}$$

が成り立つ．このことは，$\Delta u = 0$ となる場合についても証明することができる．

最後の式は $f'(g(x))g'(x)$ と書き直すことができるから，合成関数 $y = f(g(x))$ の導関数について，次のことが成り立つ．

3.10 合成関数の微分法

関数 $y = f(u)$, $u = g(x)$ が微分可能であるとき，その合成関数 $y = f(g(x))$ は微分可能で，その導関数は次のようになる．

$$\frac{dy}{dx} = \frac{dy}{du}\frac{du}{dx} \quad \text{または} \quad \{f(g(x))\}' = f'(g(x))g'(x)$$

例題 3.2 合成関数の微分法

次の関数を微分せよ．

(1) $y = (2x-7)^5$　　(2) $y = \sqrt{x^2+3x+5}$

解 (1) 関数 $y = (2x-7)^5$ は，$y = u^5$ と $u = 2x-7$ の合成関数である．したがって，導関数は次のようになる．

$$\begin{aligned}\frac{dy}{dx} &= \frac{dy}{du}\frac{du}{dx} \\ &= \frac{d}{du}(u^5)\cdot\frac{d}{dx}(2x-7) = 5u^4\cdot 2 = 10(2x-7)^4\end{aligned}$$

(2) 関数 $y = \sqrt{x^2+3x+5}$ は，$y = \sqrt{u}$ と $u = x^2+3x+5$ の合成関数である．したがって，導関数は次のようになる．

$$\begin{aligned}\frac{dy}{dx} = \frac{dy}{du}\frac{du}{dx} &= \frac{d}{du}\left(\sqrt{u}\right)\cdot\frac{d}{dx}(x^2+3x+5) \\ &= \frac{1}{2\sqrt{u}}\cdot(2x+3) = \frac{2x+3}{2\sqrt{x^2+3x+5}}\end{aligned}$$

[note] $\{f(g(x))\}' = f'(g(x))\cdot g'(x)$ を用いると，次のように計算できる．

(1) $y' = \left\{(2x-7)^5\right\}'$

$$= 5(2x-7)^4\cdot(2x-7)' = 5(2x-7)^4\cdot 2 = 10(2x-7)^4$$

(2) $y' = \left(\sqrt{x^2+3x+5}\right)'$

$$= \frac{1}{2\sqrt{x^2+3x+5}}\cdot(x^2+3x+5)' = \frac{2x+3}{2\sqrt{x^2+3x+5}}$$

問3.12　次の関数を微分せよ．

(1)　$y = (3x-1)^5$　　(2)　$y = 3(x^2+5)^4$　　(3)　$y = 5\sqrt{x^2+1}$

逆関数の微分法　関数 $y = f(x)$ が単調増加または単調減少である区間について，その逆関数を $x = f^{-1}(y)$ とする．$x = f^{-1}(y)$ が微分可能であるとき，$y = f(x)$ の導関数を求める．

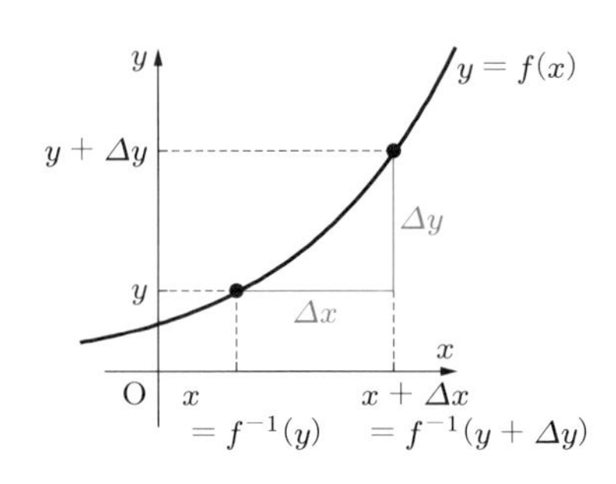

x が Δx だけ変化するときの y の変化量を Δy とすれば，$\Delta x \to 0$ のとき $\Delta y \to 0$ である．よって，

$$\frac{dy}{dx} = \lim_{\Delta x \to 0} \frac{\Delta y}{\Delta x} = \lim_{\Delta y \to 0} \frac{1}{\dfrac{\Delta x}{\Delta y}} = \frac{1}{\dfrac{dx}{dy}}$$

となる．したがって，次のことが成り立つ．

3.11　逆関数の微分法

関数 $y = f(x)$ の逆関数 $x = f^{-1}(y)$ が微分可能であるとき，もとの関数 $y = f(x)$ も微分可能で，その導関数は次のようになる．

$$\frac{dy}{dx} = \frac{1}{\dfrac{dx}{dy}}$$

n を自然数とするとき，$y = \sqrt[n]{x} = x^{\frac{1}{n}}\ (x > 0)$ の導関数を求める．$y = x^{\frac{1}{n}}$ の逆関数は $x = y^n$ であり，$\dfrac{dx}{dy} = ny^{n-1}$ が成り立つ．したがって，

$$\frac{dy}{dx} = \frac{1}{\dfrac{dx}{dy}} = \frac{1}{ny^{n-1}} = \frac{1}{n}y^{1-n} = \frac{1}{n}\left(x^{\frac{1}{n}}\right)^{1-n} = \frac{1}{n}x^{\frac{1}{n}-1}$$

となる．よって，$x > 0$ のとき，任意の自然数 n について，次が成り立つ．

$$\left(x^{\frac{1}{n}}\right)' = \frac{1}{n}x^{\frac{1}{n}-1} \tag{3.5}$$

例 3.13 (1) $(\sqrt[3]{x})' = \left(x^{\frac{1}{3}}\right)' = \dfrac{1}{3}x^{\frac{1}{3}-1} = \dfrac{1}{3\sqrt[3]{x^2}}$

(2) $\left\{(x^2+1)\sqrt[3]{x}\right\}' = (x^2+1)'\sqrt[3]{x} + (x^2+1)\left(\sqrt[3]{x}\right)'$ [(1) の結果を使う]

$$= 2x\sqrt[3]{x} + (x^2+1)\frac{1}{3\sqrt[3]{x^2}} = \frac{7x^2+1}{3\sqrt[3]{x^2}}$$

(3) $\left(\sqrt[3]{x^2+1}\right)' = \left\{(x^2+1)^{\frac{1}{3}}\right\}'$ [合成関数の微分法を使う]

$$= \frac{1}{3}\left(x^2+1\right)^{\frac{1}{3}-1}\left(x^2+1\right)' = \frac{2x}{3\sqrt[3]{(x^2+1)^2}}$$

問3.13 次の関数を微分せよ.

(1) $y = \sqrt[4]{x}$ (2) $y = \sqrt[6]{3x+2}$ (3) $y = (x-1)\sqrt[5]{x}$ (4) $y = \dfrac{x-1}{\sqrt{x}}$

3.6 対数関数の導関数

対数関数の導関数 対数の性質を利用して, 対数関数 $y = \log_a x\,(a > 0,\ a \neq 1)$ の導関数を求める. x の変化量 Δx に対する y の変化量を Δy とすれば,

$$\lim_{\Delta x \to 0}\frac{\Delta y}{\Delta x} = \lim_{h \to 0}\frac{\log_a(x+h) - \log_a x}{h}$$
$$= \lim_{h \to 0}\frac{1}{h}\log_a\frac{x+h}{x}$$
$$= \lim_{h \to 0}\frac{1}{x}\cdot\frac{x}{h}\cdot\log_a\left(1+\frac{h}{x}\right)$$
$$= \frac{1}{x}\lim_{h \to 0}\log_a\left(1+\frac{h}{x}\right)^{\frac{x}{h}} \quad \cdots ①$$

$y = \log_a x$
(図は $a > 1$ のとき)

である. ここで, $\dfrac{x}{h} = t$ とおく. $x > 0$ であるから, $h \to +0$ のとき $t \to \infty$, $h \to -0$ のとき $t \to -\infty$ となる. そこで, 極限値

$$\lim_{h \to +0}\left(1+\frac{h}{x}\right)^{\frac{x}{h}} = \lim_{t \to \infty}\left(1+\frac{1}{t}\right)^t, \quad \lim_{h \to -0}\left(1+\frac{h}{x}\right)^{\frac{x}{h}} = \lim_{t \to -\infty}\left(1+\frac{1}{t}\right)^t$$

を調べるために, $\left(1+\dfrac{1}{t}\right)^t$ にいくつかの値を代入してみると, 次の表のようになる.

t	$\left(1+\frac{1}{t}\right)^t$	t	$\left(1+\frac{1}{t}\right)^t$
10	$2.5937424\cdots$	-10	$2.8679719\cdots$
100	$2.7048138\cdots$	-100	$2.7319990\cdots$
1000	$2.7169239\cdots$	-1000	$2.7196422\cdots$
10000	$2.7181459\cdots$	-10000	$2.7184177\cdots$
100000	$2.7182682\cdots$	-100000	$2.7182954\cdots$
1000000	$2.7182804\cdots$	-1000000	$2.7182831\cdots$
$\vdots$	$\vdots$	$\vdots$	$\vdots$

この表から，t の絶対値が限りなく大きくなるとき，$\left(1+\dfrac{1}{t}\right)^t$ の値は一定の値に近づいていると予想される．実際，$t \to \pm\infty$ のとき $\left(1+\dfrac{1}{t}\right)^t$ は同じ数に収束することが知られている．この極限値を e と表すと，

$$e = 2.71828\cdots$$

である．この e を**自然対数の底**という．e は無理数であることが知られている．

3.12　自然対数の底 e

$$e = \lim_{t\to\pm\infty}\left(1+\frac{1}{t}\right)^t = 2.71828\cdots$$

したがって，前ページの ① から

$$\lim_{\Delta x\to 0}\frac{\Delta y}{\Delta x} = \frac{1}{x}\lim_{h\to\pm 0}\log_a\left(1+\frac{h}{x}\right)^{\frac{x}{h}} = \frac{1}{x}\lim_{t\to\pm\infty}\log_a\left(1+\frac{1}{t}\right)^t = \frac{1}{x}\log_a e$$

となり，対数関数 $y = \log_a x$ は微分可能で $(\log_a x)' = \dfrac{1}{x}\log_a e$ である．ここで，底 a が e であれば $\log_a e = \log_e e = 1$ となるから

$$(\log_e x)' = \frac{1}{x}$$

が成り立つ．e を底とする対数を**自然対数**といい，今後は底 e を省略して単に $\log x$ と表す．すると，$\log x$ の導関数について，次の公式が成り立つ．

3.13　対数関数の導関数

$$(\log x)' = \frac{1}{x}$$

[note] 微分積分で対数を扱うときは，e を底にするともっとも扱いやすい．工学などでは，log は 10 を底とする常用対数を表し，自然対数は ln で表すことが多い．関数電卓もそのような表記になっている．なお，e はネピアの数とよばれることもある．

例題 3.3 対数関数の導関数の公式

次の式が成り立つことを証明せよ．

(1) $(\log|x|)' = \dfrac{1}{x}$ (2) $\{\log|f(x)|\}' = \dfrac{f'(x)}{f(x)}$

証明 (1) $x > 0$ のときはすでに示されているから，$x < 0$ のときに公式が成り立つことを示せばよい．$x < 0$ のとき $|x| = -x$ である．関数 $y = \log(-x)$ は，$y = \log u$ と $u = -x$ の合成関数であるから，合成関数の微分法により，

$$\begin{aligned}\frac{dy}{dx} &= \frac{dy}{du}\frac{du}{dx}\\ &= \frac{d}{du}\log u \cdot \frac{d}{dx}(-x) = \frac{1}{u}\cdot(-1) = \frac{1}{-x}\cdot(-1) = \frac{1}{x}\end{aligned}$$

となる．したがって，$(\log|x|)' = \dfrac{1}{x}$ である．

(2) 関数 $y = \log|f(x)|$ は，$y = \log|u|$ と $u = f(x)$ の合成関数であるから，

$$\frac{dy}{dx} = \frac{d}{du}\log|u|\cdot\frac{d}{dx}f(x) = \frac{1}{u}\cdot f'(x) = \frac{f'(x)}{f(x)}$$

となる．したがって，$\{\log|f(x)|\}' = \dfrac{f'(x)}{f(x)}$ である．

証明終

例 3.14 対数関数の導関数の公式を用いて微分する．

(1) $(\log|2x-3|)' = \dfrac{(2x-3)'}{2x-3} = \dfrac{2}{2x-3}$

(2) $\left(\log\left|\dfrac{x-1}{x+1}\right|\right)' = (\log|x-1| - \log|x+1|)'$ $\left[\log\dfrac{A}{B} = \log A - \log B\right]$

$$= \frac{1}{x-1} - \frac{1}{x+1} = \frac{2}{(x-1)(x+1)}$$

(3) $(x\log x)' = (x)'\cdot\log x + x\cdot(\log x)' = 1\cdot\log x + x\cdot\dfrac{1}{x} = \log x + 1$

問 3.14 次の関数を微分せよ．

(1) $y = \log(1+x^2)$ (2) $y = \log|x^2-4|$ (3) $y = \log\left|\dfrac{2x+5}{x+3}\right|$

(4) $y = x^2\log x$ (5) $y = \dfrac{\log x}{x}$ (6) $y = (\log x)^3$

対数微分法　対数関数の導関数を利用して，x^α（$x>0, \alpha$ は実数）の導関数を求める．対数の性質から，

$$\log x^\alpha = \alpha \log x \tag{3.6}$$

が成り立つ．この両辺を x で微分すると，

$$\frac{(x^\alpha)'}{x^\alpha} = \alpha \cdot \frac{1}{x} \quad \text{よって} \quad (x^\alpha)' = \frac{\alpha x^\alpha}{x} = \alpha x^{\alpha-1}$$

となる．したがって，次のことが成り立つ．

3.14　x^α の導関数

任意の実数 α に対して，次の式が成り立つ．

$$(x^\alpha)' = \alpha x^{\alpha-1} \quad (x>0)$$

上で行ったように，自然対数をとって与えられた関数の導関数を求める方法を，**対数微分法**という．

例 3.15　x^α の形に直して導関数を求める．

(1) $$\left(\sqrt{x^3}\right)' = \left(x^{\frac{3}{2}}\right)' = \frac{3}{2}x^{\frac{1}{2}} = \frac{3}{2}\sqrt{x}$$

(2) $$\left(\frac{\sqrt[3]{x^2}}{x^2}\right)' = \left(x^{-\frac{4}{3}}\right)' = -\frac{4}{3}x^{-\frac{7}{3}} = -\frac{4}{3\sqrt[3]{x^7}}$$

問 3.15　次の関数を微分せよ．

(1) $y = 4\sqrt{x^3}$　　(2) $y = \dfrac{x^3}{\sqrt[3]{x}}$

3.7　指数関数の導関数

指数関数の導関数　指数関数 e^x の導関数を求める．$y=e^x$ のとき $x=\log y$ である．これを y で微分すると $\dfrac{dx}{dy} = \dfrac{1}{y} = \dfrac{1}{e^x}$ であるから，逆関数の微分法によって次が成り立つ．

$$(e^x)' = \frac{dy}{dx} = \frac{1}{\dfrac{dx}{dy}} = \frac{1}{\dfrac{1}{e^x}} = e^x$$

3.15 指数関数 e^x の導関数

$$(e^x)' = e^x$$

例題 3.4 指数関数の導関数

次の関数を微分せよ．

(1) $y = e^{2x-1}$　　(2) $y = xe^{-x}$

解 (1) $y = e^{2x-1}$ は，$y = e^u$ と $u = 2x - 1$ の合成関数であるから，

$$y' = \left(e^{2x-1}\right)' = \frac{d}{du}(e^u) \cdot \frac{d}{dx}(2x-1) = e^u \cdot 2 = 2e^{2x-1}$$

となる．

(2) $\left(e^{-x}\right)' = e^{-x}(-x)' = -e^{-x}$ であるから，関数の積の導関数の公式により，

$$y' = (x)'e^{-x} + x\left(e^{-x}\right)' = e^{-x} + x\left(-e^{-x}\right) = (1-x)e^{-x}$$

となる．

問3.16 次の関数を微分せよ．

(1) $y = e^{3x+2}$　　(2) $y = (1-e^x)^3$　　(3) $y = \dfrac{e^x}{1+e^x}$

(4) $y = (x^2+2)e^{-x}$　　(5) $y = \sqrt{1+e^{-2x}}$　　(6) $y = \log\left(e^x + e^{-x}\right)$

問3.17 a が正の定数のとき，$(a^x)' = a^x \log a$ であることを証明せよ．

3.8 三角関数の導関数

正弦関数の極限と三角関数の導関数 本書で三角関数を扱うとき，角の単位はすべて弧度法を用いる．

関数 $y = \sin x$ の導関数を求める．三角関数の差を積に直す公式

$$\sin A - \sin B = 2\cos\frac{A+B}{2}\sin\frac{A-B}{2}$$

を用いると，

$$\lim_{\Delta x \to 0}\frac{\Delta y}{\Delta x} = \lim_{h \to 0}\frac{\sin(x+h) - \sin x}{h}$$

$$= \lim_{h\to 0} \frac{2\cos\left(x+\frac{h}{2}\right)\sin\frac{h}{2}}{h}$$

$$= \lim_{h\to 0} \cos\left(x+\frac{h}{2}\right)\cdot\frac{\sin\frac{h}{2}}{\frac{h}{2}} \qquad \left[\text{ここで } \frac{h}{2}=\theta \text{ とおく}\right]$$

$$= \lim_{\theta\to 0} \cos(x+\theta)\cdot\frac{\sin\theta}{\theta} \quad \cdots ① \qquad [h\to 0 \text{ のとき } \theta\to 0]$$

となる．そこで，極限値

$$\lim_{\theta\to 0}\frac{\sin\theta}{\theta}$$

を調べるために，いくつかの θ の値に対して $\dfrac{\sin\theta}{\theta}$ の値を調べると，次の表のようになる．

θ	$\dfrac{\sin\theta}{\theta}$	θ	$\dfrac{\sin\theta}{\theta}$
1	$0.84147098\cdots$	-1	$0.84147098\cdots$
0.1	$0.99833416\cdots$	-0.1	$0.99833416\cdots$
0.01	$0.99998333\cdots$	-0.01	$0.99998333\cdots$
0.001	$0.99999983\cdots$	-0.001	$0.99999983\cdots$
$\vdots$	$\vdots$	$\vdots$	$\vdots$

この表から，$\theta\to 0$ のとき $\dfrac{\sin\theta}{\theta}$ は 1 に収束することが予想される．実際，次の公式が成り立つ（証明は付録第 A1 節を参照のこと）．

3.16　正弦関数の極限値

$$\lim_{\theta\to 0}\frac{\sin\theta}{\theta}=1$$

極限値 $\displaystyle\lim_{\theta\to 0}\frac{\sin\theta}{\theta}=1$ を用いると，$\sin x$ の導関数は上述の ① から

$$\lim_{\Delta x\to 0}\frac{\Delta y}{\Delta x}=\lim_{\theta\to 0}\cos(x+\theta)\cdot\frac{\sin\theta}{\theta}=\cos x$$

であることがわかる．したがって，$\sin x$ は微分可能で $(\sin x)'=\cos x$ である．

[note] $\displaystyle\lim_{\theta\to 0}\frac{\sin\theta}{\theta}=1$ は，θ が 0 に近いとき，近似式 $\sin\theta \fallingdotseq \theta$ が成り立つことを示している．

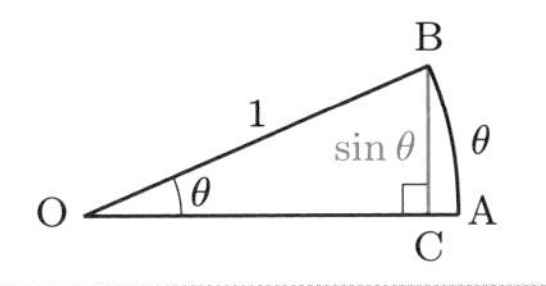

三角関数の性質 $\sin\left(\dfrac{\pi}{2}-x\right)=\cos x,\ \cos\left(\dfrac{\pi}{2}-x\right)=\sin x$ を用いると，合成関数の導関数の公式から，

$$\begin{aligned}(\cos x)' &= \left\{\sin\left(\frac{\pi}{2}-x\right)\right\}' \\ &= \cos\left(\frac{\pi}{2}-x\right)\cdot\left(\frac{\pi}{2}-x\right)' = -\sin x\end{aligned}$$

が成り立つ．さらに，$\tan x = \dfrac{\sin x}{\cos x}$ であるから，関数の商の導関数の公式から，

$$\begin{aligned}(\tan x)' &= \left(\frac{\sin x}{\cos x}\right)' \\ &= \frac{(\sin x)'\cdot\cos x - \sin x\cdot(\cos x)'}{\cos^2 x} \\ &= \frac{\cos^2 x+\sin^2 x}{\cos^2 x} = \frac{1}{\cos^2 x}\end{aligned}$$

が成り立つ．

以上をまとめると，次の公式が得られる．

3.17 三角関数の導関数

(1) $(\sin x)' = \cos x$ (2) $(\cos x)' = -\sin x$ (3) $(\tan x)' = \dfrac{1}{\cos^2 x}$

例題 3.5 三角関数の導関数

次の関数を微分せよ．

(1) $y=\sin 3x$ (2) $y=\cos^5 x$ (3) $y=x\tan x$

解 (1) $y=\sin 3x$ は $y=\sin u,\ u=3x$ の合成関数であるから，次のようになる．

$$\frac{dy}{dx}=\frac{dy}{du}\frac{du}{dx}=\frac{d}{du}(\sin u)\cdot\frac{d}{dx}(3x)=\cos u\cdot 3 = 3\cos 3x$$

(2) $y=(\cos x)^5$ は $y=u^5,\ u=\cos x$ の合成関数であるから，次のようになる．

$$\frac{dy}{dx}=\frac{d}{du}(u^5)\cdot\frac{d}{dx}(\cos x)=5u^4\cdot(-\sin x)=-5\cos^4 x\sin x$$

(3)　関数の積の導関数の公式を用いれば，次のようになる．

$$y' = (x)' \tan x + x(\tan x)' = \tan x + \frac{x}{\cos^2 x}$$

[note]　例題 3.5(1), (2) は u に置き換えないで，次のように計算してもよい．

(1)　$(\sin 3x)' = \cos 3x \cdot (3x)' = 3\cos 3x$

(2)　$(\cos^5 x)' = 5\cos^4 x \cdot (\cos x)' = -5\cos^4 x \sin x$

問3.18　次の関数を微分せよ．

(1)　$y = 3\cos 2x$　　(2)　$y = \sin^3 x$　　(3)　$y = \dfrac{1}{1 + \sin 2x}$

(4)　$y = \tan^2 x$　　(5)　$y = e^{\sin x}$　　(6)　$y = \log(1 + \cos x)$

3.9 逆三角関数の導関数

逆三角関数　三角関数の逆関数を次のように定める．

(1)　正弦関数 $y = \sin x$ は，次の図のように $-\dfrac{\pi}{2} \leqq x \leqq \dfrac{\pi}{2}$ の範囲で単調増加であり，その値域は $-1 \leqq y \leqq 1$ である．したがって，$-1 \leqq y \leqq 1$ となる任意の値 y に対して，$y = \sin x, -\dfrac{\pi}{2} \leqq x \leqq \dfrac{\pi}{2}$ を満たす値 x がただ 1 つ存在する．その x を $x = \sin^{-1} y$ とかき，x と y を交換した関数 $y = \sin^{-1} x$ を**逆正弦関数**（アークサイン）という．

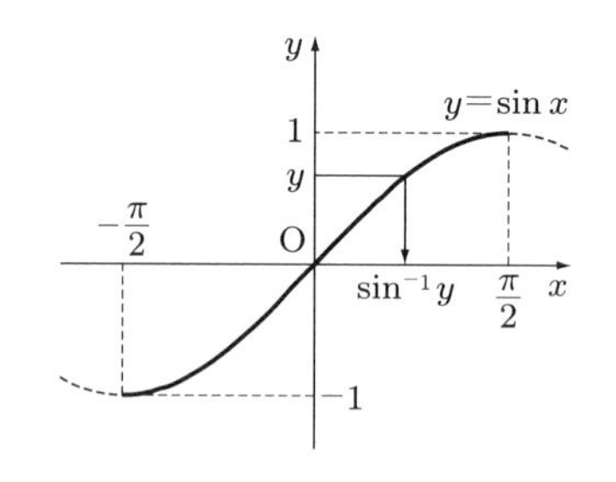

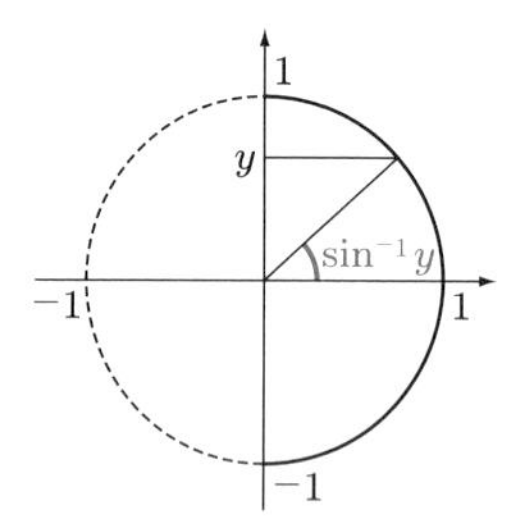

(2)　余弦関数 $y = \cos x$ は $0 \leqq x \leqq \pi$ の範囲で単調減少であるから，逆関数 $y = \cos^{-1} x$ が定義できる．これを**逆余弦関数**（アークコサイン）という．

(3)　正接関数 $y = \tan x$ は $-\dfrac{\pi}{2} < x < \dfrac{\pi}{2}$ の範囲で単調増加であるから，逆関数 $y = \tan^{-1} x$ が定義できる．これを**逆正接関数**（アークタンジェント）と

いう.

(1)〜(3) の関数を**逆三角関数**といい, これらをまとめると, 次の表のようになる.

定義	定義域	値域
$y=\sin^{-1}x \iff x=\sin y$	$-1 \leqq x \leqq 1$	$-\dfrac{\pi}{2} \leqq y \leqq \dfrac{\pi}{2}$
$y=\cos^{-1}x \iff x=\cos y$	$-1 \leqq x \leqq 1$	$0 \leqq y \leqq \pi$
$y=\tan^{-1}x \iff x=\tan y$	すべての実数	$-\dfrac{\pi}{2} < y < \dfrac{\pi}{2}$

関数 $y=f(x)$ のグラフとその逆関数 $y=f^{-1}(x)$ のグラフは, 直線 $y=x$ に関して対称である. 逆正弦関数 $y=\sin^{-1}x$ のグラフは $y=\sin x$ のグラフと $y=x$ に関して対称であり, そのグラフは次の図 1 のようになる. 逆正接関数 $y=\tan^{-1}x$ も同様であり, グラフは次の図 2 のようになる. とくに, 直線 $x=\pm\dfrac{\pi}{2}$ は $y=\tan x$ の漸近線であるから, 直線 $y=\pm\dfrac{\pi}{2}$ は $y=\tan^{-1}x$ の漸近線である. したがって, $\displaystyle\lim_{x\to\pm\infty}\tan^{-1}x=\pm\frac{\pi}{2}$ (複号同順) が成り立つ.

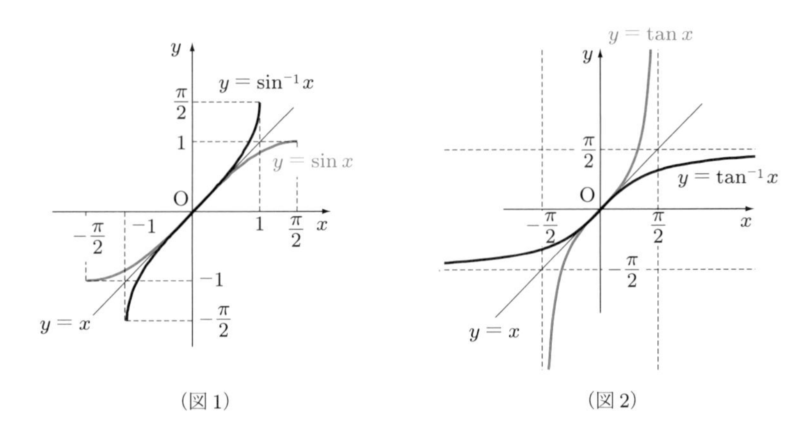

(図 1)　　(図 2)

> **[note]** $\sin^{-1}x$ は $(\sin x)^{-1}$ のことではない. $(\sin x)^n=\sin^n x$ とかくのは n が自然数のときだけである. また, $\sin^{-1}x$ を $\mathrm{Sin}^{-1}x$, $\arcsin x$ と表す場合もある. $\cos^{-1}x$, $\tan^{-1}x$ についても同様である.

例題 3.6 逆三角関数の値

次の値を求めよ.

(1) $\sin^{-1}\dfrac{\sqrt{2}}{2}$　　(2) $\cos^{-1}\left(-\dfrac{1}{2}\right)$　　(3) $\tan^{-1}\left(-\sqrt{3}\right)$

解 (1)　$\sin^{-1}\dfrac{\sqrt{2}}{2}=\theta$ とおくと，$\sin\theta=\dfrac{\sqrt{2}}{2}$ が成り立つ．$-\dfrac{\pi}{2}\leqq\theta\leqq\dfrac{\pi}{2}$ であるから，$\theta=\dfrac{\pi}{4}$ となる．したがって，$\sin^{-1}\dfrac{\sqrt{2}}{2}=\dfrac{\pi}{4}$ である．

(2)　$\cos^{-1}\left(-\dfrac{1}{2}\right)=\theta$ とおくと，$\cos\theta=-\dfrac{1}{2}$ が成り立つ．$0\leqq\theta\leqq\pi$ であるから，$\theta=\dfrac{2\pi}{3}$ となる．したがって，$\cos^{-1}\left(-\dfrac{1}{2}\right)=\dfrac{2\pi}{3}$ である．

(3)　$\tan^{-1}\left(-\sqrt{3}\right)=\theta$ とおくと，$\tan\theta=-\sqrt{3}$ が成り立つ．$-\dfrac{\pi}{2}<\theta<\dfrac{\pi}{2}$ であるから，$\theta=-\dfrac{\pi}{3}$ となる．したがって，$\tan^{-1}\left(-\sqrt{3}\right)=-\dfrac{\pi}{3}$ である．

問3.19　次の値を求めよ．

(1)　$\sin^{-1}\dfrac{1}{2}$　　(2)　$\sin^{-1}(-1)$　　(3)　$\cos^{-1}\left(-\dfrac{1}{\sqrt{2}}\right)$

(4)　$\cos^{-1}0$　　(5)　$\tan^{-1}\dfrac{1}{\sqrt{3}}$　　(6)　$\tan^{-1}(-1)$

逆三角関数の導関数　逆三角関数の導関数を求める．$y=\sin^{-1}x$ のとき，$x=\sin y\ \left(-\dfrac{\pi}{2}\leqq y\leqq\dfrac{\pi}{2}\right)$ である．したがって，$\dfrac{dx}{dy}=\cos y$ となる．$-\dfrac{\pi}{2}<y<\dfrac{\pi}{2}$ のときは $\cos y>0$ であるから，逆関数の微分法によって，

$$(\sin^{-1}x)'=\frac{dy}{dx}=\frac{1}{\dfrac{dx}{dy}}=\frac{1}{\cos y}=\frac{1}{\sqrt{1-\sin^2 y}}=\frac{1}{\sqrt{1-x^2}}$$

が得られる．同様にすると，$(\cos^{-1}x)'=-\dfrac{1}{\sqrt{1-x^2}}$ も得られる．

また，$y=\tan^{-1}x$ のとき，$x=\tan y\ \left(-\dfrac{\pi}{2}<y<\dfrac{\pi}{2}\right)$ である．したがって，$\dfrac{dx}{dy}=\dfrac{1}{\cos^2 y}$ となる．$\dfrac{1}{\cos^2 y}=\dfrac{\sin^2 y+\cos^2 y}{\cos^2 y}=\tan^2 y+1$ であることに注意すると，逆関数の微分法によって，$\tan^{-1}x$ の導関数は次のようになる．

$$(\tan^{-1}x)'=\frac{dy}{dx}=\frac{1}{\dfrac{dx}{dy}}=\frac{1}{\dfrac{1}{\cos^2 y}}=\frac{1}{\tan^2 y+1}=\frac{1}{x^2+1}$$

3.18 逆三角関数の導関数

(1) $(\sin^{-1} x)' = \dfrac{1}{\sqrt{1-x^2}}$

(2) $(\cos^{-1} x)' = -\dfrac{1}{\sqrt{1-x^2}}$

(3) $(\tan^{-1} x)' = \dfrac{1}{x^2+1}$

問3.20 $(\cos^{-1} x)' = -\dfrac{1}{\sqrt{1-x^2}}$ $(-1 < x < 1)$ であることを証明せよ．

例 3.16 (1) $\left(\sin^{-1}\dfrac{x}{3}\right)' = \dfrac{1}{\sqrt{1-\left(\dfrac{x}{3}\right)^2}} \cdot \left(\dfrac{x}{3}\right)' = \dfrac{1}{\sqrt{9-x^2}}$

(2)
$$\begin{aligned}\left(x\tan^{-1} 2x\right)' &= (x)' \cdot \tan^{-1} 2x + x \cdot \left(\tan^{-1} 2x\right)' \\ &= \tan^{-1} 2x + x \cdot \frac{1}{(2x)^2+1} \cdot (2x)' \\ &= \tan^{-1} 2x + \frac{2x}{4x^2+1}\end{aligned}$$

問3.21 次の関数を微分せよ．

(1) $y = \sin^{-1}\dfrac{x}{2}$

(2) $y = \tan^{-1}\dfrac{x}{3}$

(3) $y = (1+\sin^{-1} x)^2$

(4) $y = (x^2+1)\tan^{-1} x$

問3.22 次の式が成り立つことを証明せよ．ただし，a は正の定数とする．

(1) $\left(\sin^{-1}\dfrac{x}{a}\right)' = \dfrac{1}{\sqrt{a^2-x^2}}$

(2) $\left(\dfrac{1}{a}\tan^{-1}\dfrac{x}{a}\right)' = \dfrac{1}{x^2+a^2}$

練習問題 3

[1] 定義にしたがって，次の関数を微分せよ．

(1) $y = x^4$　　(2) $y = 2x^2 + 3x + 1$

[2] 次の関数を微分せよ．

(1) $y = \dfrac{1}{3}x^3 - \dfrac{1}{2}x^2 + x$　　(2) $y = \dfrac{x^2 + 3x + 4}{5}$　　(3) $y = x^3(3x + 1)$

[3] 次の関数を微分せよ．

(1) $y = \dfrac{1}{3x + 2}$　　(2) $y = \dfrac{5x + 4}{x^2 + 3}$　　(3) $y = \sqrt[3]{1 + x^2}$

(4) $y = \dfrac{1}{5\sqrt{2x + 1}}$　　(5) $y = \dfrac{x}{\sqrt{x^2 + 1}}$　　(6) $y = \dfrac{\cos x}{2x - 1}$

(7) $y = \log(x^3 + 1)$　　(8) $y = e^x \sin 3x$　　(9) $y = \tan x \tan^{-1} x$

[4] 次の関数を（　）内に指定された変数について微分せよ．

(1) $h = \dfrac{1}{2}gt^2 + v_0 t + h_0$　(t)　　(2) $E = -\dfrac{GMm}{r}$　(r)

(3) $I = \dfrac{2R}{R + r}$　(R)　　(4) $T = 2\pi\sqrt{\dfrac{l}{g}}$　(l)

[5] 次の式が成り立つことを証明せよ．ただし，a, A は定数とする．

(1) $\left(\log\left|x + \sqrt{x^2 + A}\right|\right)' = \dfrac{1}{\sqrt{x^2 + A}}$　$(A \neq 0)$

(2) $\left(\dfrac{1}{2a}\log\left|\dfrac{x - a}{x + a}\right|\right)' = \dfrac{1}{x^2 - a^2}$　$(a \neq 0)$

(3) $\left\{\dfrac{1}{2}\left(x\sqrt{a^2 - x^2} + a^2 \sin^{-1}\dfrac{x}{a}\right)\right\}' = \sqrt{a^2 - x^2}$　$(a > 0)$

(4) $\left\{\dfrac{1}{2}\left(x\sqrt{x^2 + A} + A\log\left|x + \sqrt{x^2 + A}\right|\right)\right\}' = \sqrt{x^2 + A}$　$(A \neq 0)$

[6] 次のように定義される関数を**双曲線関数**という．

$$\sinh x = \frac{e^x - e^{-x}}{2}, \quad \cosh x = \frac{e^x + e^{-x}}{2}, \quad \tanh x = \frac{\sinh x}{\cosh x} = \frac{e^x - e^{-x}}{e^x + e^{-x}}$$

$\sinh x$, $\cosh x$, $\tanh x$ はそれぞれ，ハイパボリックサイン，ハイパボリックコサイン，ハイパボリックタンジェントと読む．これらに対して，次の公式が成り立つことを証明せよ．ただし，$\sinh^2 x = (\sinh x)^2$, $\cosh^2 x = (\cosh x)^2$ である．

(1) $\cosh^2 x - \sinh^2 x = 1$　　(2) $(\sinh x)' = \cosh x$

(3) $(\cosh x)' = \sinh x$　　(4) $(\tanh x)' = \dfrac{1}{\cosh^2 x}$

4 微分法の応用

4.1 平均値の定理と関数の増減

接線の方程式 微分可能な関数 $y=f(x)$ のグラフ上の点 $(a, f(a))$ における接線の傾きは，微分係数 $f'(a)$ である．したがって，次のことが成り立つ．

4.1 接線の方程式

関数 $y=f(x)$ のグラフ上の点 $(a, f(a))$ における接線の方程式は，次のようになる．

$$y=f'(a)(x-a)+f(a)$$

例 4.1 $y=-2x^2+6x-3$ のグラフの，$x=2$ に対応する点における接線の方程式を求める．$f(x)=-2x^2+6x-3$ とおく．

$$f'(x)=-4x+6 \quad よって \quad f'(2)=-2$$

となるから，求める接線の傾きは -2 である．$f(2)=1$ であるから，接線の方程式は

$$y=-2(x-2)+1 \quad よって \quad y=-2x+5$$

である．

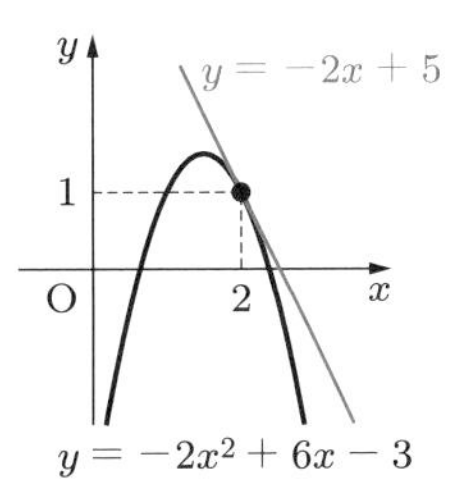

問 4.1 次の関数のグラフの，( ) 内に指定された x 座標に対応する点における接線の方程式を求めよ．

(1) $y=-x^3 \quad (x=-1)$ (2) $y=x^2-3x \quad (x=3)$

平均値の定理 関数 $f(x)$ は閉区間 $[a, b]$ で連続，開区間 (a, b) で微分可能であるとする．このとき，関数 $y=f(x)$ のグラフ上の 2 点 $\mathrm{A}(a, f(a)), \mathrm{B}(b, f(b))$ に対して，次の図のように，曲線上の点における接線が直線 AB と平行になるような点 $\mathrm{C}(c, f(c))$ が，$y=f(x)$ $(a<x<b)$ のグラフ上に，少なくとも 1 つ存在する．$\Delta x=b-a, \Delta y=f(b)-f(a)$ とすると，直線 AB の傾きは $\dfrac{\Delta y}{\Delta x}=\dfrac{f(b)-f(a)}{b-a}$，点 C におけるグラフの接線の傾きは $f'(c)$ である．これらが一致することを述べたのが，次の**平均値の定理**である（証明は付録第 A2 節を参照のこと）．

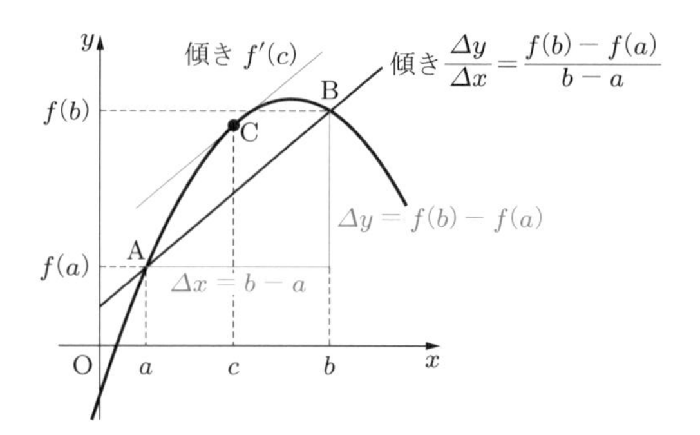

4.2　平均値の定理

関数 $f(x)$ は閉区間 $[a,b]$ で連続，開区間 (a,b) で微分可能であるとする．このとき，

$$\frac{f(b)-f(a)}{b-a}=f'(c) \quad \text{つまり} \quad \Delta y=f'(c)\Delta x \quad (a<c<b)$$

を満たす c が少なくとも 1 つ存在する．

平均値の定理から，導関数の符号と関数の増減について次の定理が成り立つ．

4.3　導関数の符号と関数の増減

関数 $f(x)$ が微分可能であるとき，次が成り立つ．

(1)　区間 I でつねに $f'(x)>0$ ならば，$f(x)$ は区間 I で単調増加である．

(2)　区間 I でつねに $f'(x)<0$ ならば，$f(x)$ は区間 I で単調減少である．

(3)　区間 I でつねに $f'(x)=0$ ならば，$f(x)$ は区間 I で定数である．

証明　(1) を証明する．区間 I に含まれる任意の点 x_1, x_2 $(x_1<x_2)$ を選び，区間 $[x_1,x_2]$ に平均値の定理を適用すると，

$$f(x_2)-f(x_1)=f'(c)(x_2-x_1) \qquad (x_1<c<x_2) \tag{4.1}$$

と満たす点 c が存在する．仮定から $f'(c)>0$, $x_2-x_1>0$ であるから，

$$f(x_2)-f(x_1)=f'(c)(x_2-x_1)>0$$

が得られる．したがって，$f(x)$ は区間 I で単調増加である．(2), (3) も同様にして証明できる．　証明終

関数の増減と極値　定理 4.3 を用いて，いろいろな関数のグラフを調べる．

例 4.2　$y=-2x^3+3x^2+12x$ の増減を調べる．

$y=-2x^3+3x^2+12x$ を微分すると，

$$y'=-6x^2+6x+12=-6(x+1)(x-2)$$

となる．したがって，$y'=0$ となるのは

$$-6(x+1)(x-2)=0 \quad \text{よって} \quad x=-1,\ 2$$

のときであり，$x=-1$ のとき $y=-7$，$x=2$ のとき $y=20$ となる．

$x<-1,\ 2<x$ のとき　$y'=-6(x+1)(x-2)<0$　よって y は単調減少

$-1<x<2$　のとき　$y'=-6(x+1)(x-2)>0$　よって y は単調増加

であるから，$y=-2x^3+3x^2+12x$ の増減の状態は次の表のようになる．記号 ↗ は y がその区間で単調増加，↘ は y がその区間で単調減少であることを表すものとする．この表から，グラフは下図のようになる．

x	$\cdots$	-1	$\cdots$	2	$\cdots$
y'	$-$	0	$+$	0	$-$
y	↘	-7	↗	20	↘

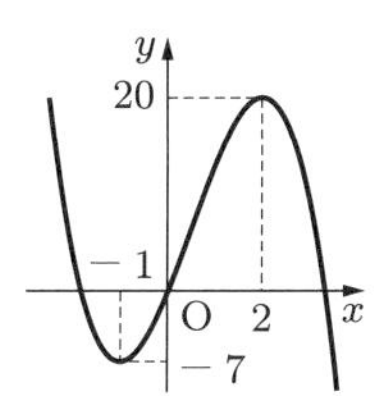

この例の表のように，y' の符号と y の増減の状態をまとめたものを**増減表**という．

$x=a$ を含むある開区間で，関数 $y=f(x)$ が $x=a$ で最小となるとき，$f(x)$ は $x=a$ で**極小**になるといい，$f(a)$ を**極小値**という．また，$x=a$ を含むある開区間で，関数 $y=f(x)$ が $x=a$ で最大となるとき，$f(x)$ は $x=a$ で**極大**になるといい，$f(a)$ を**極大値**という．極大値と極小値をまとめて**極値**という．

微分可能な関数 $y=f(x)$ が $x=a$ において極値をとるとき，$x=a$ の近くのグラフと増減表の関係は，次のようになる．

y' の符号は，極小の場合には $x=a$ の前後で負から正に，極大の場合には $x=a$ の前後で正から負に，それぞれ変化する．どちらの場合も，$x=a$ では $y'=0$ となる．このとき，$x=a$ における $y=f(x)$ のグラフの接線は x 軸と平行になる．

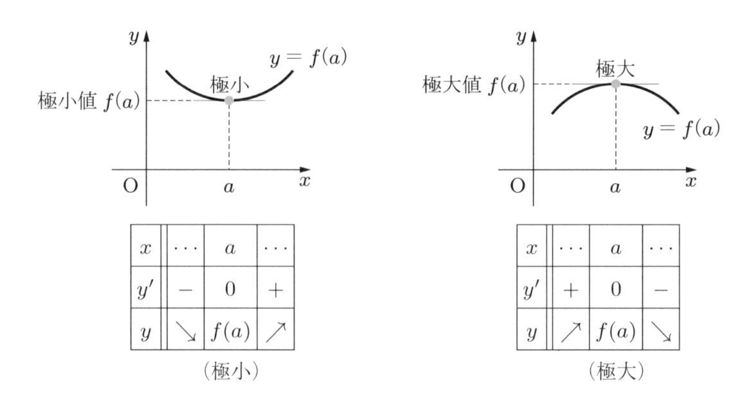

x	$\cdots$	a	$\cdots$
y'	$-$	0	$+$
y	$\searrow$	$f(a)$	$\nearrow$

（極小）

x	$\cdots$	a	$\cdots$
y'	$+$	0	$-$
y	$\nearrow$	$f(a)$	$\searrow$

（極大）

4.4　極値をとるための必要条件

微分可能な関数 $y = f(x)$ が $x = a$ で極値をとるならば，$f'(a) = 0$ である．

例題 4.1　関数の増減と極値

次の関数の増減を調べてグラフをかけ．また，この関数の極値を求めよ．

(1)　$y = \dfrac{1}{9}x^3(x+4)$　　(2)　$y = \dfrac{4x}{x^2+1}$

解　(1)　$y = \dfrac{1}{9}x^3(x+4) = \dfrac{1}{9}(x^4 + 4x^3)$ を微分すると，

$$y' = \frac{1}{9}(4x^3 + 12x^2) = \frac{4}{9}x^2(x+3)$$

となる．したがって，$y' = 0$ となるのは

$$\frac{4}{9}x^2(x+3) = 0 \quad \text{よって} \quad x = -3,\ 0\ (2\ \text{重解})$$

のときであり，

$$x = -3 \text{ のとき } y = -3,$$

$$x = 0 \text{ のとき } y = 0$$

となる．$x \neq 0$ のとき $x^2 > 0$ であるから，$y' = \dfrac{4}{9}x^2(x+3)$ の符号は $x + 3$ の符号と一致する．したがって，次の増減表が得られ，グラフは次のようになる．

x	$\cdots$	-3	$\cdots$	0	$\cdots$
y'	$-$	0	$+$	0	$+$
y	$\searrow$	-3	$\nearrow$	0	$\nearrow$
		(極小)			

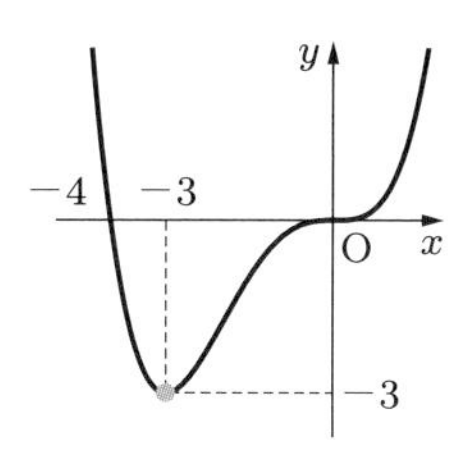

よって，$x=-3$ のとき極小値 $y=-3$ をとる．極大値はない．

(2)　$y=\dfrac{4x}{x^2+1}$ は奇関数であるから，グラフは原点に関して対称である．導関数 y' を求めると，

$$y'=\frac{4(x^2+1)-4x\cdot 2x}{(x^2+1)^2}=-\frac{4(x-1)(x+1)}{(x^2+1)^2}$$

となるから，$y'=0$ となるのは $x=\pm 1$ のときである．$x=-1$ のとき $y=-2$，$x=1$ のとき $y=2$ である．さらに，

$$\lim_{x\to\pm\infty}\frac{4x}{x^2+1}=\lim_{x\to\pm\infty}\frac{4}{x+\dfrac{1}{x}}=0$$

であるから，x 軸が漸近線になる．よって，増減表とグラフは次のようになる．

x	$\cdots$	-1	$\cdots$	1	$\cdots$
y'	$-$	0	$+$	0	$-$
y	$\searrow$	-2	$\nearrow$	2	$\searrow$
		(極小)		(極大)	

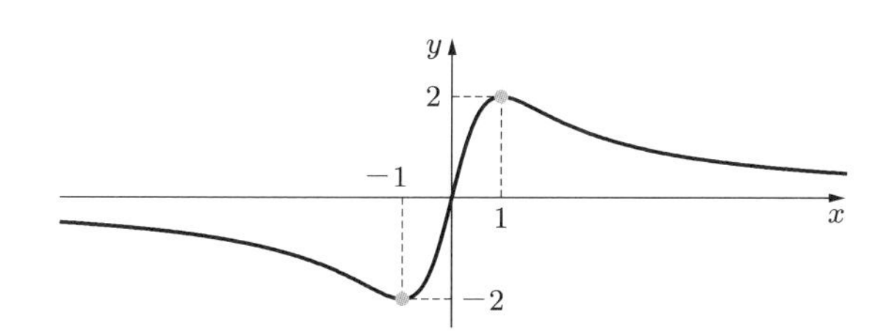

したがって，$x=1$ のとき極大値 $y=2$，$x=-1$ のとき極小値 $y=-2$ をとる．

問4.2　次の関数の増減表を作り，極値を求めよ．また，そのグラフをかけ．

(1)　$y=x^3-3x$　　(2)　$y=\dfrac{1}{8}x^4-x^2+2$　　(3)　$y=\dfrac{3}{x^2+3}$

関数の最大値・最小値　関数 $y = f(x)$ の増減を調べることによって極値を求め，これによって $f(x)$ の最大値・最小値を求めることができる．定義域が閉区間に制限されているときには，極値のほかに，区間の端点における値を調べる必要がある．

例題 4.2　関数の最大値・最小値

次の関数の最大値と最小値を求めよ．

(1)　$y = x\sqrt{2 - x^2}$　　(2)　$y = e^{-x}\sin x \quad (0 \leqq x \leqq 2\pi)$

解　(1)　関数 $y = x\sqrt{2-x^2}$ の定義域は

$$2 - x^2 \geqq 0 \quad \text{すなわち} \quad -\sqrt{2} \leqq x \leqq \sqrt{2}$$

である．y' を求めると，

$$y' = 1 \cdot \sqrt{2-x^2} + x \cdot \frac{-2x}{2\sqrt{2-x^2}} = \frac{2(1-x^2)}{\sqrt{2-x^2}} = -\frac{2(x-1)(x+1)}{\sqrt{2-x^2}}$$

となる．$y' = 0$ となるのは分子が 0 となるときであるから，

$$x = \pm 1$$

のときである．定義域の端点と $y' = 0$ となるときの y の値を調べると，

$$\begin{aligned} x &= -\sqrt{2} & &\text{のとき} & y &= 0 \\ x &= -1 & &\text{のとき} & y &= -1 \\ x &= 1 & &\text{のとき} & y &= 1 \\ x &= \sqrt{2} & &\text{のとき} & y &= 0 \end{aligned}$$

となるから，増減表は

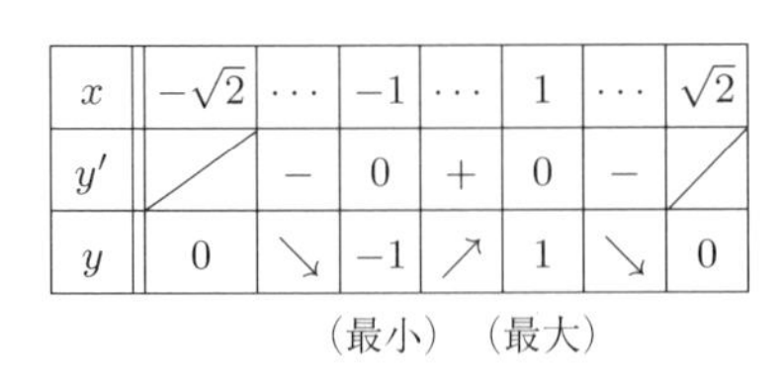

x	$-\sqrt{2}$	$\cdots$	-1	$\cdots$	1	$\cdots$	$\sqrt{2}$
y'	／	$-$	0	$+$	0	$-$	／
y	0	↘	-1	↗	1	↘	0

（最小）（最大）

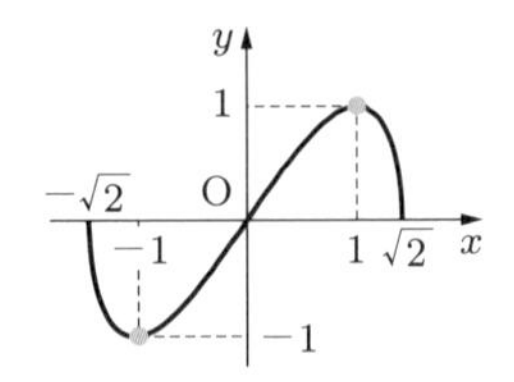

となる．

したがって，$x = 1$ のとき最大値 $y = 1$，$x = -1$ のとき最小値 $y = -1$ をとる．

(2)　$y = e^{-x}\sin x$ の導関数を求めると，

$$y' = e^{-x}(-\sin x + \cos x)$$

となる．$e^{-x} \neq 0$ であるから，$y' = 0$ となるのは，$-\sin x + \cos x = 0$ のときである．

この式は $\tan x = 1$ と変形できるから，$0 \leqq x \leqq 2\pi$ の範囲でこれを解くと，

$$x = \frac{\pi}{4},\quad \frac{5\pi}{4}$$

となる．指定された範囲の端点を含めて y の値を調べると，

$$\begin{aligned}
&x = 0 && \text{のとき} \quad y = e^{-0}\sin 0 = 0\\
&x = \frac{\pi}{4} && \text{のとき} \quad y = e^{-\frac{\pi}{4}}\sin\frac{\pi}{4} = \frac{\sqrt{2}}{2}e^{-\frac{\pi}{4}}\\
&x = \frac{5\pi}{4} && \text{のとき} \quad y = e^{-\frac{5\pi}{4}}\sin\frac{5\pi}{4} = -\frac{\sqrt{2}}{2}e^{-\frac{5\pi}{4}}\\
&x = 2\pi && \text{のとき} \quad y = e^{-2\pi}\sin 2\pi = 0
\end{aligned}$$

となる．$e^{-x} > 0$ であるから，$-\sin x + \cos x$ の符号を調べると，増減表は

x	0	$\cdots$	$\frac{\pi}{4}$	$\cdots$	$\frac{5\pi}{4}$	$\cdots$	2π
y'		$+$	0	$-$	0	$+$	
y	0	$\nearrow$	$\frac{\sqrt{2}}{2}e^{-\frac{\pi}{4}}$	$\searrow$	$-\frac{\sqrt{2}}{2}e^{-\frac{5\pi}{4}}$	$\nearrow$	0
			（最大）		（最小）		

となる．したがって，

$$x = \frac{\pi}{4}\ \text{のとき最大値}\ y = \frac{\sqrt{2}}{2}e^{-\frac{\pi}{4}}$$

$$x = \frac{5\pi}{4}\ \text{のとき最小値}\ y = -\frac{\sqrt{2}}{2}e^{-\frac{5\pi}{4}}$$

をとる．

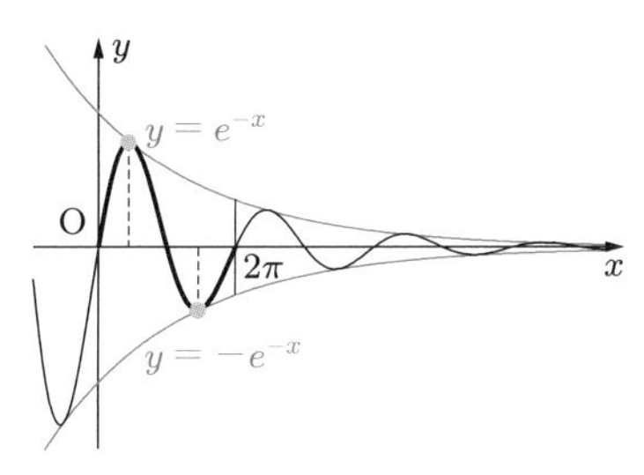

[note]　(2) について，$-1 \leqq \sin x \leqq 1$ であるから，

$$-e^{-x} \leqq e^{-x}\sin x \leqq e^{-x}$$

が成り立つ．したがって，$y = e^{-x}\sin x$ のグラフは，$y = e^{-x}$ と $y = -e^{-x}$ のグラフの間を振動する．

問4.3　次の関数の最大値と最小値を求めよ．

(1)　$y = x^2\sqrt{6 - x^2}$　　(2)　$y = e^{-x}\cos x \quad (0 \leqq x \leqq 2\pi)$

例題 4.3　箱の容積の最大値

1 辺の長さが 12 cm の正方形の四隅から，同じ大きさの正方形を切り取ってフタのない箱を作る．箱の容積 V [cm^3] を最大にするには，切り取る正方形の 1 辺の長さをどれだけにすればよいか．また，V の最大値を求めよ．

解　切り取る正方形の 1 辺の長さを x [cm] とし，図の斜線の部分を切り取るものとする．1 辺の長さが 12 cm であるから，$0 < x < 6$ である．

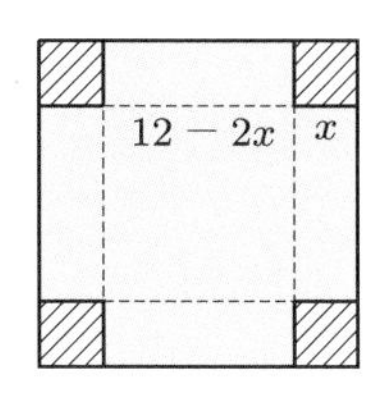

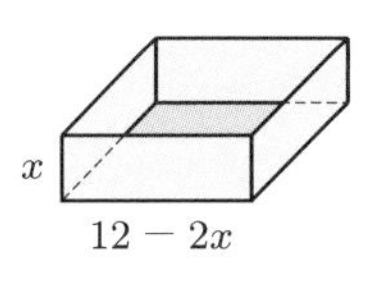

このとき，容積 V は

$$V = x(12 - 2x)^2 = 4(x^3 - 12x^2 + 36x)$$

となる．V を x で微分すれば

$$\frac{dV}{dx} = 4(3x^2 - 24x + 36) = 12(x - 2)(x - 6)$$

となるから，$0 < x < 6$ の範囲では $\dfrac{dV}{dx} = 0$ となるのは $x = 2$ のときである．したがって，$0 < x < 6$ における $V = 4x(x - 6)^2$ の増減表とグラフは次のようになる．

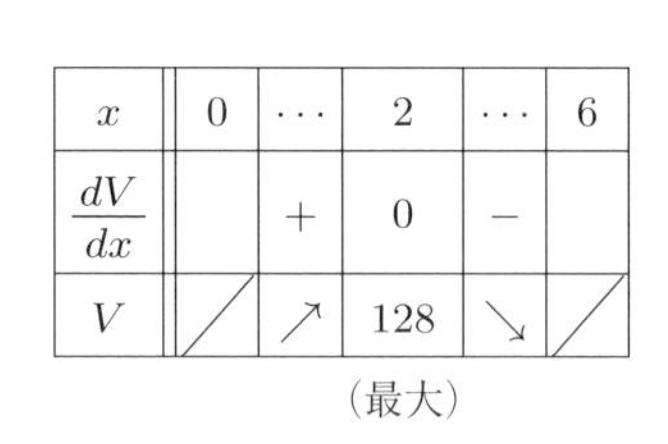

x	0	$\cdots$	2	$\cdots$	6
$\dfrac{dV}{dx}$		$+$	0	$-$	
V	／	↗	128	↘	／

(最大)

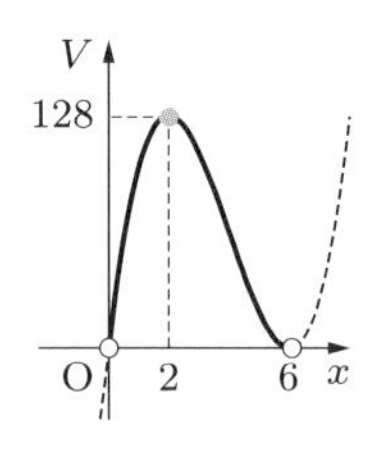

よって，容積 V を最大にするには，切り取る正方形の 1 辺の長さを 2 cm にすればよい．そのとき，容積 V は最大値 128 cm^3 をとる．

問 4.4　直径 3 の円に内接する長方形の辺の長さを x, y とするとき，$z = xy^2$ の最大値を求めよ．

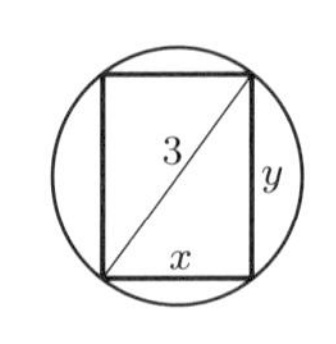

4.2 不定形の極限

不定形の極限　分数関数 $\dfrac{f(x)}{g(x)}$ について $\displaystyle\lim_{x\to a} f(x) = \lim_{x\to a} g(x) = 0$ となるとき，$\displaystyle\lim_{x\to a}\frac{f(x)}{g(x)}$ を $\dfrac{\mathbf{0}}{\mathbf{0}}$ **の不定形**という．また，$\displaystyle\lim_{x\to a}|f(x)| = \lim_{x\to a}|g(x)| = \infty$ となるとき，$\displaystyle\lim_{x\to a}\frac{f(x)}{g(x)}$ を $\dfrac{\boldsymbol{\infty}}{\boldsymbol{\infty}}$ **の不定形**という．$x \to \pm\infty$ の場合も同様である．

ロピタルの定理　不定形の極限値を求めるには，次のロピタルの定理が有用である（証明は付録第 A2 節を参照）．

4.5　ロピタルの定理

$x = a$ を含む開区間で微分可能な関数 $f(x), g(x)$ が，$x \neq a$ のとき $g(x) \neq 0$, $g'(x) \neq 0$ であり，さらに $\displaystyle\lim_{x\to a} f(x) = \lim_{x\to a} g(x) = 0$ を満たしているとする．このとき，$\displaystyle\lim_{x\to a}\frac{f'(x)}{g'(x)}$ が存在するならば $\displaystyle\lim_{x\to a}\frac{f(x)}{g(x)}$ も存在して，

$$\lim_{x\to a}\frac{f(x)}{g(x)} = \lim_{x\to a}\frac{f'(x)}{g'(x)}$$

が成り立つ．

ロピタルの定理は，$\dfrac{\infty}{\infty}$ の不定形や $x \to \pm\infty$ の場合にも適用することができる．ロピタルの定理を用いて不定形の極限値を求める．

例 4.3　$\displaystyle\lim_{x\to -2}\frac{x^2 - x - 6}{2x + 4}$ を求める．$f(x) = x^2 - x - 6$, $g(x) = 2x + 4$ とすると，$\displaystyle\lim_{x\to -2} f(x) = \lim_{x\to -2} g(x) = 0$ であるから，この極限は $\dfrac{0}{0}$ の不定形である．

$$\lim_{x\to -2}\frac{(x^2 - x - 6)'}{(2x + 4)'} = \lim_{x\to -2}\frac{2x - 1}{2} = -\frac{5}{2}$$

であるから，ロピタルの定理によって $\displaystyle\lim_{x\to -2}\frac{x^2 - x - 6}{2x + 4}$ が存在し，

$$\lim_{x\to -2}\frac{x^2 - x - 6}{2x + 4} = \lim_{x\to -2}\frac{(x^2 - x - 6)'}{(2x + 4)'} = -\frac{5}{2}$$

が成り立つ．

例 4.3 のような問題では，$\dfrac{0}{0}$ の不定形であることを確認したあと，最初の手続きを省略して

$$\lim_{x\to-2}\frac{x^2-x-6}{2x+4}=\lim_{x\to-2}\frac{(x^2-x-6)'}{(2x+4)'}=\lim_{x\to-2}\frac{2x-1}{2}=-\frac{5}{2}$$

とすることがある．以下，本書でも，この簡略化した計算法を用いる．

例題 4.4　ロピタルの定理

次の極限値を求めよ．

(1) $\displaystyle\lim_{x\to0}\frac{1-\cos x}{x^2}$　　(2) $\displaystyle\lim_{x\to\infty}x^2e^{-x}$　　(3) $\displaystyle\lim_{x\to+0}x\log x$

解 (1) $\dfrac{0}{0}$ の不定形である．

$$\lim_{x\to0}\frac{1-\cos x}{x^2}=\lim_{x\to0}\frac{(1-\cos x)'}{(x^2)'}=\lim_{x\to0}\frac{\sin x}{2x}=\frac{1}{2}\lim_{x\to0}\frac{\sin x}{x}=\frac{1}{2}$$

(2) $x^2e^{-x}=\dfrac{x^2}{e^x}$ と直せば，$\dfrac{\infty}{\infty}$ の不定形である．$\dfrac{(x^2)'}{(e^x)'}=\dfrac{2x}{e^x}$ も $\dfrac{\infty}{\infty}$ の不定形になるから，ロピタルの定理を 2 回用いる．

$$\lim_{x\to\infty}\frac{x^2}{e^x}=\lim_{x\to\infty}\frac{2x}{e^x}=\lim_{x\to\infty}\frac{2}{e^x}=0$$

(3) $x\log x=\dfrac{\log x}{\dfrac{1}{x}}$ と直せば，$\dfrac{\infty}{\infty}$ の不定形である．

$$\lim_{x\to+0}x\log x=\lim_{x\to+0}\frac{\log x}{\dfrac{1}{x}}$$

$$=\lim_{x\to+0}\frac{(\log x)'}{\left(\dfrac{1}{x}\right)'}=\lim_{x\to+0}\frac{\dfrac{1}{x}}{-\dfrac{1}{x^2}}=-\lim_{x\to+0}x=0$$

[note]　(2) の $\displaystyle\lim_{x\to\infty}\frac{x^2}{e^x}=\lim_{x\to\infty}x^2e^{-x}=0$ は，x 軸が $y=x^2e^{-x}$ のグラフの漸近線であり，$y=e^x$ が $y=x^2$ より速く大きくなることを示す．実際，たとえば $x=100$ のとき $x^2=10000$（5 桁），$e^x=2.68\cdots\times10^{43}$（44 桁）である．一般に，任意の自然数 n に対して，$x^ne^{-x}\to0\ (x\to\infty)$ が成り立つ．

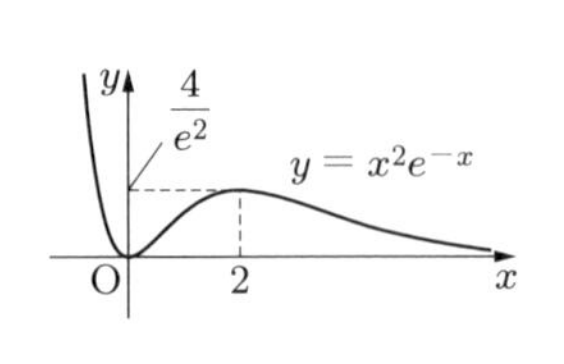

問4.5 次の極限値を求めよ.

(1) $\displaystyle\lim_{x\to 3}\frac{2x^2-7x+3}{-x+3}$ (2) $\displaystyle\lim_{x\to\infty}\frac{\log x}{x}$ (3) $\displaystyle\lim_{x\to 0}\frac{e^x-1-x}{x^2}$

(4) $\displaystyle\lim_{x\to 0}\frac{x-\sin x}{x^3}$ (5) $\displaystyle\lim_{x\to\infty}x^2e^{-2x}$ (6) $\displaystyle\lim_{x\to +0}x^2\log x$

4.3 第2次導関数の符号と関数の凹凸

第2次導関数 区間 I で定義された関数 $y=f(x)$ の導関数 $f'(x)$ がさらに微分可能であるとき，$f(x)$ は区間 I で **2回微分可能**であるという．このとき，$f'(x)$ の導関数を $y=f(x)$ の**第2次導関数**といい，次のような記号で表す．

$$y'',\quad f''(x),\quad \frac{d^2y}{dx^2},\quad \frac{d^2f}{dx^2},\quad \frac{d^2}{dx^2}f(x)$$

[note] $\dfrac{d^2y}{dx^2}$ は，導関数 $\dfrac{dy}{dx}$ を微分した関数 $\dfrac{d}{dx}\left(\dfrac{dy}{dx}\right)$ であることを表す記号である．

例4.4 (1) $y=-x^3+2x^2+3x-4$ のとき，y', y'' は次のようになる．

$$y'=-3x^2+4x+3,\quad y''=-6x+4$$

(2) $y=\log(x^2+1)$ のとき，y', y'' は次のようになる．

$$y'=\frac{(x^2+1)'}{x^2+1}=\frac{2x}{x^2+1}$$

$$y''=\frac{2\{(x)'\cdot(x^2+1)-x(x^2+1)'\}}{(x^2+1)^2}=-\frac{2(x^2-1)}{(x^2+1)^2}$$

問4.6 次の関数の第2次導関数を求めよ．

(1) $y=2x^3+5x^2-6$ (2) $y=(x^2-2)^4$ (3) $y=x^3(2-x)$

(4) $y=\sin^2 x$ (5) $y=e^{-x^2}$ (6) $y=\tan^{-1}x$

関数の凹凸と変曲点 2次関数 $y=ax^2$ のグラフは $a>0$ のとき下に凸であり，x が増加すると接線の傾きは増加していく．また，$a<0$ のとき上に凸であり，x が増加すると接線の傾きは減少していく．一般に，ある区間で関数のグラフの接線の傾きが増加しているとき**下に凸**，接線の傾きが減少しているとき**上に凸**であるという．

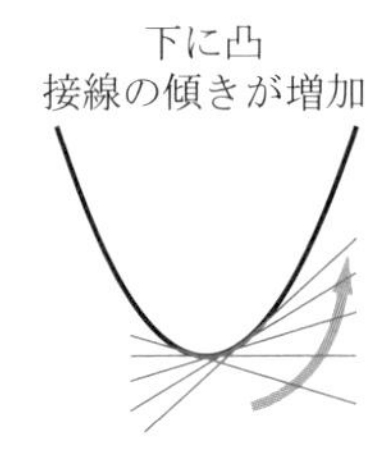

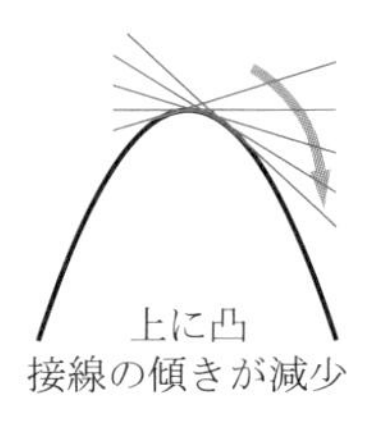

関数 $y = f(x)$ は 2 回微分可能であるとする．$f''(x)$ は $f'(x)$ の導関数であるから，$f''(x)$ の符号によって $f'(x)$ の増減を調べることができる．$f''(x) > 0$ のとき，$f'(x)$ は単調増加であるから接線の傾きは増加し，$f''(x) < 0$ のとき，$f'(x)$ は単調減少であるから接線の傾きは減少する．したがって，関数 $y = f(x)$ の凹凸の定義から次のことが成り立つ．

4.6　第 2 次導関数の符号と関数の凹凸

関数 $f(x)$ が 2 回微分可能であるとき，次が成り立つ．

(1)　区間 I でつねに $f''(x) > 0$ ならば，$f(x)$ は区間 I で下に凸である．

(2)　区間 I でつねに $f''(x) < 0$ ならば，$f(x)$ は区間 I で上に凸である．

例 4.5　$y = x^3 - 3x$ とすると，$y'' = 6x$ である．したがって，$x < 0$ のとき $y'' < 0$ であるから上に凸，$x > 0$ のとき $y'' > 0$ であるから下に凸である．

$y = x^3 - 3x$ のグラフは右図のようになる．

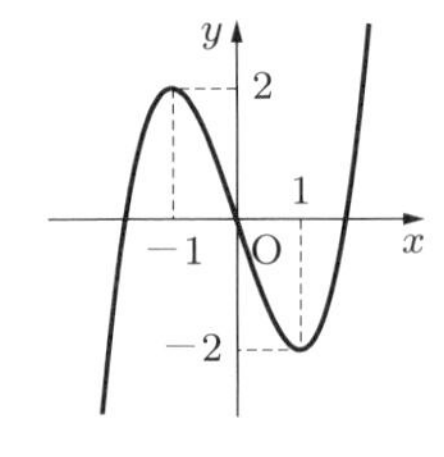

一般に，$x = a$ の前後で関数 $y = f(x)$ の凹凸の状態が変わるとき，点 $(a, f(a))$ を $y = f(x)$ の**変曲点**という．関数 $y = f(x)$ が 2 回微分可能である場合には，点 $(a, f(a))$ が変曲点であれば，$x = a$ の前後で $f''(x)$ の符号が変わるから，$f''(a) = 0$ である．

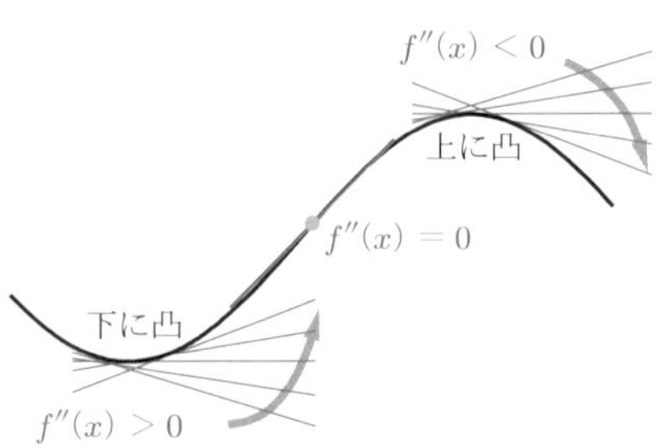

4.7 変曲点の必要条件

2 回微分可能な関数 $y = f(x)$ について，点 $(a, f(a))$ が変曲点ならば，$f''(a) = 0$ である．

[note]　この逆は成り立たない．たとえば，$f(x) = x^4$ とすると $f''(x) = 12x^2$ となり，$f''(0) = 0$ である．しかし，$x \neq 0$ のとき $f''(x) > 0$ であるから，$x = 0$ の前後で $f''(x)$ の符号は変化しない．したがって，点 $(0, 0)$ は変曲点ではない．

例 4.6　例 4.5 の関数 $y = x^3 - 3x$ の変曲点は，原点 $(0, 0)$ である．

関数の増減と凹凸　次のグラフは図の丸で囲んだ付近に変曲点があり，変曲点を境にして，凹凸の状態が変化している．

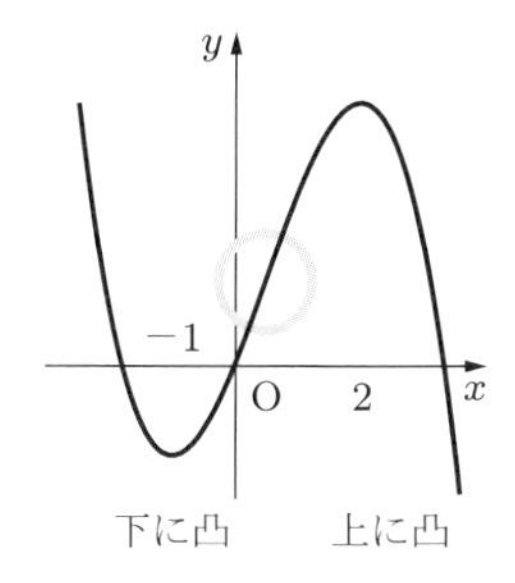

ここでは，増減を調べるための y' の符号と，凹凸を調べるための y'' の符号を含めた増減表を作って，グラフをかく．グラフ上で極値をとる点は●，変曲点は●で示す．また，増減表の矢印は

$\nearrow$：増加で下に凸，$\nearrow$：増加で上に凸，$\searrow$：減少で下に凸，$\searrow$：減少で上に凸

ということを表すものとする．

例題 4.5　関数の増減と凹凸

次の関数の増減と凹凸を調べてグラフをかけ．また，極値と変曲点を求めよ．

(1)　$y = e^{-x^2}$　　　(2)　$y = x \log x$

解　(1)　$y = e^{-x^2}$ は偶関数であるから，そのグラフは y 軸に関して対称である．また，任意の x について $e^{-x^2} > 0$ であることに注意しておく．導関数は

$$y' = -2x\,e^{-x^2}$$

となる．よって，$y' = 0$ となるのは $x = 0$ のときであり，$x = 0$ のとき $y = 1$ であ

る．さらに，第 2 次導関数は

$$y'' = -2\,e^{-x^2} - 2x(-2x\,e^{x^2}) = 2(2x^2-1)e^{-x^2}$$

となる．よって，$y''=0$ となるのは $x = \pm\dfrac{1}{\sqrt{2}}$ のときである．$x = \pm\dfrac{1}{\sqrt{2}}$ のとき $y = \dfrac{1}{\sqrt{e}}$ であるから，凹凸を含めた増減表は次のようになる．

x	$\cdots$	$-\dfrac{1}{\sqrt{2}}$	$\cdots$	0	$\cdots$	$\dfrac{1}{\sqrt{2}}$	$\cdots$
y'	$+$	$+$	$+$	0	$-$	$-$	$-$
y''	$+$	0	$-$	$-$	$-$	0	$+$
y	⤴	$\dfrac{1}{\sqrt{e}}$	↗	1	↘	$\dfrac{1}{\sqrt{e}}$	⤵
		（変曲点）		（極大）		（変曲点）	

さらに，

$$\lim_{x\to\pm\infty} e^{-x^2} = \lim_{x\to\pm\infty} \frac{1}{e^{x^2}} = 0$$

である．したがって，x 軸はこのグラフの漸近線であり，グラフは次のようになる．

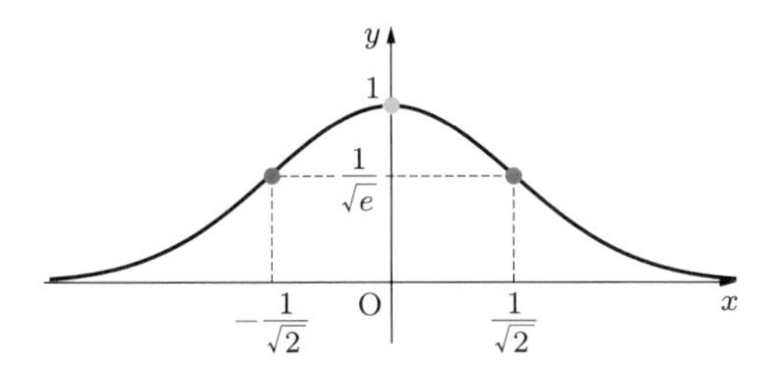

よって，$x = 0$ のとき極大値 $y = 1$ をとり，極小値は存在しない．変曲点は $\left(-\dfrac{1}{\sqrt{2}},\ \dfrac{1}{\sqrt{e}}\right), \left(\dfrac{1}{\sqrt{2}},\ \dfrac{1}{\sqrt{e}}\right)$ である．

(2)　$y = x\log x$ の定義域は $x > 0$ である．導関数，第 2 次導関数を求めると

$$y' = 1\cdot\log x + x\cdot\frac{1}{x} = \log x + 1, \quad y'' = \frac{1}{x}$$

となる．したがって，$y' = 0$ となるのは

$$\log x = -1 \quad \text{よって} \quad x = \frac{1}{e}$$

のときであり，y'' はつねに $y'' > 0$ である．また，$x \to +0$, $x \to \infty$ のときの極限は

$$\lim_{x\to+0} x\log x = 0 \quad \text{［例題 4.4(3)］}$$

$$\lim_{x\to\infty} x\log x = \infty$$

となる．$x = \dfrac{1}{e}$ のとき $y = \dfrac{1}{e}\log\dfrac{1}{e} = -\dfrac{1}{e}$ であるから，$y = x\log x$ の増減表とグラフは次のようになる．

x	0	$\cdots$	$\dfrac{1}{e}$	$\cdots$
y'	/	$-$	0	$+$
y''	/	$+$	$+$	$+$
y	0	↘	$-\dfrac{1}{e}$	↗

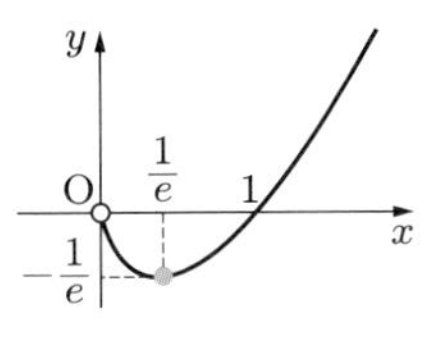

よって，$x = \dfrac{1}{e}$ のとき極小値 $y = -\dfrac{1}{e}$ をとり，極大値は存在しない．また，$y'' > 0$ であるから定義域全体で下に凸であり，変曲点は存在しない．

問4.7 次の関数の増減と極限を調べて，グラフをかけ．

(1) $y = xe^{-x}$ (2) $y = \dfrac{\log x}{x}$

4.4 微分と近似

微分 $y = f(x)$ のグラフ上に点 $\mathrm{A}(a, f(a))$ をとる．このとき，x の変化量 Δx に対する y の変化量を Δy とする（図 1）．

一方，点 A における接線の方程式は $y - f(a) = f'(a)(x - a)$ であるから，$dx = x - a,\ dy = y - f(a)$ と表せば，接線の方程式は

$$dy = f'(a)\,dx$$

となり，dy は $x{=}a$ における接線に沿った y の変化量ということができる（図 2）．

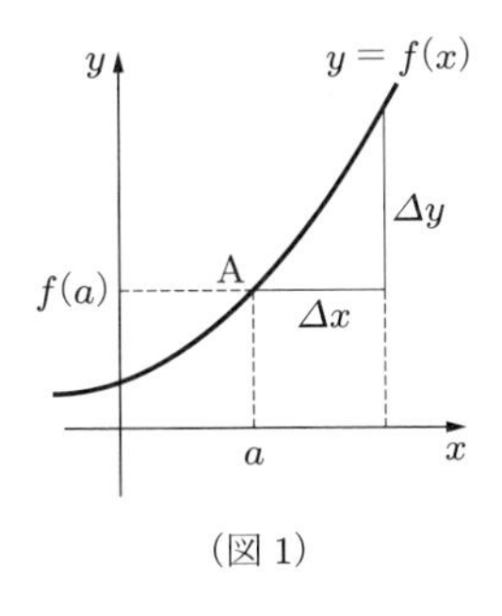

（図 1）

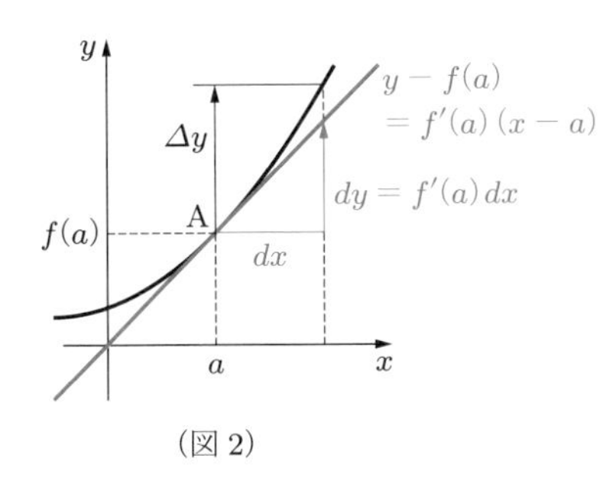

（図 2）

ここで，点 A のまわりを拡大すると，x の変化量 $dx = x - a$ が非常に小さい範囲では，$y = f(x)$ のグラフとその接線は非常に近く，$y = f(x)$ の変化量 Δy と接線に沿った変化量 $dy = f'(a)\,dx$ はほとんど一致する．すなわち，

$$\Delta y \fallingdotseq dy = f'(a)\,dx \tag{4.2}$$

が成り立つ．

$dy = f'(a)\,dx$ の定数 a を変数 x でおきかえた式

$$dy = f'(x)\,dx \tag{4.3}$$

を，$y = f(x)$ の**微分**という．$dy = f'(a)\,dx$ を $x = a$ における微分という．

例 4.7　$y = x^3 + x$ の微分は，$dy = (x^3 + x)'dx = (3x^2 + 1)\,dx$ である．

問4.8　次の関数の微分 dy を求めよ．

(1)　$y = x^2$　　(2)　$y = (3x + 1)^2$

微分による変化量の近似　x が $x = a$ から dx だけ変化するときの $y = f(x)$ の変化量 Δy は，$x = a$ における微分 $dy = f'(a)\,dx$ で近似することができる．

例 4.8　$y = x^5$ について，x の値が $x = 2$ から 0.03 だけ増加したとする．$y = x^5$ の微分は $dy = 5x^4\,dx$ であるから，$x = 2$ における微分は $dy = 80dx$ となる．$dx = 0.03$ のとき，y の変化量 Δy は，およそ

$$\Delta y \fallingdotseq 80 \cdot 0.03 = 2.4 \quad [\Delta y \fallingdotseq f'(a)\,dx]$$

である．また，$x = 2$ のとき $y = 2^5$ であるから，$x = 2.03$ のときの y の近似値は

$$2.03^5 = 2^5 + \Delta y \fallingdotseq 2^5 + 2.4 = 34.4$$

となる．

[note]　$2.03^5 = 34.473\cdots$ であるから，例 4.8 の実際の変化量は，$\Delta y = 2.03^5 - 2^5 = 2.473\cdots$ である．

問4.9 x の値が，$x=1$ から 0.02 だけ増加する．このとき，次の関数の変化量 Δy を微分を用いて近似し，$x=1.02$ のときの y の近似値を小数第 2 位まで求めよ．

(1) $y=2x^3$ (2) $y=\dfrac{1}{x}$ (3) $y=\sqrt{x}$

例題 4.6 増加量と増加率

半径 r の球の体積は $V=\dfrac{4}{3}\pi r^3$ である．次の問いに答えよ．

(1) 球の半径が $r=10\,\mathrm{m}$ から $dr=0.05\,\mathrm{m}$ だけ増加するとき，微分を用いて体積の増加量 ΔV の近似値を小数第 1 位まで求めよ．円周率を 3.14 とせよ．

(2) 球の半径が 1% だけ増加するとき，体積はおよそ何 % 増加するか．

解 (1) 球の体積 $V=\dfrac{4}{3}\pi r^3$ の微分は

$$dV=4\pi r^2\,dr$$

であるから，球の体積 V の増加量 ΔV の近似式は

$$\Delta V \fallingdotseq dV=4\pi r^2 dr$$

となる．$r=10,\ dr=0.05$ であるから，ΔV はおよそ

$$\Delta V \fallingdotseq dV=400\pi\cdot 0.05=62.8\,[\mathrm{m}^3]$$

となる．

(2) 球の半径が 1% 増加するということは，半径の増加量 dr の半径 r に対する比が 0.01 ということである．すなわち，

$$\frac{dr}{r}=0.01$$

が成り立つ．このとき，体積の増加率は $\dfrac{\Delta V}{V}$ であるから，

$$\frac{\Delta V}{V}\fallingdotseq\frac{dV}{V}=\frac{4\pi r^2\,dr}{\dfrac{4}{3}\pi r^3}=\frac{3\,dr}{r}=0.03$$

となる．したがって，およそ 3% だけ増加する．

[note] 例題 4.6(1) では，実際の増加量 ΔV は

$$\Delta V=\frac{4}{3}\pi(10.05)^3-\frac{4}{3}\pi(10.00)^3=63.1145\cdots\,[\mathrm{m}^3]$$

である．円周率は 3.14 とした．

問4.10　半径 r の円の面積を S とするとき，次の問いに答えよ．

(1)　円の半径が $r = 50\,\mathrm{m}$ から $dr = 0.3\,\mathrm{m}$ だけ増加するとき，微分を用いて，面積の増加量 ΔS の近似値を小数第 1 位まで求めよ．円周率を 3.14 とせよ．

(2)　円の半径が 1% だけ増加するとき，面積はおよそ何 % 増加するか．

4.5 いろいろな変化率

速度と加速度　数直線上を運動する点 P の，時刻 t における位置が関数 $x(t)$ で表されているとする．このとき，位置の平均変化率

$$\frac{\Delta x}{\Delta t} = \frac{\text{位置の変化量}}{\text{経過時間}} = \frac{x(t + \Delta t) - x(t)}{\Delta t} \tag{4.4}$$

を，点 P の時刻 t から時刻 $t + \Delta t$ の間の**平均速度**という．またこの式で，$\Delta t \to 0$ のときの極限値

$$v(t) = \lim_{\Delta t \to 0} \frac{\Delta x}{\Delta t} = \frac{dx}{dt} \tag{4.5}$$

は，時刻 t における点 P の位置 $x(t)$ の変化率を表している．これを，時刻 t における点 P の**速度**という．とくに，$t = 0$ における速度 $v(0)$ を**初速度**という．

さらに，速度 $v(t)$ の導関数

$$\alpha(t) = \lim_{\Delta t \to 0} \frac{\Delta v}{\Delta t} = \frac{dv}{dt} \tag{4.6}$$

は，速度の変化率を表している．これを時刻 t における点 P の**加速度**という．加速度は，時刻 t における点 P の位置を表す関数 $x(t)$ の第 2 次導関数である．

4.8　速度と加速度

数直線上を運動している点 P の時刻 t における位置が $x(t)$ であるとき，点 P の速度 $v(t)$ と加速度 $\alpha(t)$ は次のようになる．

$$v(t) = \frac{dx}{dt}, \quad \alpha(t) = \frac{dv}{dt} = \frac{d^2x}{dt^2}$$

例 4.9　　数直線上を運動する点の時刻 t における位置が $x(t) = t^3 - 3t^2$ で与えられるとき，速度は $v(t) = \dfrac{dx}{dt} = 3t^2 - 6t$，加速度は $\alpha(t) = \dfrac{dv}{dt} = 6t - 6$ である．

例題 4.7 真上に投げ上げられた物体の運動

地上 5 m のところから初速度 19.6 m/s で真上に投げ上げられた物体の，t 秒後の地上からの高さ $x(t)$ [m] は

$$x(t) = -4.9t^2 + 19.6t + 5\,[\mathrm{m}]$$

で表される．このとき，次の問いに答えよ．

(1) この物体の t 秒後の速度 $v(t)$ [m/s] と加速度 $\alpha(t)$ [m/s^2] を求めよ．

(2) この物体が最高点に達するまでの時間と，そのときの高さを求めよ．

解 (1) $v(t) = \dfrac{dx}{dt} = -9.8t + 19.6\,[\mathrm{m/s}]$, $\alpha(t) = \dfrac{dv}{dt} = -9.8\,[\mathrm{m/s^2}]$

(2) 最高点では速度は $v(t) = 0$ である．$v(t) = -9.8t + 19.6 = 0$ となるのは $t = 2$ のときであるから，高さは $t = 2$ のとき最大値 $x(2) = 24.6$ をとる．したがって，投げ上げてから 2 秒後に最高点に達し，そのときの高さは 24.6 m である．

問4.11 原点 O から出発して数直線上を運動する物体の，t 秒後の位置 $x(t)$ が

$$x(t) = -3t^3 + 9t^2\,[\mathrm{m}]$$

で表されるという．このとき，次の問いに答えよ．

(1) この物体の t 秒後の速度 $v(t)$ と加速度 $\alpha(t)$ を求めよ．

(2) この物体が運動の向きを変えるのは何秒後か．また，そのときの位置を求めよ．

(3) 出発点に戻るのは何秒後か．また，そのときの速度を求めよ．

いろいろな変化率 関数 $y = f(x)$ の微分係数は，y の平均変化率の極限であるから，瞬間の変化率ともよばれる．導関数 $\dfrac{dy}{dx}$ は，関数 y の変化率を表す関数である．独立変数が時刻 t であるときには，変化率は速度となる．応用上に現れるいろいろな変化率は，ある関数の導関数として表されることが多い．

例題 4.8 水面の上昇速度

右図のような上面の円の半径が 30 cm，深さが 60 cm の円錐形の容器に，毎秒 100 cm^3 の割合で水を注ぎ入れる．水の深さが 40 cm になったときの水面の上昇する速度はおよそどれだけか．円周率を 3.14，単位を cm/s として，小数第 2 位まで求めよ．

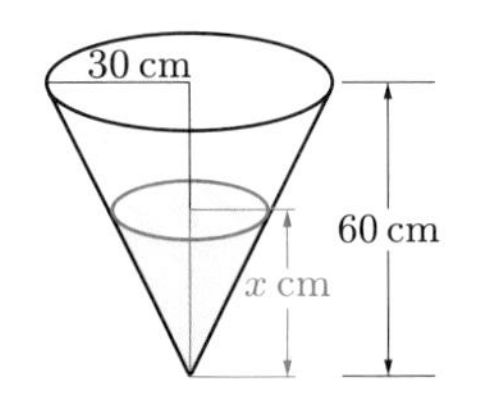

解　水を注ぎ始めてから t 秒後の水の深さを x [cm]，水の体積を V [cm^3] とする．水の深さが x [cm] になったとき，水面の半径は $\dfrac{x}{2}$ [cm] であるから，

$$V = \frac{1}{3}\pi \cdot \left(\frac{x}{2}\right)^2 \cdot x = \frac{1}{12}\pi x^3$$

である．これを t で微分すると，深さ x は t の関数であるから合成関数の微分法によって，

$$\frac{dV}{dt} = \frac{1}{4}\pi x^2 \cdot \frac{dx}{dt}$$

となる．毎秒 100 cm^3 で水を入れるから，体積の変化率は $\dfrac{dV}{dt} = 100$ である．水面が上昇する速度は深さ x の変化率であるから

$$\frac{dx}{dt} = \frac{4}{\pi x^2} \cdot \frac{dV}{dt} = \frac{400}{\pi x^2} \text{ [cm/s]}$$

となる．したがって，$x = 40$ のときの上昇速度は次のようになる．

$$\left.\frac{dx}{dt}\right|_{x=40} = \frac{400}{\pi \cdot 40^2} = \frac{1}{4 \cdot 3.14} = 0.079618\cdots \fallingdotseq 0.08 \text{ [cm/s]}$$

問4.12　球の半径が毎秒 1 mm の速度で増加しているとする．半径が 8 cm になった瞬間に，この球の表面積が増加する速度を求めよ．円周率を 3.14，単位を cm^2/s として，答えは小数第1位まで求めよ．

4.6 曲線の媒介変数表示と微分法

曲線の媒介変数表示　点 P(x, y) が座標平面上を運動しているとき，点 P の座標 x, y は，それぞれ時刻 t の変化に伴って変化していく．したがって，x, y は時刻 t の関数である．

例 4.10　座標 x, y が時刻 t において $x = 2t$, $y = t + 1$ と表されているとき，点 P(x, y) の座標 x, y は t の値の変化に伴って変化していく．さらに，このことを表にして調べると，次のようになる．図の青い矢印は，$t = 0$ から t が増加し

t	x	y	座標 (x, y)
-2	-4	-1	$(-4, -1)$
-1	-2	0	$(-2, 0)$
0	0	1	$(0, 1)$
1	2	2	$(2, 2)$
2	4	3	$(4, 3)$

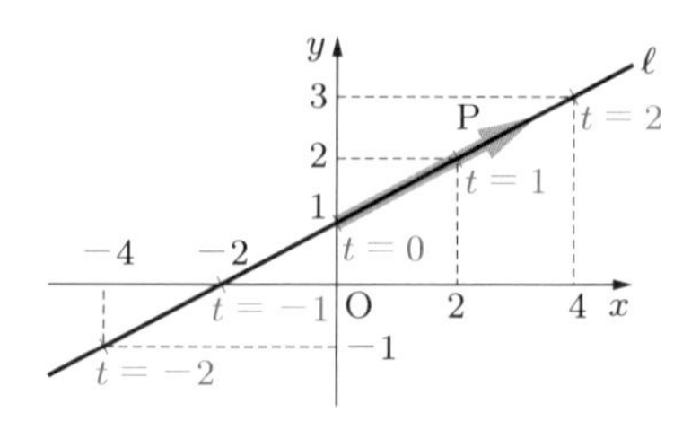

たときに点 P が動く方向を示す．

与えられた 2 つの式 $x = 2t$, $y = t + 1$ から t を消去すれば，直線の方程式

$$\frac{x}{2} = \frac{y-1}{1} \quad \text{または} \quad x - 2y + 2 = 0$$

が得られる．

一般に，点 $\mathrm{P}(x, y)$ の x 座標，y 座標がそれぞれ t を変数とする連続関数によって $x = f(t)$, $y = g(t)$ と表されていれば，t の値が変化すると点 $\mathrm{P}(f(t), g(t))$ はある曲線 C を描く．このとき，曲線 C を

$$\begin{cases} x = f(t) \\ y = g(t) \end{cases} \tag{4.7}$$

と表す．これを曲線 C の**媒介変数表示**といい，t を**媒介変数**または**パラメータ**という．曲線 C 上の点 $\mathrm{P}(f(t), g(t))$ を，単に $\mathrm{P}(t)$ と表すこともある．以下，この節では，$f(t)$, $g(t)$ は微分可能な関数であるとする．

t の変化に伴って点 $\mathrm{P}(t)$ が平面上をどのように動くかを，t にいくつかの値を代入して点 $\mathrm{P}(t)$ の座標を計算することによって調べることができる．また，与えられた媒介変数表示から媒介変数 t を消去することによって，曲線の方程式を求めることができる場合もある．曲線の媒介変数表示は，曲線の形だけでなく，t の増減による曲線上の点の動き方も表している．

例 4.11　(1)　点 $(\cos t, \sin t)$ は，角 t に対する動径と単位円（原点を中心とする半径 1 の円）との交点である．したがって，媒介変数表示

$$\begin{cases} x = \cos t \\ y = \sin t \end{cases} \tag{4.8}$$

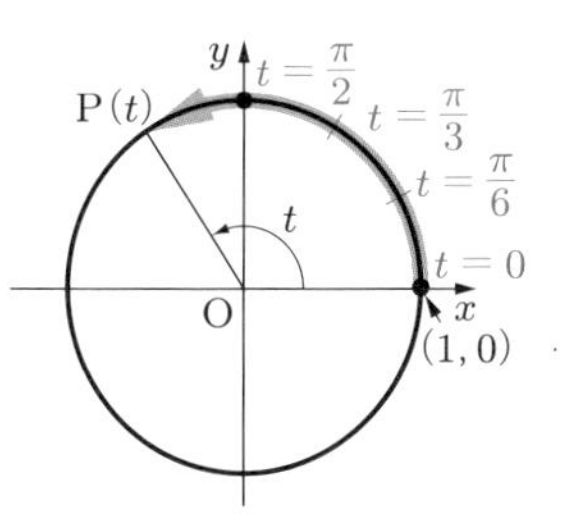

で表される曲線は単位円である．t の値が 0 から 2π まで変化するとき，点 $\mathrm{P}(t)$ は点 $(1, 0)$ を出発して単位円上を正の方向（反時計回り）に 1 周して点 $(1, 0)$ に戻る．媒介変数表示から t を消去すれば，単位円の方程式 $x^2 + y^2 = 1$ が得られる．

(2)　媒介変数表示 $\begin{cases} x = \dfrac{e^t + e^{-t}}{2} \\ y = \dfrac{e^t - e^{-t}}{2} \end{cases}$ から t を消去する．

与えられた式をそれぞれ 2 乗すれば，

$$x^2 = \frac{e^{2t} + 2 + e^{-2t}}{4}, \quad y^2 = \frac{e^{2t} - 2 + e^{-2t}}{4}$$

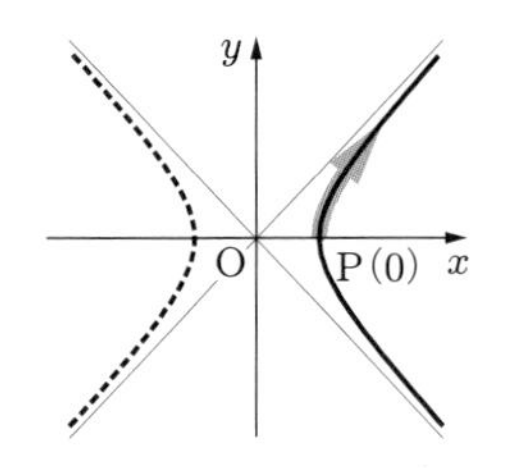

となる．したがって，

$$x^2 - y^2 = 1$$

となる．また，$e^t > 0,\ e^{-t} > 0$ であるから，$x > 0$ である．したがって，この曲線は，$y = \pm x$ を漸近線とする双曲線 $x^2 - y^2 = 1$ の $x > 0$ の部分である．点 P(0) の座標は $(1, 0)$ であり，t の値が増加すると，点 P(t) は図の矢印の方向に動いていく．

問 4.13　次の媒介変数表示から t を消去した方程式を求め，どのような曲線であるかを述べよ．また，点 P(0) を曲線上に記入し，t の値が増加するときの点 P(t) の動く方向を，曲線上に矢印で示せ．

(1)　$\begin{cases} x = 1 + 2t \\ y = 2 - 3t \end{cases}$　　(2)　$\begin{cases} x = 3\cos t \\ y = 2\sin t \end{cases}$　　(3)　$\begin{cases} x = t^2 \\ y = 2t \end{cases}$

以下に，媒介変数表示によって表される代表的な曲線の例を示す．

例 4.12　円がある直線上を滑らずに回転するとき，円周上の 1 点が描く図形を**サイクロイド**という．a を正の定数とし，点 $(0, a)$ を中心とする半径 a の円が x 軸上を滑らずに回転するとする（図 1）．P(0) が原点のとき，円が角 t だけ回転したときの点 P の座標を (x, y) とすると，図 2 から，x, y は次の式で表される．

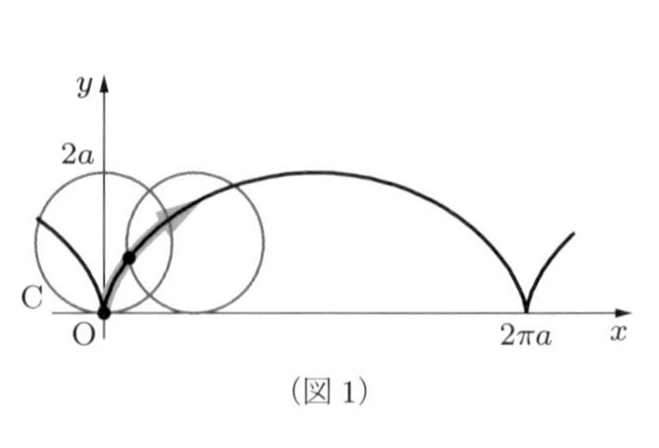

（図 1）

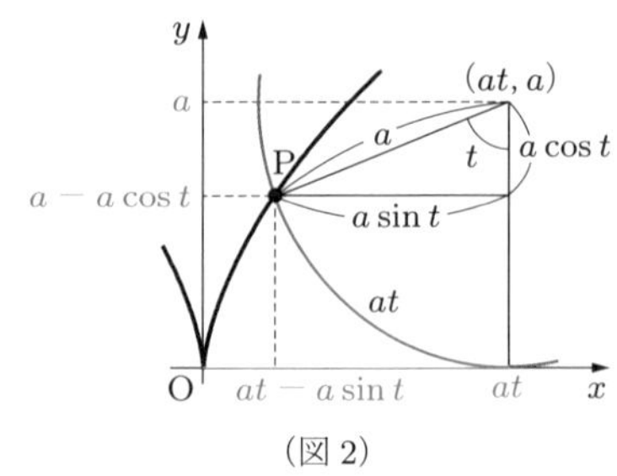

（図 2）

$$\begin{cases} x = a(t - \sin t) \\ y = a(1 - \cos t) \end{cases} \tag{4.9}$$

これがサイクロイドの媒介変数表示である.

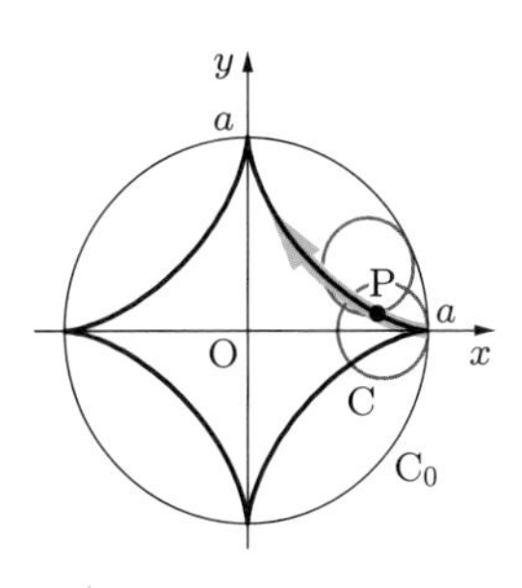

例 4.13 a を正の定数とする．半径 a の円 C_0 の内側に接している半径 $\frac{a}{4}$ の円 C が，円 C_0 に接したまま滑らずに C_0 の内側を 1 周するとき，円 C 上の点 P が描く曲線を**アステロイド（星芒形）**という．円 C_0 の中心が原点で，P(0) が点 $(a, 0)$ のとき，このアステロイドの媒介変数表示は次のようになる［→付録第 A3 節］.

$$\begin{cases} x = a\cos^3 t \\ y = a\sin^3 t \end{cases} \tag{4.10}$$

問 4.14 媒介変数表示された曲線 $\begin{cases} x = t^3 \\ y = t^2 \end{cases}$ $(-1 \leqq t \leqq 1)$ の，t の値に対する x, y の値は左下の表のようになる．空欄を埋めて，表の中の点を下のグラフ用紙に記入することによって，この曲線をかけ.

t	x	y
-1.0	-1.000	1.00
-0.8		
-0.6	-0.216	0.36
-0.4		
-0.2	-0.008	0.04
0.0	0.000	0.00
0.2	0.008	0.04
0.4		
0.6	0.216	0.36
0.8		
1.0	1.000	1.00

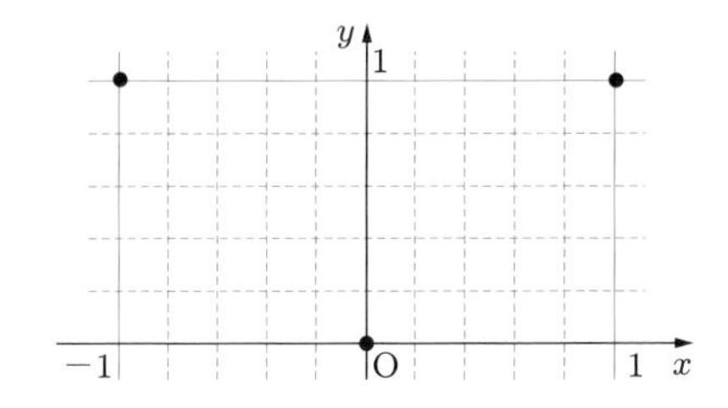

媒介変数表示された曲線の接線ベクトル　座標平面上を運動する点 $\mathrm{P}(x, y)$ の描く曲線が，媒介変数表示 $\begin{cases} x = f(t) \\ y = g(t) \end{cases}$ で表されているとする．時刻 t における曲線 C 上の点 P の位置ベクトルを $\boldsymbol{p}(t)$，すなわち，

$$\boldsymbol{p}(t) = \begin{pmatrix} f(t) \\ g(t) \end{pmatrix}$$

とする．このとき，時刻 t から時刻 $t+h$ までの間の点 P の移動を表すベクトルは，

$$\boldsymbol{p}(t+h) - \boldsymbol{p}(t) = \begin{pmatrix} f(t+h) - f(t) \\ g(t+h) - g(t) \end{pmatrix}$$

となる．これを経過時間 h で割ったベクトル

$$\frac{\boldsymbol{p}(t+h) - \boldsymbol{p}(t)}{h} = \begin{pmatrix} \dfrac{f(t+h) - f(t)}{h} \\ \dfrac{g(t+h) - g(t)}{h} \end{pmatrix} \tag{4.11}$$

を，$[t, t+h]$ における点 P の**平均速度**という．さらに，この平均速度で $h \to 0$ としたときの極限値を成分とするベクトル

$$\lim_{h \to 0} \frac{\boldsymbol{p}(t+h) - \boldsymbol{p}(t)}{h} = \begin{pmatrix} \displaystyle\lim_{h \to 0} \frac{f(t+h) - f(t)}{h} \\ \displaystyle\lim_{h \to 0} \frac{g(t+h) - g(t)}{h} \end{pmatrix} = \begin{pmatrix} f'(t) \\ g'(t) \end{pmatrix} \tag{4.12}$$

を，時刻 t における**速度ベクトル**といい，$\boldsymbol{v}(t)$ または $\boldsymbol{p}'(t)$ と表す．

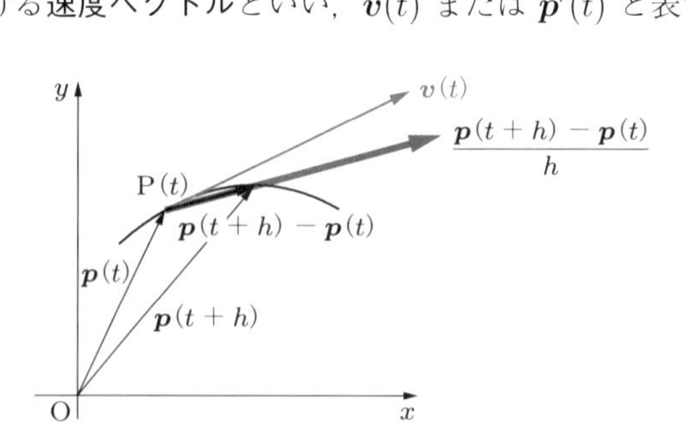

速度ベクトルはつねに曲線に接するベクトルである．その意味で，速度ベクトルを曲線 C の**接線ベクトル**ということもある．

例 4.14　地上から斜め上方に投げ上げられた物体の時刻 t における位置 (x, y) が

$$\begin{cases} x = 30t \\ y = 40t - 5t^2 \end{cases} \qquad (0 \leqq t \leqq 8)$$

と表されているとする．このとき，時刻 t における速度ベクトルは

$$\boldsymbol{v}(t) = \begin{pmatrix} (30t)' \\ (40t - 5t^2)' \end{pmatrix} = \begin{pmatrix} 30 \\ 40 - 10t \end{pmatrix}$$

である．したがって，$t = 0$（投げた瞬間），$t = 4$, $t = 6$ における速度ベクトルは，それぞれ次のようになる．

$$\boldsymbol{v}(0) = \begin{pmatrix} 30 \\ 40 \end{pmatrix}, \quad \boldsymbol{v}(4) = \begin{pmatrix} 30 \\ 0 \end{pmatrix}, \quad \boldsymbol{v}(6) = \begin{pmatrix} 30 \\ -20 \end{pmatrix}$$

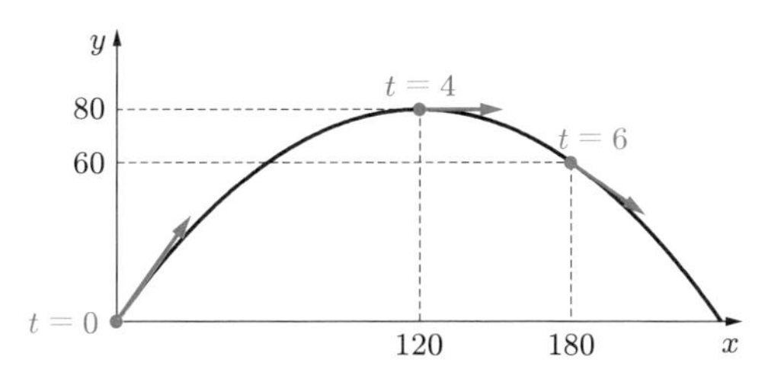

例題 4.9　接線ベクトル

円 $\begin{cases} x = \cos t \\ y = \sin t \end{cases}$ の $t = \dfrac{\pi}{3}$ に対応する点における接線ベクトルを求めよ．

解　与えられた曲線の接線ベクトルは

$$\boldsymbol{v}(t) = \begin{pmatrix} (\cos t)' \\ (\sin t)' \end{pmatrix} = \begin{pmatrix} -\sin t \\ \cos t \end{pmatrix}$$

である．したがって，$t = \dfrac{\pi}{3}$ に対応する点における接線ベクトルは

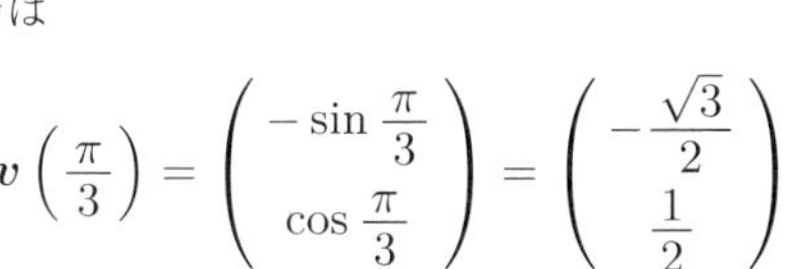

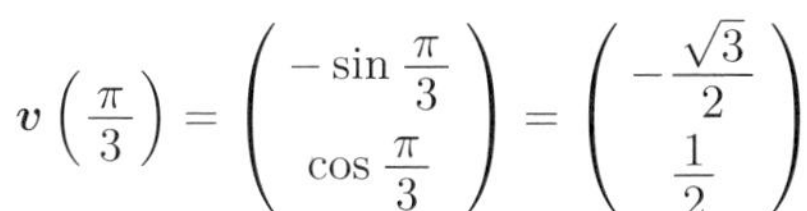

$$\boldsymbol{v}\left(\frac{\pi}{3}\right) = \begin{pmatrix} -\sin\dfrac{\pi}{3} \\ \cos\dfrac{\pi}{3} \end{pmatrix} = \begin{pmatrix} -\dfrac{\sqrt{3}}{2} \\ \dfrac{1}{2} \end{pmatrix}$$

となる．

問4.15　次の媒介変数表示された曲線の，(　) 内に指定された t の値に対応する点における接線ベクトルを求めよ．

(1) $\begin{cases} x = t^3 \\ y = t^2 \end{cases}$ $(t = 1)$　　(2) $\begin{cases} x = \cos 2t \\ y = \sin 2t \end{cases}$ $\left(t = \dfrac{\pi}{6}\right)$

(3) $\begin{cases} x = \cos t \\ y = \sin^2 t \end{cases}$ $\left(t = \dfrac{\pi}{2}\right)$　　(4) $\begin{cases} x = e^t - e^{-t} \\ y = e^t + e^{-t} \end{cases}$ $(t = 0)$

媒介変数表示された関数の導関数　x の関数 y が媒介変数を用いて，$\begin{cases} x = f(t) \\ y = g(t) \end{cases}$ と表されているとする．グラフ上の点 P_0 $(f(t_0), g(t_0))$ における接線ベクトルが $\begin{pmatrix} f'(t_0) \\ g'(t_0) \end{pmatrix}$ であるから，$f_0'(t_0) \neq 0$ のとき，点 P_0 における接線の傾きは $\dfrac{g'(t_0)}{f'(t_0)}$ である．したがって，関数 y の導関数は，

$$\frac{dy}{dx} = \frac{dy}{dt} \bigg/ \frac{dx}{dt} = \frac{g'(t)}{f'(t)}$$

である．

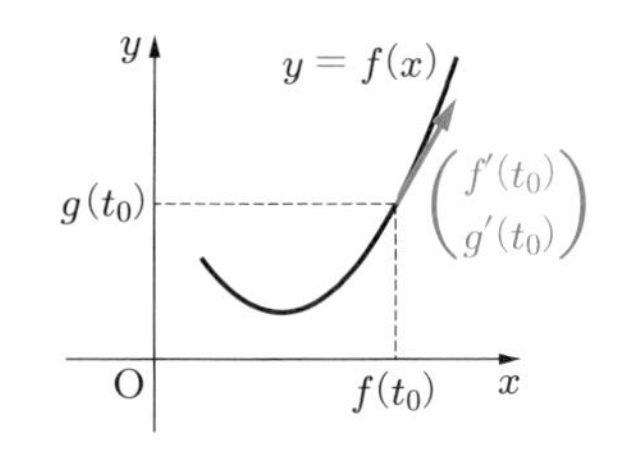

例4.15　サイクロイド $\begin{cases} x = a(t - \sin t) \\ y = a(1 - \cos t) \end{cases}$ ($a > 0$ は定数) を，x の関数 y のグラフと考えるとき，導関数は

$$\frac{dy}{dx} = \frac{\{a(1 - \cos t)\}'}{\{a(t - \sin t)\}'} = \frac{\sin t}{1 - \cos t}$$

である．

問4.16　次の媒介変数表示された曲線を，x の関数 y のグラフと考えるとき，導関数を求めよ．

(1) $\begin{cases} x = 2t + 1 \\ y = -3t + 5 \end{cases}$　　(2) $\begin{cases} x = \cos t \\ y = \sin 2t \end{cases}$

練習問題 4

[1] 次の関数のグラフの，(　) 内の x 座標に対応する点における接線の方程式を求めよ．

(1) $y = 5x^2 - 4x + 3 \quad (x = 0)$　　(2) $y = x^3 + 2x^2 + 3x + 4 \quad (x = -1)$

[2] 次の関数のグラフをかけ．また，極値を求めよ．

(1) $y = \dfrac{1}{2}x(x+3)^2$　　(2) $y = -x^4 + 4x^3 - 10$

[3] (　) 内の範囲で，次の関数の最大値と最小値を求めよ．

(1) $y = x^2 e^{-x} \quad (0 \leqq x \leqq 3)$　　(2) $y = \dfrac{1}{2}x - \sin x \quad (0 \leqq x \leqq 2\pi)$

[4] 次の関数の第 2 次導関数を求めよ．

(1) $y = \sqrt[3]{x^5}$　　(2) $y = \sin 5x$　　(3) $y = e^{-x}\sin x$

(4) $y = \sin^{-1} x$　　(5) $y = x^2 e^{-x}$　　(6) $y = (\log x)^2$

[5] 次の関数の増減と凹凸を調べてグラフをかけ．また，この関数の極値と変曲点を求めよ．さらに，漸近線があればその方程式を求めよ．

(1) $y = xe^{-x^2}$　　(2) $y = \dfrac{2e^x}{e^x + 1}$　　(3) $y = \log(x^2+1)$

[6] 次の極限値を求めよ．

(1) $\displaystyle\lim_{x \to -1} \frac{x^3 + 1}{x^2 + 3x + 2}$　　(2) $\displaystyle\lim_{x \to 0} \frac{e^x - 1}{x}$

(3) $\displaystyle\lim_{x \to \infty} \frac{x^2 - 3x + 2}{2x^2 + 4x - 3}$　　(4) $\displaystyle\lim_{x \to \infty} (x^2 + 1)e^{-x}$

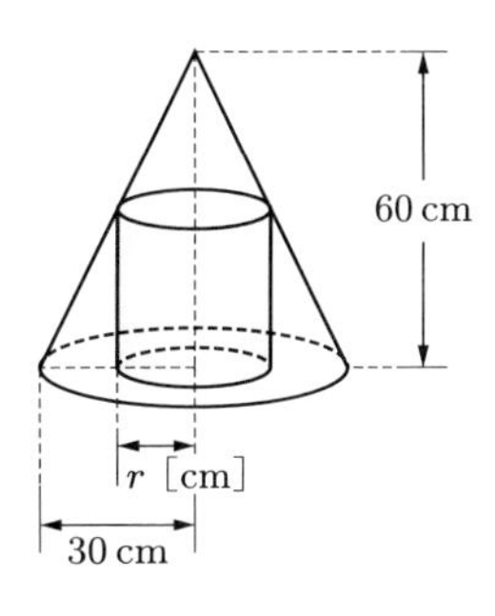

[7] 右図のように，底面の半径が 30 cm，高さが 60 cm の直円錐の中に，底面の半径が r [cm] の円柱が内接している．このとき，円柱の体積 V [cm^3] を最大にするためには半径 r をどれだけにすればよいか．また，V の最大値を求めよ．

[8] 1 辺の長さ 1 m の立方体の各辺の長さが増加し，体積 1.06 m^3 の立方体となった．1 辺の長さはおよそ何 cm 長くなったか．

[9] 重力加速度を g [m/s^2] とするとき，水平線となす角が θ の方向に，初速度 v_0 [m/s] で投げられた物体の t 秒後の位置 (x, y) は，

$$x = v_0 t \cos\theta \,[\mathrm{m}], \quad y = v_0 t \sin\theta - \frac{1}{2}gt^2 \,[\mathrm{m}]$$

で与えられる．次の問いに答えよ．

(1) y 座標が最大となる t の値を求めよ．

(2) 投げたあと，再び $y = 0$ となるときの x 座標を求めよ．また，そのときの x 座標が最大となる角度 θ を求めよ．

第2章の章末問題

1. 次の関数を微分せよ.

(1) $y = (2x+1)^2(3x+2)^3$　　(2) $y = \dfrac{(3x+2)^3}{(2x+1)^2}$

(3) $y = \sqrt{\dfrac{2x-1}{2x+1}}$　　(4) $y = \log\left|\tan\dfrac{x}{2}\right|$

(5) $y = \sin^2 x \cos^3 x$　　(6) $y = \dfrac{x}{\sqrt{a^2-x^2}} - \sin^{-1}\dfrac{x}{a}$　$(a > 0)$

(7) $y = x\tan^{-1} x - \log\sqrt{1+x^2}$

2. 次の収束・発散を調べ，収束するときはその極限値を求めよ.

(1) $\displaystyle\lim_{x\to 0}\frac{\tan^{-1} x}{x}$　　(2) $\displaystyle\lim_{x\to 0}\frac{e^x - e^{-x}}{\sin x}$　　(3) $\displaystyle\lim_{x\to\infty}\frac{\log(x^2+1)}{x+1}$

3. 点 $\mathrm{A}(6,3)$ と放物線 $y = x^2$ 上の点 P との距離 AP の最小値と，そのときの点 P の座標を求めよ.

4. 右図のような母線の長さが a の直円錐の体積の最大値を次のようにして求める．ただし，a は正の定数とする.

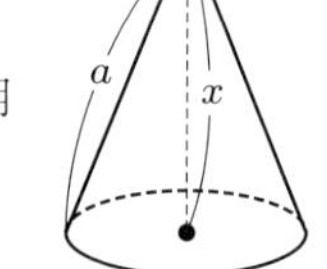

(1) この円錐の高さを x とするとき，円錐の底面の半径を x を用いて表せ.

(2) この円錐の体積 V を x を用いて表し，V の最大値を求めよ.

5. 右図のような底面の半径と高さとが等しい直円錐を逆向きにした空の容器がある.

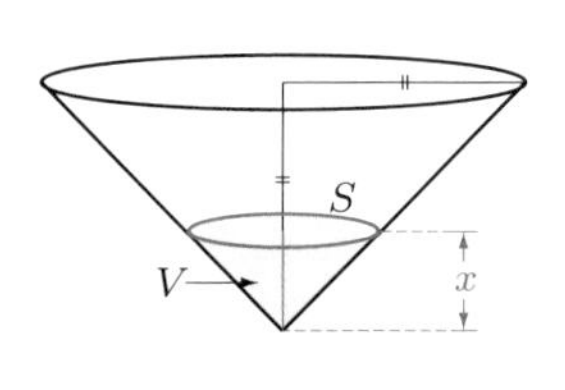

この容器に毎秒 $4\,\mathrm{cm}^3$ の割合で水を注いでいくとき，水を注ぎ始めてから t 秒後の水の深さを $x\,[\mathrm{cm}]$，水の体積を $V\,[\mathrm{cm}^3]$，水面の面積を $S\,[\mathrm{cm}^2]$ とする．このとき，次の問いに答えよ.

(1) 水の深さが $x\,[\mathrm{cm}]$ であるときの水面の面積 S と水の体積 V を求めよ.

(2) 体積 V は時間とともに変化するから，時間 t の関数である．$\dfrac{dV}{dt}$ を求めよ.

(3) 水の深さが $6\,\mathrm{cm}$ になったときの水面の面積の広がる速度 $\dfrac{dS}{dt}$ を求めよ.

6. 地球の半径を $R\,[\mathrm{m}]$ とする．半径が $1\,[\mathrm{m}]$ だけ増加すると，赤道の長さ $L\,[\mathrm{m}]$，地球の表面積 $S\,[\mathrm{m}^2]$，そして地球の体積 $V\,[\mathrm{m}^3]$ は，それぞれおよそどれだけ増加するか.

7. $x \geqq 0$ のとき，不等式 $e^x \geqq 1 + x$ が成り立つことを証明せよ.

Chapter 3

積分法

5 不定積分

5.1 不定積分

不定積分 $y = f(x)$ に対して，$F'(x) = f(x)$ を満たす関数 $F(x)$ を $f(x)$ の**原始関数**という．

$(x^2)' = 2x$ であるから，x^2 は $2x$ の原始関数である．$(x^2+3)' = 2x$，$(x^2-1)' = 2x$ であるから，x^2+3 や x^2-1 も $2x$ の原始関数である．

このように，関数 $f(x)$ に対して，$f(x)$ の原始関数は 1 つに定まらない．いま，$F(x), G(x)$ をともに関数 $f(x)$ の原始関数とすると，

$$\{G(x) - F(x)\}' = G'(x) - F'(x) = f(x) - f(x) = 0$$

であるから，$G(x) - F(x) = C$（C は定数）である［→定理 4.3(3)］．したがって，$F(x)$ を $f(x)$ の原始関数の 1 つとすると，他の原始関数は $F(x) + C$ で表される．この形の関数を総称して $f(x)$ の**不定積分**といい，

$$\int f(x)\,dx = F(x) + C \quad （C は定数） \tag{5.1}$$

と表す．不定積分を求めることを**積分する**といい，定数 C を**積分定数**という．また，$\int$ を**積分記号**（インテグラル），$f(x)$ を**被積分関数**という．

なお，原始関数と不定積分は同じ意味で用いられることもある．

$f(x)$ の不定積分を微分すれば

$$\frac{d}{dx}\int f(x)\,dx = (F(x) + C)' = F'(x) = f(x) \tag{5.2}$$

となって，元の関数 $f(x)$ に戻る．また，$f(x)$ の導関数 $f'(x)$ の不定積分は，微分すれば $f'(x)$ になる関数であるから $f(x) + C$（C は定数）である．したがって，微分することと積分することの間には次の関係がある．

5.1　微分と積分

$$\frac{d}{dx}\int f(x)\,dx = f(x), \quad \int f'(x)\,dx = f(x) + C$$

以下，とくに断らない限り，C は積分定数とする．

例 5.1　(1)　$\displaystyle \frac{d}{dx}\int \left(x^3 + 5\sqrt{x} - 8\right)\,dx = x^3 + 5\sqrt{x} - 8$

(2)　$(x^2+3x)' = 2x+3$ であるから，

$$\int (2x+3)\,dx = \int \left(x^2+3x\right)'\,dx = x^2 + 3x + C$$

不定積分の公式 I　導関数の公式 $(\sin x)' = \cos x$ から，不定積分の公式

$$\int \cos x\,dx = \int (\sin x)'\,dx = \sin x + C$$

が得られる．以下の不定積分の公式 5.2 が成り立つことは，右辺の関数を微分すると左辺の被積分関数になることによって確かめることができる．

5.2　不定積分の公式 I

(1)　$\displaystyle \int k\,dx = kx + C$　（k は定数）

(2)　$\displaystyle \int x^\alpha\,dx = \frac{1}{\alpha+1}x^{\alpha+1} + C$　$(\alpha \neq -1)$

(3)　$\displaystyle \int \frac{1}{x}\,dx = \log|x| + C$

(4)　$\displaystyle \int e^x\,dx = e^x + C$

(5)　$\displaystyle \int \sin x\,dx = -\cos x + C, \quad \int \cos x\,dx = \sin x + C$

(6)　$\displaystyle \int \frac{1}{\cos^2 x}\,dx = \tan x + C, \quad \int \frac{1}{\sin^2 x}\,dx = -\frac{1}{\tan x} + C$

例 5.2　$\displaystyle \int \sqrt[3]{x^2}\,dx = \int x^{\frac{2}{3}}\,dx = \frac{1}{\frac{2}{3}+1}x^{\frac{2}{3}+1} + C = \frac{3}{5}\sqrt[3]{x^5} + C$

問5.1 次の不定積分を求めよ.

(1) $\displaystyle\int x^5\,dx$ (2) $\displaystyle\int \frac{1}{x^3}\,dx$ (3) $\displaystyle\int \sqrt{x}\,dx$ (4) $\displaystyle\int \frac{2}{x}\,dx$

不定積分の性質 導関数の線形性［→定理 3.5］から，k を定数とするとき

$$\left(k\int f(x)\,dx\right)' = k\left(\int f(x)\,dx\right)' = kf(x)$$

$$\begin{aligned}\left(\int f(x)\,dx \pm \int g(x)\,dx\right)' &= \left(\int f(x)\,dx\right)' \pm \left(\int g(x)\,dx\right)' \\ &= f(x) \pm g(x)\end{aligned}$$

が成り立つ．したがって，次の不定積分の線形性が得られる．

5.3 不定積分の線形性

(1) $\displaystyle\int kf(x)\,dx = k\int f(x)\,dx$ （k は定数）

(2) $\displaystyle\int \{f(x) \pm g(x)\}\,dx = \int f(x)\,dx \pm \int g(x)\,dx$ （複号同順）

例 5.3 不定積分の線形性を用いると，次のように計算することができる．

(1)
$$\begin{aligned}\int\left(x^2 - \frac{2}{x^2}\right)dx &= \int x^2\,dx - 2\int \frac{1}{x^2}\,dx \\ &= \frac{1}{3}x^3 - 2\left(-\frac{1}{x}\right) + C = \frac{1}{3}x^3 + \frac{2}{x} + C\end{aligned}$$

(2)
$$\begin{aligned}\int \frac{\sin^2 x}{\cos^2 x}\,dx &= \int \frac{1-\cos^2 x}{\cos^2 x}\,dx \\ &= \int\left(\frac{1}{\cos^2 x} - 1\right)dx \\ &= \int \frac{1}{\cos^2 x}dx - \int 1\,dx = \tan x - x + C\end{aligned}$$

今後は，$\displaystyle\int 1dx$ は $\displaystyle\int dx$ とかく．

問5.2 次の不定積分を求めよ.

(1) $\displaystyle\int\left(x^2 - 3x + \frac{3}{x}\right)dx$ (2) $\displaystyle\int\left(\cos x + 2\sqrt{x}\right)dx$ (3) $\displaystyle\int \frac{\cos^2 x}{\sin^2 x}\,dx$

1次関数との合成関数の不定積分　$f(x)$ の原始関数 $F(x)$ がわかっているとき，$f(ax+b)$ ($a,\,b$ は定数，$a \neq 0$) の不定積分を求める．$t = ax+b$ とおくと，合成関数の微分法によって，

$$\{F(ax+b)\}' = \frac{dF}{dt}\cdot\frac{dt}{dx} = f(t)\cdot(ax+b)' = a\,f(ax+b)$$

が成り立つ．したがって，次が得られる．

$$\int f(ax+b)\,dx = \frac{1}{a}F(ax+b) + C \qquad (5.3)$$

例 5.4　(1)　$\displaystyle\int x^3\,dx = \frac{1}{4}x^4 + C$ であるから，次のような計算ができる．

$$\int (2x-1)^3\,dx = \frac{1}{2}\cdot\frac{1}{4}(2x-1)^4 + C = \frac{1}{8}(2x-1)^4 + C$$

(2)　$\displaystyle\int e^x\,dx = e^x + C$ であるから，次のような計算ができる．

$$\int e^{-3x+1}\,dx = \frac{1}{-3}e^{-3x+1} + C = -\frac{1}{3}e^{-3x+1} + C$$

問 5.3　次の不定積分を求めよ．

(1)　$\displaystyle\int (2x+1)^2\,dx$　　(2)　$\displaystyle\int \sqrt{3x-1}\,dx$　　(3)　$\displaystyle\int \frac{1}{5x+2}\,dx$

(4)　$\displaystyle\int e^{2x}\,dx$　　(5)　$\displaystyle\int \sin(1-x)\,dx$　　(6)　$\displaystyle\int \cos\frac{x}{3}\,dx$

不定積分の公式 II　問 3.22 から

$$\left(\sin^{-1}\frac{x}{a}\right)' = \frac{1}{\sqrt{a^2-x^2}}, \quad \left(\frac{1}{a}\tan^{-1}\frac{x}{a}\right)' = \frac{1}{x^2+a^2}$$

が成り立つ．これから，不定積分の公式

$$\int \frac{1}{\sqrt{a^2-x^2}}\,dx = \sin^{-1}\frac{x}{a} + C, \quad \int \frac{1}{x^2+a^2}\,dx = \frac{1}{a}\tan^{-1}\frac{x}{a} + C$$

が得られる．また，練習問題 3[5](2) から

$$\left(\frac{1}{2a}\log\left|\frac{x-a}{x+a}\right|\right)' = \frac{1}{x^2-a^2}$$

が成り立つ．これから，不定積分の公式

$$\int \frac{1}{x^2 - a^2}\,dx = \frac{1}{2a}\log\left|\frac{x-a}{x+a}\right| + C$$

が得られる.

5.4 不定積分の公式 II

a, A は定数, $a > 0$, $A \neq 0$ とする.

(1) $\displaystyle\int \frac{1}{\sqrt{a^2 - x^2}}\,dx = \sin^{-1}\frac{x}{a} + C$

(2) $\displaystyle\int \frac{1}{x^2 + a^2}\,dx = \frac{1}{a}\tan^{-1}\frac{x}{a} + C$

(3) $\displaystyle\int \frac{1}{x^2 - a^2}\,dx = \frac{1}{2a}\log\left|\frac{x-a}{x+a}\right| + C$

(4) $\displaystyle\int \frac{1}{\sqrt{x^2 + A}}\,dx = \log\left|x + \sqrt{x^2 + A}\right| + C$

(5) $\displaystyle\int \sqrt{x^2 + A}\,dx = \frac{1}{2}\left(x\sqrt{x^2 + A} + A\log\left|x + \sqrt{x^2 + A}\right|\right) + C$

(6) $\displaystyle\int \sqrt{a^2 - x^2}\,dx = \frac{1}{2}\left(x\sqrt{a^2 - x^2} + a^2\sin^{-1}\frac{x}{a}\right) + C$

公式 (4)〜(6) を, 右辺の関数を微分すると左辺の被積分関数になることによって確かめることができる [→練習問題 3[5]].

例 5.5 $\displaystyle\int \frac{1}{x^2 - 9} = \frac{1}{6}\log\left|\frac{x-3}{x+3}\right| + C$

問 5.4 次の不定積分を求めよ.

(1) $\displaystyle\int \frac{1}{\sqrt{4 - x^2}}\,dx$

(2) $\displaystyle\int \frac{1}{x^2 + 4}\,dx$

(3) $\displaystyle\int \frac{1}{x^2 - 3}\,dx$

(4) $\displaystyle\int \frac{1}{\sqrt{x^2 + 5}}\,dx$

(5) $\displaystyle\int \sqrt{x^2 - 6}\,dx$

(6) $\displaystyle\int \sqrt{9 - 4x^2}\,dx$

5.2 不定積分の置換積分法

不定積分の置換積分法　$t = g(x)$ のとき，$f(t) = f(g(x))$ は x の関数である．関数 $f(t)$ の不定積分を x で微分すると，合成関数の微分法（定理 3.10）によって，

$$\frac{d}{dx}\int f(t)\,dt = \frac{d}{dt}\int f(t)\,dt \cdot \frac{dt}{dx} = f(t)\cdot g'(x) = f(g(x))g'(x)$$

となる．したがって，$t = g(x)$ のとき

$$\int f(g(x))g'(x)\,dx = \int f(t)\,dt$$

が成り立つ．この方法を**不定積分の置換積分法**という．

5.5　不定積分の置換積分法

$t = g(x)$ とおくと，次の式が成り立つ．

$$\int f(g(x))\,g'(x)\,dx = \int f(t)\,dt$$

$t = g(x)$ の微分は $dt = g'(x)dx$ である．置換積分法は $g'(x)dx$ を dt で置き換えた形になっている．

例題 5.1　不定積分の置換積分

不定積分 $\displaystyle\int \sin^3 x\,\cos x\,dx$ を求めよ．

解　$t = \sin x$ とおくと $dt = \cos x\,dx$ となる．したがって，

$$\int \sin^3 x\,\cos x\,dx = \int t^3\,dt = \frac{1}{4}t^4 + C = \frac{1}{4}\sin^4 x + C$$

が得られる．

問 5.5　次の不定積分を求めよ．

(1) $\displaystyle\int x^2(x^3+1)^7\,dx$　(2) $\displaystyle\int \frac{\log x}{x}\,dx$　(3) $\displaystyle\int x\sqrt{1-x^2}\,dx$

(4) $\displaystyle\int \frac{\cos x}{1+\sin^2 x}\,dx$　(5) $\displaystyle\int \frac{e^x}{\sqrt{4-e^{2x}}}\,dx$　(6) $\displaystyle\int xe^{-x^2}\,dx$

$\dfrac{f'(x)}{f(x)}$ の不定積分

次の形の関数の不定積分はよく使われる．

例題 5.2 $\dfrac{f'(x)}{f(x)}$ の不定積分

次の式が成り立つことを証明せよ．

$$\int \frac{f'(x)}{f(x)}\,dx = \log|f(x)| + C$$

証明　$t = f(x)$ とおくと，$dt = f'(x)\,dx$ であるから，次が成り立つ．

$$\int \frac{f'(x)}{f(x)}\,dx = \int \frac{1}{t}\,dt$$
$$= \log|t| + C = \log|f(x)| + C$$

証明終

例 5.6

$$\int \tan x\,dx = \int \frac{\sin x}{\cos x}\,dx = -\int \frac{(\cos x)'}{\cos x}\,dx = -\log|\cos x| + C$$

問 5.6　次の不定積分を求めよ．

(1) $\displaystyle\int \frac{x^2}{x^3+1}\,dx$　　(2) $\displaystyle\int \frac{x+1}{x^2+2x-3}\,dx$

(3) $\displaystyle\int \frac{\cos x}{\sin x}\,dx$　　(4) $\displaystyle\int \frac{e^x - e^{-x}}{e^x + e^{-x}}\,dx$

有理関数の不定積分

分子，分母が多項式である分数式の不定積分は，分母を実数の範囲で因数分解し，それを部分分数に分解することによって求めることができる．

例題 5.3 有理関数の不定積分

不定積分 $\displaystyle\int \frac{9x-1}{(x-3)(x^2+4)}\,dx$ を求めよ．

解　部分分数分解を行うとき，分母が 2 次式のときには，分子を 1 次式とおく．この場合は，a，b，c を定数として，

$$\frac{9x-1}{(x-3)(x^2+4)} = \frac{a}{x-3} + \frac{bx+c}{x^2+4}$$

とおいて，分母を払うと，

$$9x - 1 = a(x^2 + 4) + (bx + c)(x - 3)$$

となる．右辺を展開して整理すれば，

$$9x - 1 = (a + b)x^2 + (-3b + c)x + (4a - 3c)$$

が得られる．したがって，両辺の係数を比較すると

$$\begin{cases} a + b = 0 \\ -3b + c = 9 \\ 4a - 3c = -1 \end{cases}$$

が成り立ち，これを解くと $a = 2,\ b = -2,\ c = 3$ となる．したがって，

$$\begin{aligned} \int \frac{9x - 1}{(x - 3)(x^2 + 4)}\,dx &= \int \left(\frac{2}{x - 3} - \frac{2x}{x^2 + 4} + \frac{3}{x^2 + 4} \right) dx \\ &= 2\log|x - 3| - \log(x^2 + 4) + \frac{3}{2}\tan^{-1}\frac{x}{2} + C \\ &= \log\frac{(x - 3)^2}{x^2 + 4} + \frac{3}{2}\tan^{-1}\frac{x}{2} + C \end{aligned}$$

となる．

問5.7　次の不定積分を求めよ．

(1) $\displaystyle\int \frac{1}{x^2 - 3x + 2}\,dx$　　(2) $\displaystyle\int \frac{x^2 - 2x - 1}{(x - 1)(x^2 + 1)}\,dx$

5.3 不定積分の部分積分法

不定積分の部分積分法　関数の積の導関数の公式（定理 3.7）

$$\{f(x)g(x)\}' = f'(x)g(x) + f(x)g'(x)$$

の両辺を積分すると

$$f(x)g(x) = \int f'(x)g(x)\,dx + \int f(x)g'(x)\,dx$$

となる．この式の右辺の第1項を移項すると，

$$\int f(x)g'(x)\,dx = f(x)g(x) - \int f'(x)g(x)\,dx$$

が成り立つ．これを**不定積分の部分積分法**という．

5.6 不定積分の部分積分法

$$\int f(x)g'(x)\,dx = f(x)g(x) - \int f'(x)g(x)\,dx$$

例 5.7 xe^{2x} の不定積分を求める．$\left(\dfrac{1}{2}e^{2x}\right)' = e^{2x}$ であるから，部分積分法を適用すると，

$$\begin{aligned}\int x\,e^{2x}\,dx &= \int x\left(\frac{1}{2}e^{2x}\right)'\,dx\\ &= x\cdot\frac{1}{2}e^{2x} - \int 1\cdot\frac{1}{2}e^{2x}\,dx\\ &= \frac{1}{2}xe^{2x} - \frac{1}{4}e^{2x} + C\end{aligned}$$

が得られる．

問5.8 次の不定積分を求めよ．

(1) $\displaystyle\int xe^{-x}\,dx$ (2) $\displaystyle\int x\cos 3x\,dx$

対数関数・逆三角関数の不定積分 対数関数や逆三角関数の積分は，部分積分法によって求められる場合がある．

例 5.8

$$\begin{aligned}\int \log x\,dx &= \int 1\cdot\log x\,dx\\ &= \int (x)'\cdot\log x\,dx\\ &= x\log x - \int x\cdot\frac{1}{x}\,dx\\ &= x\log x - \int dx = x\log x - x + C\end{aligned}$$

例題 5.4 逆正弦関数の不定積分

$\displaystyle\int \sin^{-1}x\,dx$ を求めよ．

解 $\sin^{-1}x = 1\cdot\sin^{-1}x = (x)'\cdot\sin^{-1}x$ と考えて，部分積分法を用いると，

$$\int \sin^{-1}x\,dx = \int (x)'\cdot\sin^{-1}x\,dx$$

$$= x \cdot \sin^{-1} x - \int x \cdot \left(\sin^{-1} x\right)' \, dx$$

$$= x \sin^{-1} x - \int \frac{x}{\sqrt{1-x^2}} \, dx$$

となる．第 2 項で $t = 1 - x^2$ とおくと $dt = -2x\,dx$ となるから，

$$\int \frac{x}{\sqrt{1-x^2}} \, dx = \int \frac{1}{\sqrt{t}} \left(-\frac{1}{2}\, dt\right)$$

$$= -\frac{1}{2} \int t^{-\frac{1}{2}} dt = -\frac{1}{2} \cdot 2t^{\frac{1}{2}} + C = -\sqrt{1-x^2} + C$$

が得られる．C は任意であるから，$-C$ を改めて C と置き換えて，次の結果が得られる．

$$\int \sin^{-1} x \, dx = x \sin^{-1} x + \sqrt{1-x^2} + C$$

問5.9　次の不定積分を求めよ．

(1) $\displaystyle\int x \log x \, dx$　　　(2) $\displaystyle\int \tan^{-1} x \, dx$

部分積分を 2 回以上行う方法　部分積分を 2 回以上行わなければならない場合もある．代表的なものには，x^n を微分することによって次数を下げるものや，2 回行うともとの式と同じ式が現れるものなどがある．

例題 5.5　部分積分（x^n の次数を下げる場合）

不定積分 $\displaystyle\int x^2 e^{2x} \, dx$ を求めよ．

解

$$\int x^2 e^{2x} \, dx = x^2 \cdot \frac{1}{2} e^{2x} - \int 2x \cdot \frac{1}{2} e^{2x} \, dx$$

$$= \frac{1}{2} x^2 e^{2x} - \int x e^{2x} \, dx$$

$$= \frac{1}{2} x^2 e^{2x} - \left(x \cdot \frac{1}{2} e^{2x} - \int 1 \cdot \frac{1}{2} e^{2x} dx\right)$$

$$= \frac{1}{2} x^2 e^{2x} - \frac{1}{2} x e^{2x} + \frac{1}{2} \cdot \frac{1}{2} e^{2x} + C$$

$$= \frac{1}{4} e^{2x} (2x^2 - 2x + 1) + C$$

問5.10 次の不定積分を求めよ．

(1) $\displaystyle\int x^2 \sin 2x\, dx$ (2) $\displaystyle\int (\log x)^2\, dx$

例題 5.6 部分積分（もとの形に戻る場合）

不定積分 $\displaystyle\int e^{2x} \sin 3x\, dx$ を求めよ．

解 $I = \displaystyle\int e^{2x} \sin 3x\, dx$ とおいて部分積分を 2 回行う．e^{2x} を積分する関数とすると，

$$
\begin{aligned}
I &= \frac{1}{2}e^{2x}\sin 3x - \int \frac{1}{2}e^{2x} \cdot 3\cos 3x\, dx \\
&= \frac{1}{2}e^{2x}\sin 3x - \frac{3}{2}\left\{\frac{1}{2}e^{2x}\cos 3x - \int \frac{1}{2}e^{2x}(-3\sin 3x)\, dx\right\} \\
&= \frac{1}{2}e^{2x}\sin 3x - \frac{3}{4}e^{2x}\cos 3x - \frac{9}{4}\int e^{2x}\sin 3x\, dx \\
&= \frac{1}{4}e^{2x}(2\sin 3x - 3\cos 3x) - \frac{9}{4}I
\end{aligned}
$$

となり，同じ形の不定積分 I が現れる．I を求めるために，右辺の $-\dfrac{9}{4}I$ を左辺に移項する．右辺から不定積分がなくなったので積分定数を追加すると，

$$\frac{13}{4}I = \frac{1}{4}e^{2x}(2\sin 3x - 3\cos 3x) + C$$

となる．両辺に $\dfrac{4}{13}$ をかければ，

$$I = \frac{e^{2x}}{13}(2\sin 3x - 3\cos 3x) + \frac{4}{13}C$$

である．$\dfrac{4}{13}C$ は任意の定数であるから，改めて C と置き換えて，次の結果が得られる．

$$I = \frac{e^{2x}}{13}(2\sin 3x - 3\cos 3x) + C$$

[note] 例題 5.6 では e^{2x} を積分する関数としたが，$\sin 3x$ を積分する関数として求めることもできる．

問5.11 次の不定積分を求めよ．

(1) $\displaystyle\int e^{4x} \cos 3x\, dx$ (2) $\displaystyle\int e^{-x} \sin 4x\, dx$

練習問題 5

[1] 次の不定積分を求めよ.

(1) $\displaystyle\int \frac{(3x^2-2)^2}{x}\,dx$　(2) $\displaystyle\int \sqrt[3]{(2x+1)^2}\,dx$

(3) $\displaystyle\int (e^x+e^{-x})^3\,dx$　(4) $\displaystyle\int (4\cos 2x-5\sin 3x)\,dx$

[2] 次の不定積分を求めよ.

(1) $\displaystyle\int \cos x(1+\sin x)\,dx$　(2) $\displaystyle\int \frac{x^3}{\sqrt{(x^4+2)^3}}\,dx$

(3) $\displaystyle\int \frac{(\log x)^3}{x}\,dx$　(4) $\displaystyle\int \frac{x-12}{(x-2)(x+3)}\,dx$

(5) $\displaystyle\int \frac{x^5+x^2}{x^6+2x^3+3}\,dx$　(6) $\displaystyle\int \frac{\cos 2x}{1+\sin 2x}\,dx$

[3] (　) 内に指定された公式を用いて，次の不定積分を求めよ.

(1) $\displaystyle\int \cos^2 x\,dx$　(半角の公式)　(2) $\displaystyle\int \cos^3 x\,dx$　$(\cos^2 x = 1-\sin^2 x)$

[4] 次の問いに答えよ.

(1) $\displaystyle\frac{2x^2-5x-3}{(x-1)^2(x+1)} = \frac{a}{(x-1)^2}+\frac{b}{x-1}+\frac{c}{x+1}$ となる定数 a, b, c を求めよ.

(2) 不定積分 $\displaystyle\int \frac{2x^2-5x-3}{(x-1)^2(x+1)}\,dx$ を求めよ

[5] 次の不定積分を求めよ.

(1) $\displaystyle\int x^2e^{-x}\,dx$　(2) $\displaystyle\int x\tan^{-1}x\,dx$

(3) $\displaystyle\int x^3\log x\,dx$　(4) $\displaystyle\int x(\log x)^2\,dx$

[6] a, b を 0 でない定数とするとき，次の公式が成り立つことを証明せよ.

(1) $\displaystyle\int e^{ax}\sin bx\,dx = \frac{e^{ax}}{a^2+b^2}(a\sin bx-b\cos bx)+C$

(2) $\displaystyle\int e^{ax}\cos bx\,dx = \frac{e^{ax}}{a^2+b^2}(a\cos bx+b\sin bx)+C$

6 定積分

6.1 定積分

区分求積法による面積　関数 $f(x)$ は閉区間 $[a,b]$ で連続で，$f(x) \geqq 0$ であるとする．このとき，$y = f(x)$ のグラフと x 軸および 2 直線 $x = a$, $x = b$ によって囲まれる図形の面積 S を求める．

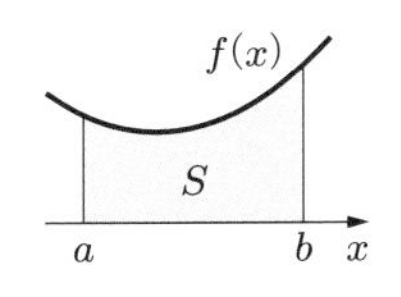

まず，区間 $[a,b]$ を n 等分する点を

$$a = a_0 < a_1 < a_2 < \cdots < a_{n-1} < a_n = b$$

とする（図 1）．このとき，$\Delta x = \dfrac{b-a}{n}$ となる，小区間 $[a_{k-1}, a_k]$ 内に任意に点 x_k を選び，高さが $f(x_k)$，幅が Δx の長方形を作ると（図 2），この長方形の面積は $f(x_k)\Delta x$ であるから，n 個の長方形の面積の和は

$$\sum_{k=1}^{n} f(x_k)\,\Delta x = f(x_1)\Delta x + f(x_2)\Delta x + \cdots + f(x_n)\Delta x \tag{6.1}$$

となる．分割数 n を限りなく大きくして分割を限りなく細かくしていくと，この長方形の面積の和（式 (6.1)）は求める図形の面積に限りなく近づいていく．すなわち，式 (6.1) の，$n \to \infty$ としたときの極限値

$$\lim_{n\to\infty} \sum_{k=1}^{n} f(x_k)\,\Delta x \tag{6.2}$$

が求める図形の面積 S である．このように，区間を分割し，和の極限値として面積や体積などを求める方法を**区分求積法**という．

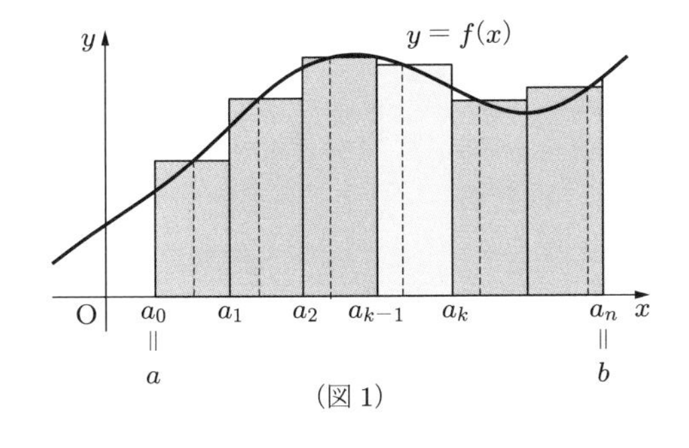

（図 1）

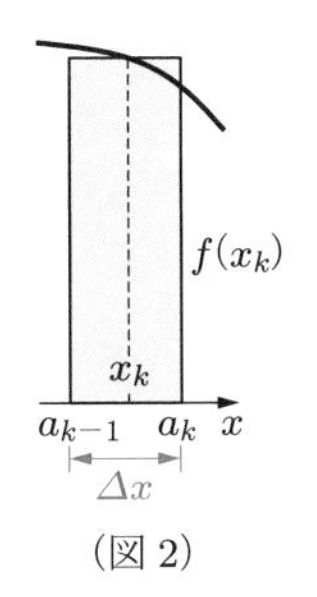

（図 2）

定積分　式 (6.2) は，$f(x) \geqq 0$ でない場合でも考えることができる．この極限値が区間 $[a,b]$ の分割の仕方や小区間の点 x_k の選び方によらず存在するとき，関数 $f(x)$ は区間 $[a,b]$ において**積分可能**であるという．このとき，式 (6.2) を $f(x)$ の $x=a$ から $x=b$ までの**定積分**といい，

$$\int_a^b f(x)\,dx$$

と表す．関数 $f(x)$ が区間 $[a,b]$ で連続ならば，この区間で積分可能であることが知られている．

6.1　定積分

関数 $f(x)$ の $x=a$ から $x=b$ までの定積分を，次の極限値として定める．

$$\int_a^b f(x)\,dx = \lim_{n\to\infty}\sum_{k=1}^{n} f(x_k)\,\Delta x$$

定積分を求めることを，関数 $f(x)$ を $x=a$ から $x=b$ まで積分するといい，a, b をそれぞれ定積分の**下端**，**上端**という．不定積分のときと同様に，関数 $f(x)$ を**被積分関数**，変数 x を積分変数という．

[note]　積分記号 $\int$ は sum（和）の頭文字 S を変形したものであり，インテグラル（integral）は「すべてを合計したもの」という意味がある．領域を幅の狭い長方形に分割して，そのひとつひとつの面積を算出し，それらを「すべて合計して」領域の面積を表したものが定積分である．よって，定積分は

$$\text{面積} = \text{「高さ } f(x)\text{」} \times \text{「幅 } dx\text{」の総和}$$

と解釈できる．

定積分の計算　$f(x)$ の原始関数を $F(x)$ とする．区分求積法の分割された区間 $[a_{k-1}, a_k]$ と $F(x)$ に対して，平均値の定理（定理 4.2）を適用する．$\Delta F_k = F(a_k) - F(a_{k-1})$ とおくと，$F'(x) = f(x)$ であるから，

$$\Delta F_k = f(x_k)\Delta x, \quad a_{k-1} \leqq x_k \leqq a_k \quad (k=1,2,\ldots,n) \tag{6.3}$$

となる x_k が存在する．これらの式を $k=1$ から $k=n$ まで加えると，

$$\sum_{k=1}^{n} f(x_k)\Delta x = \Delta F_1 + \Delta F_2 + \cdots + \Delta F_n$$

$$= \{F(a_1) - F(a_0)\} + \{F(a_2) - F(a_1)\} + \cdots + \{F(a_n) - F(a_{n-1})\}$$

$$= F(a_n) - F(a_0)$$

となる．$a_0 = a$, $a_n = b$ であるから，この式で $n \to \infty$ とすれば，

$$\int_a^b f(x)\,dx = F(b) - F(a) \tag{6.4}$$

が成り立つ．ここで，$F(b) - F(a)$ を $\Big[\ F(x)\ \Big]_a^b$ と表すことにすれば，次の**微分積分学の基本定理**が成り立つ．

6.2 微分積分学の基本定理

$F(x)$ を $f(x)$ の原始関数とするとき，次が成り立つ．

$$\int_a^b f(x)\,dx = \Big[\ F(x)\ \Big]_a^b$$

$f(x)$ の不定積分は $F(x) + C$ であるが，定積分の計算においては，原始関数としてどんな積分定数 C を選んでも同じである．実際，

$$\Big[\ F(x) + C\ \Big]_a^b = (F(b) + C) - (F(a) + C) = F(b) - F(a) = \Big[\ F(x)\ \Big]_a^b$$

となるからである．

例 6.1　不定積分を求めることができれば，定積分を計算することができる．

(1) $\displaystyle\int x^4\,dx = \frac{1}{5}x^5 + C$ から

$$\int_1^2 x^4\,dx = \Big[\ \frac{1}{5}x^5\ \Big]_1^2 = \frac{1}{5}\cdot 2^5 - \frac{1}{5}\cdot 1^5 = \frac{31}{5}$$

(2) $\displaystyle\int e^{3x}\,dx = \frac{1}{3}e^{3x} + C$ から

$$\int_0^1 e^{3x}\,dx = \frac{1}{3}\Big[\ e^{3x}\ \Big]_0^1 = \frac{1}{3}\left(e^3 - e^0\right) = \frac{1}{3}\left(e^3 - 1\right)$$

問6.1　次の定積分を求めよ．

(1) $\displaystyle\int_0^1 x\sqrt{x}\,dx$　　(2) $\displaystyle\int_1^e \frac{1}{x}\,dx$　　(3) $\displaystyle\int_0^\pi \sin x\,dx$

(4) $\displaystyle\int_1^2 (3x-2)^2\,dx$　　(5) $\displaystyle\int_0^\pi \cos 2x\,dx$

定積分と面積　$a<b$, $f(x) \geqq 0$ のとき，定積分 $\displaystyle\int_a^b f(x)dx$ は $y=f(x)$ のグラフと x 軸，直線 $x=a$, $x=b$ が囲む図形の面積である．

例6.2　(1)　$y=e^x$ $(0 \leqq x \leqq 2)$ と x 軸，直線 $x=0$, $x=2$ が囲む図形の面積 S は，次のようになる．

$$S=\int_0^2 e^x dx=\Big[\ e^x\ \Big]_0^2=e^2-e^0=e^2-1$$

(2)　$-2 \leqq x \leqq 2$ では，$y=x^2-4 \leqq 0$ である．

$y=x^2-4$ $(-2 \leqq x \leqq 2)$ と x 軸で囲まれた図形の面積 S は，$y=x^2-4$ と x 軸に関して対称なグラフをもつ関数 $y=-(x^2-4)$ を利用して次のように求めることができる．

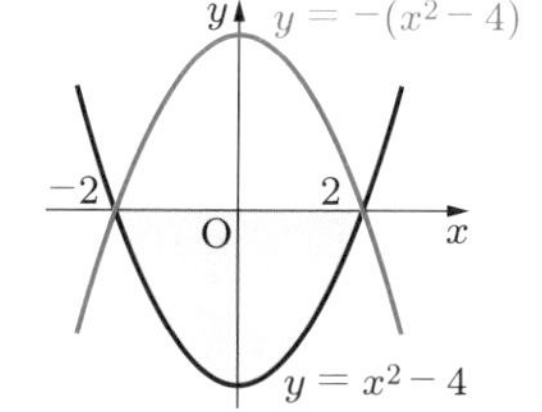

$$S=\int_{-2}^2 \{-(x^2-4)\}\,dx$$
$$=-\int_{-2}^2 x^2\,dx+\int_{-2}^2 4\,dx=\frac{32}{3}$$

問6.2　次の曲線または直線によって囲まれる図形の面積を求めよ．

(1)　$y=x^2$ $(0 \leqq x \leqq 3)$，x 軸，$x=3$　　(2)　$y=x^2(x-2)$ $(0 \leqq x \leqq 2)$，x 軸

定積分と微分　定積分においては，積分変数としてどんな文字を用いてもかまわない．たとえば

$$\int_0^1 x^2\,dx=\Big[\ \frac{1}{3}x^3\ \Big]_0^1=\frac{1}{3},\quad \int_0^1 t^2\,dt=\Big[\ \frac{1}{3}t^3\ \Big]_0^1=\frac{1}{3}$$

である．いま，微分積分学の基本定理において，積分変数を t として，x を上端とする定積分を考えれば

$$\int_a^x f(t)\,dt=\Big[\ F(t)\ \Big]_a^x=F(x)-F(a)$$

となって，この定積分は x の関数である．これを x で微分すれば，

$$\frac{d}{dx}\int_a^x f(t)\,dt = (F(x) - F(a))' = F'(x) = f(x)$$

が成り立つ．したがって，定積分と微分の間には次のような関係がある．

6.3 定積分と微分

$$\frac{d}{dx}\int_a^x f(t)\,dt = f(x)$$

例 6.3 $\displaystyle \frac{d}{dx}\int_1^x e^{-t^2}\,dt = e^{-x^2}$

6.2 定積分の拡張とその性質

定積分の定義の拡張 これまで，定積分 $\displaystyle\int_a^b f(x)\,dx$ は $a < b$ の場合だけを考えてきた．ここで，任意の定数 a, b に対して，

$$\int_a^a f(x)\,dx = 0, \quad \int_a^b f(x)\,dx = -\int_b^a f(x)\,dx \tag{6.5}$$

と定める．このように定めると，$a \geqq b$ であっても，

$$\begin{aligned}\int_a^b f(x)\,dx &= -\int_b^a f(x)\,dx \\ &= -\Big[\ F(x)\ \Big]_b^a = -\{F(a) - F(b)\} = \Big[\ F(x)\ \Big]_a^b\end{aligned}$$

となって，定理 6.2 が成り立つ．

例 6.4 $\displaystyle\int_\pi^\pi \sin x\,dx = 0, \quad \int_2^1 x^2\,dx = \Big[\ \frac{1}{3}x^3\ \Big]_2^1 = \frac{1}{3}(1^3 - 2^3) = -\frac{7}{3}$

問 6.3 次の定積分を求めよ．

(1) $\displaystyle\int_2^2 x^2\,dx$ (2) $\displaystyle\int_1^{-1} e^{-x}\,dx$ (3) $\displaystyle\int_4^0 \sqrt{x}\,dx$

定積分の性質　微分積分学の基本定理によって，次の定積分の線形性を証明することができる．

6.4　定積分の線形性

(1) $\displaystyle\int_a^b kf(x)\,dx = k\int_a^b f(x)\,dx$　（k は定数）

(2) $\displaystyle\int_a^b \{f(x) \pm g(x)\}\,dx = \int_a^b f(x)\,dx \pm \int_a^b g(x)\,dx$　（複号同順）

証明　(1) のみを示す．$F(x)$ を $f(x)$ の原始関数とし，k を定数とすれば $\{kF(x)\}' = kF'(x) = f(x)$ であるから，次により (1) が成り立つ．

$$\int_a^b k\,f(x)\,dx = \Big[\ kF(x)\ \Big]_a^b$$

$$= kF(b) - kF(a) = k\Big[\ F(x)\ \Big]_a^b = k\int_a^b f(x)\,dx$$

証明終

例 6.5　定積分の線形性を用いれば，次のように計算することができる．

$$\int_1^3 (x^2 - 3x + 2)\,dx = \int_1^3 x^2\,dx - 3\int_1^3 x\,dx + 2\int_1^3 dx$$

$$= \left[\ \frac{1}{3}x^3\ \right]_1^3 - 3\left[\ \frac{1}{2}x^2\ \right]_1^3 + 2\Big[\ x\ \Big]_1^3$$

$$= \frac{1}{3}\left(3^3 - 1^3\right) - \frac{3}{2}\left(3^2 - 1^2\right) + 2(3-1) = \frac{2}{3}$$

問6.4　次の定積分を求めよ．

(1) $\displaystyle\int_2^5 (3x^2 - 4x + 1)\,dx$　　(2) $\displaystyle\int_0^\pi \left(\cos\frac{x}{2} - \sin 3x\right) dx$

(3) $\displaystyle\int_0^1 \left(x + \sqrt{x}\right)^2\,dx$　　(4) $\displaystyle\int_0^1 \left(e^{-x} + \frac{1}{x+1}\right) dx$

$F(x)$ を $f(x)$ の原始関数とすると，

$$\int_a^c f(x)\,dx + \int_c^b f(x)\,dx = \Big[\ F(x)\ \Big]_a^c + \Big[\ F(x)\ \Big]_c^b$$

$$= \{F(c) - F(a)\} + \{F(b) - F(c)\}$$

$$= F(b) - F(a) = \Big[\ F(x)\ \Big]_a^b = \int_a^b f(x)\,dx$$

となる．したがって，次の**定積分の加法性**が成り立つ．

6.5　定積分の加法性

任意の実数 a, b, c に対して，次の式が成り立つ．

$$\int_a^c f(x)\,dx + \int_c^b f(x)\,dx = \int_a^b f(x)\,dx$$

6.3　定積分の置換積分法

定積分の置換積分法　関数 $F(x)$ を $f(x)$ の原始関数とすると，不定積分の置換積分法によって

$$\int f(g(x))g'(x)\,dx = \int f(t)\,dt = F(t) + C = F(g(x)) + C$$

となる．ここで，

$$x = a \quad \text{のとき} \quad t = g(a) = \alpha$$
$$x = b \quad \text{のとき} \quad t = g(b) = \beta$$

x	$a \to b$
t	$\alpha \to \beta$

として α, β を定める．

$f(g(x))g'(x)$ を $x = a$ から $x = b$ まで積分すれば，

$$\int_a^b f(g(x))g'(x)dx = \Big[\ F(g(x))\ \Big]_a^b$$
$$= F(g(b)) - F(g(a)) = F(\beta) - F(\alpha) = \int_\alpha^\beta f(t)dt$$

となる．このようにして積分変数を置き換える方法を，**定積分の置換積分法**という．

6.6　定積分の置換積分法

$t = g(x)$ とおく．$g(a) = \alpha,\ g(b) = \beta$ のとき，次の式が成り立つ．

$$\int_a^b f(g(x))\,g'(x)\,dx = \int_\alpha^\beta f(t)\,dt$$

定積分の置換積分法では，変数の置き換えに伴って積分範囲が変わることに注意する．不定積分と同様に，$t = g(x)$ の微分は $dt = g'(x)dx$ であるから，定積分の置換積分法では $g'(x)dx$ を dt に置き換えた式になっている．

例題 6.1　**定積分の置換積分 I**

次の定積分を求めよ．

(1) $\displaystyle\int_0^1 \sqrt{3x+1}\,dx$　　(2) $\displaystyle\int_0^2 \frac{x}{\sqrt{x^2+1}}\,dx$　　(3) $\displaystyle\int_e^{e^3} \frac{1}{x\log x}\,dx$

解　(1)　$t = 3x+1$ とおくと，その微分は $dt = 3\,dx$ となる．また，

$$x = 0 \quad \text{のとき} \quad t = 3\cdot 0 + 1 = 1$$
$$x = 1 \quad \text{のとき} \quad t = 3\cdot 1 + 1 = 4$$

であるから，求める定積分は次のようになる．

$$\int_0^1 \sqrt{3x+1}\,dx = \int_0^1 \sqrt{3x+1}\cdot\frac{1}{3}\cdot 3\,dx$$
$$= \frac{1}{3}\int_1^4 \sqrt{t}\,dt = \frac{1}{3}\int_1^4 t^{\frac{1}{2}}\,dt = \frac{1}{3}\left[\,\frac{2}{3}t^{\frac{3}{2}}\,\right]_1^4 = \frac{14}{9}$$

(2)　$t = x^2+1$ とおくと $dt = 2x\,dx$ である．また，

$$x = 0 \quad \text{のとき} \quad t = 0^2 + 1 = 1$$
$$x = 2 \quad \text{のとき} \quad t = 2^2 + 1 = 5$$

であるから，求める定積分は次のようになる．

$$\int_0^2 \frac{x}{\sqrt{x^2+1}}\,dx = \int_0^2 \frac{1}{\sqrt{x^2+1}}\cdot\frac{1}{2}\cdot 2x\,dx$$
$$= \frac{1}{2}\int_1^5 \frac{1}{\sqrt{t}}\,dt = \frac{1}{2}\left[\,2\sqrt{t}\,\right]_1^5 = \sqrt{5} - 1$$

(3)　$t = \log x$ とおくと $dt = \dfrac{1}{x}\,dx$ である．また，

$$x = e \quad \text{のとき} \quad t = \log e = 1$$
$$x = e^3 \quad \text{のとき} \quad t = \log e^3 = 3$$

であるから，求める定積分は次のようになる．

$$\int_e^{e^3} \frac{1}{x\log x}\,dx = \int_e^{e^3} \frac{1}{\log x}\cdot\frac{1}{x}\,dx = \int_1^3 \frac{1}{t}\,dt = \left[\,\log|t|\,\right]_1^3 = \log 3$$

問6.5 次の定積分を求めよ．

(1) $\displaystyle\int_0^2 (2x-1)^3\,dx$ (2) $\displaystyle\int_1^4 e^{2-x}\,dx$ (3) $\displaystyle\int_0^{\frac{\pi}{2}} \sin^3 x\cos x\,dx$

(4) $\displaystyle\int_0^1 \frac{e^x}{e^x+1}\,dx$ (5) $\displaystyle\int_1^2 \frac{x^2}{x^3+1}\,dx$ (6) $\displaystyle\int_0^1 xe^{x^2}\,dx$

置換積分では，$x=g(t)$ のように，x を他の文字で置き換える場合もある．このとき，t が α から β まで変化するとき，x が a から b まで変化するならば，

$$\int_a^b f(x)\,dx = \int_\alpha^\beta f(g(t))\,g'(t)\,dt \tag{6.6}$$

が成り立つ．この式は x を $g(t)$，dx を x の微分 $g'(t)dt$ で置き換えたものである．

例題 6.2 定積分の置換積分 II

a が正の定数のとき，定積分 $\displaystyle\int_0^a \sqrt{a^2-x^2}\,dx$ の値を求めよ．

 $x=a\sin\theta\ \left(0 \leqq \theta \leqq \dfrac{\pi}{2}\right)$ とおくと

$x=0$ のとき　$\sin\theta=0$ であるから $\theta=0$

$x=a$ のとき　$\sin\theta=1$ であるから $\theta=\dfrac{\pi}{2}$

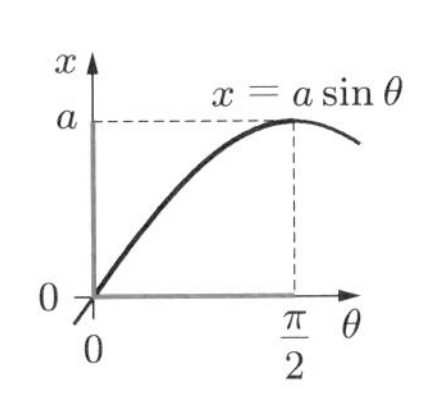

となる．また，$0 \leqq \theta \leqq \dfrac{\pi}{2}$ では $\cos\theta \geqq 0$ であるから，

$$\sqrt{a^2-x^2} = \sqrt{a^2(1-\sin^2\theta)} = \sqrt{a^2\cos^2\theta} = a\cos\theta$$

である．さらに，$dx=a\cos\theta\,d\theta$ であるから，求める定積分は次のようになる．

$$\begin{aligned}\int_0^a \sqrt{a^2-x^2}\,dx &= \int_0^{\frac{\pi}{2}} a\cos\theta\cdot a\cos\theta\,d\theta\\ &= a^2\int_0^{\frac{\pi}{2}} \cos^2\theta\,d\theta\\ &= a^2\int_0^{\frac{\pi}{2}} \frac{1+\cos 2\theta}{2}\,d\theta \quad \left[\text{半角の公式}\ \cos^2\theta=\frac{1+\cos 2\theta}{2}\right]\\ &= \frac{a^2}{2}\left[\,\theta+\frac{1}{2}\sin 2\theta\,\right]_0^{\frac{\pi}{2}} = \frac{\pi a^2}{4}\end{aligned}$$

[note]　$y=\sqrt{a^2-x^2}$ の両辺を2乗して整理すると，$x^2+y^2=a^2$ となる．よって，曲線 $y=\sqrt{a^2-x^2}$ は，原点を中心とする半径 a の円の $y \geqq 0$ の部分である．したがって，定積分 $\displaystyle\int_0^a \sqrt{a^2-x^2}\,dx$ の値は，半径 a の円の面積 $(=\pi a^2)$ の $\dfrac{1}{4}$ を表している．

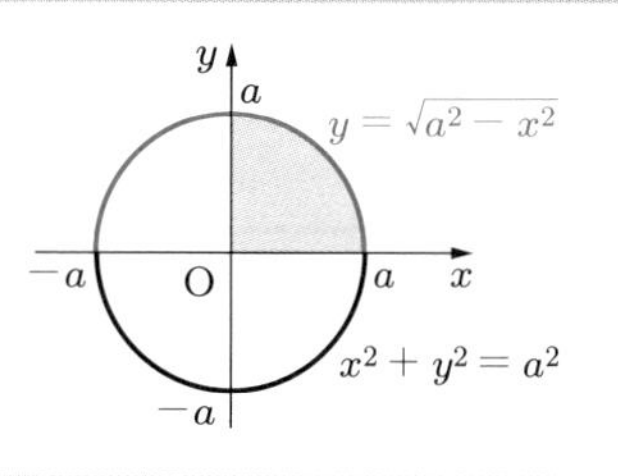

問6.6　a を正の定数とする．$x=a\sin\theta$ と置換することによって，次の定積分を求めよ．

(1) $\displaystyle\int_{-a}^{a} \sqrt{a^2-x^2}\,dx$　　(2) $\displaystyle\int_0^{\frac{a}{2}} \frac{1}{\sqrt{a^2-x^2}}\,dx$

6.4 定積分の部分積分法

定積分の部分積分法　関数の積 $f(x)g(x)$ の導関数の公式（定理3.7）は，

$$\{f(x)g(x)\}' = f'(x)g(x) + f(x)g'(x)$$

である．この両辺を $x=a$ から $x=b$ まで積分すると，

$$\int_a^b \{f(x)g(x)\}'\,dx = \int_a^b f'(x)g(x)\,dx + \int_a^b f(x)g'(x)\,dx \qquad \cdots\cdots ①$$

となる．この等式の左辺は

$$\int_a^b \{f(x)g(x)\}'\,dx = \Big[\ f(x)g(x)\ \Big]_a^b$$

であるから，①を第2項について解くと，次の**定積分の部分積分法**が得られる．

6.7　定積分の部分積分法

$$\int_a^b f(x)g'(x)\,dx = \Big[\ f(x)g(x)\ \Big]_a^b - \int_a^b f'(x)g(x)\,dx$$

例題 6.3　定積分の部分積分 I

定積分 $\displaystyle\int_0^{\frac{\pi}{2}} x\sin 2x\,dx$ の値を求めよ．

解 $\left(-\frac{1}{2}\cos 2x\right)' = \sin 2x$ であるから，次のように計算することができる．

$$\begin{aligned}\int_0^{\frac{\pi}{2}} x\sin 2x\,dx &= \int_0^{\frac{\pi}{2}} x\left(-\frac{1}{2}\cos 2x\right)'\,dx \\ &= \left[\, x\cdot\left(-\frac{1}{2}\cos 2x\right)\,\right]_0^{\frac{\pi}{2}} - \int_0^{\frac{\pi}{2}} (x)'\cdot\left(-\frac{1}{2}\cos 2x\right)\,dx \\ &= -\frac{\pi}{4}\cos\pi + \frac{1}{2}\int_0^{\frac{\pi}{2}} \cos 2x\,dx \\ &= \frac{\pi}{4} + \frac{1}{2}\left[\,\frac{1}{2}\sin 2x\,\right]_0^{\frac{\pi}{2}} = \frac{\pi}{4}\end{aligned}$$

問6.7 次の定積分を求めよ．

(1) $\displaystyle\int_0^1 xe^{-x}\,dx$　　(2) $\displaystyle\int_0^{\frac{\pi}{6}} x\cos 3x\,dx$

例題 6.4 定積分の部分積分 II

定積分 $\displaystyle\int_1^e \log x\,dx$ の値を求めよ．

解 $\log x = 1\cdot\log x = (x)'\cdot\log x$ であるから，次のように計算することができる．

$$\begin{aligned}\int_1^e \log x\,dx &= \int_1^e 1\cdot\log x\,dx \\ &= \int_1^e (x)'\log x\,dx \\ &= \left[\,x\log x\,\right]_1^e - \int_1^e x\cdot(\log x)'\,dx \\ &= \left[\,x\log x\,\right]_1^e - \int_1^e x\cdot\frac{1}{x}\,dx \\ &= (e\log e - 1\cdot\log 1) - \int_1^e dx = e - \left[\,x\,\right]_1^e = 1\end{aligned}$$

問6.8 次の定積分を求めよ．

(1) $\displaystyle\int_1^e x\log x\,dx$　　(2) $\displaystyle\int_e^{e^3} x^2\log x\,dx$

6.5 いろいろな関数の定積分

偶関数・奇関数の定積分　偶関数と奇関数に対して，$x = -a$ から $x = a$ までの定積分を考える．定積分の加法性により，任意の定数 a に対して，

$$\int_{-a}^{a} f(x)\,dx = \int_{-a}^{0} f(x)\,dx + \int_{0}^{a} f(x)\,dx \tag{6.7}$$

が成り立つ．ここで，右辺の第1項を計算する．

(1)　関数 $f(x)$ が偶関数のとき，$f(-x) = f(x)$ である．右辺の第1項で $t = -x$ とおくと $dt = -dx$ であり，x が $-a$ から 0 まで変化すると，t は a から 0 まで変化する．定積分は積分変数によらないから，

$$\int_{-a}^{0} f(x)\,dx = \int_{a}^{0} f(-t)\,(-dt) = \int_{0}^{a} f(t)\,dt = \int_{0}^{a} f(x)\,dx$$

となる．よって，

$$\int_{-a}^{a} f(x)\,dx = \int_{0}^{a} f(x)dx + \int_{0}^{a} f(x)dx = 2\int_{0}^{a} f(x)\,dx$$

が成り立つ．

(2)　関数 $f(x)$ が奇関数のとき，$f(-x) = -f(x)$ が成り立つ．このとき，$t = -x$ とおくと $dt = -dx$ だから，(1) と同様にすると

$$\int_{-a}^{0} f(x)\,dx = -\int_{0}^{a} f(x)\,dx \quad \text{よって} \quad \int_{-a}^{a} f(x)\,dx = 0$$

が成り立つ．したがって，$x = -a$ から $x = a$ までの定積分に関して，次のことが成り立つ．

6.8　偶関数・奇関数の定積分

(1)　$f(x)$ が偶関数のとき，　$\displaystyle\int_{-a}^{a} f(x)\,dx = 2\int_{0}^{a} f(x)\,dx$

(2)　$f(x)$ が奇関数のとき，　$\displaystyle\int_{-a}^{a} f(x)\,dx = 0$

[note]　偶関数 $y=f(x)$ のグラフは y 軸について対称であり，定理 6.8 の (1) は，グラフと x 軸，$x=-a$, $x=a$ が囲む図形の，y 軸の両側の積分値が等しいことを表している．また，奇関数 $y=f(x)$ のグラフは原点について対称であり，(2) は y 軸の両側の積分値の符号が異なっていて，全体の積分値は両者が相殺されて 0 になることを表している．

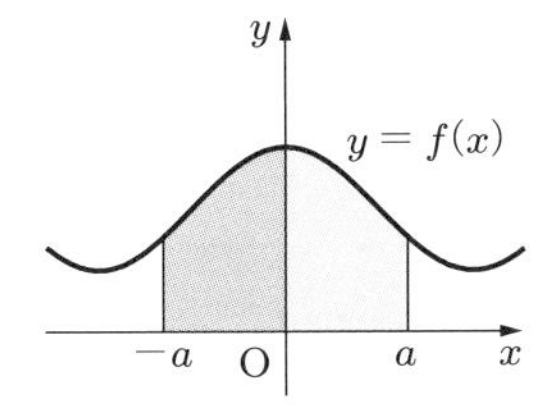

(図 1)　$f(x)$ が偶関数の場合

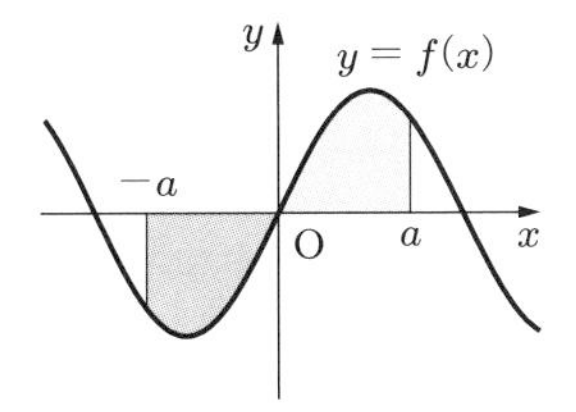

(図 2)　$f(x)$ が奇関数の場合

例 6.6　(1)　$1, x^2$ は偶関数，x, x^3 は奇関数であるから，次が得られる．

$$\begin{aligned}\int_{-2}^{2}(1-x-x^2+x^3)\,dx &= \int_{-2}^{2}dx-\int_{-2}^{2}x\,dx-\int_{-2}^{2}x^2\,dx+\int_{-2}^{2}x^3\,dx\\ &= 2\int_{0}^{2}dx-2\int_{0}^{2}x^2\,dx\\ &= 2\Big[\,x\,\Big]_0^2-2\Big[\,\frac{1}{3}x^3\,\Big]_0^2=-\frac{4}{3}\end{aligned}$$

(2)　$f(x)=\dfrac{4x}{x^2+1}$ とすると，$f(-x)=\dfrac{4(-x)}{(-x)^2+1}=-\dfrac{4x}{x^2+1}=-f(x)$ となる．よって，$f(x)$ は奇関数であるから，次が得られる．

$$\int_{-a}^{a}\frac{4x}{x^2+1}\,dx=0$$

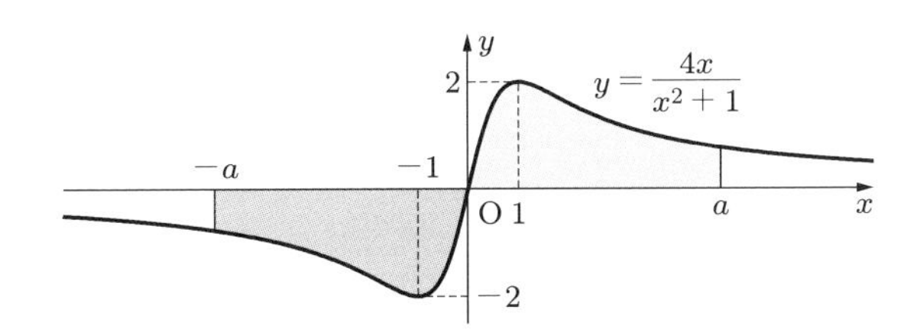

問 6.9　次の定積分を求めよ．

(1)　$\displaystyle\int_{-1}^{1}(x^5-6x^3+6x^2-7x+3)\,dx$　(2)　$\displaystyle\int_{-\frac{\pi}{4}}^{\frac{\pi}{4}}(\cos x+\sin^3 x)\,dx$

(3)　$\displaystyle\int_{-1}^{1}\frac{x^3}{x^4+1}\,dx$　(4)　$\displaystyle\int_{-\pi}^{\pi}\sin^2 x\,dx$

$\sin^n x$, $\cos^n x$ の定積分　　0 以上の整数 n に対して，$I_n = \displaystyle\int_0^{\frac{\pi}{2}} \sin^n x\,dx$ とおき，これを求める．$n \geqq 2$ のとき，

$$\sin^n x = \sin^{n-1} x \cdot \sin x = \sin^{n-1} x \cdot (-\cos x)',$$
$$\left(\sin^{n-1} x\right)' = (n-1)\sin^{n-2} x \cos x$$

が成り立つ．これを用いて部分積分を行うと，

$$\begin{aligned}
I_n &= \int_0^{\frac{\pi}{2}} \sin^{n-1} x \cdot \sin x\,dx \\
&= \int_0^{\frac{\pi}{2}} \sin^{n-1} x \cdot (-\cos x)'\,dx \\
&= \Big[\ \sin^{n-1} x \cdot (-\cos x)\ \Big]_0^{\frac{\pi}{2}} - \int_0^{\frac{\pi}{2}} (n-1)\sin^{n-2} x \cdot \cos x \cdot (-\cos x)\,dx \\
&= (n-1)\int_0^{\frac{\pi}{2}} \sin^{n-2} x \cos^2 x\,dx \\
&= (n-1)\int_0^{\frac{\pi}{2}} \sin^{n-2} x(1-\sin^2 x)\,dx \\
&= (n-1)\int_0^{\frac{\pi}{2}} \sin^{n-2} x\,dx - (n-1)\int_0^{\frac{\pi}{2}} \sin^n x\,dx \\
&= (n-1)I_{n-2} - (n-1)I_n
\end{aligned}$$

となる．$-(n-1)I_n$ を移項すると，$n \geqq 2$ を満たす任意の整数 n に対して

$$nI_n = (n-1)I_{n-2} \quad \text{よって} \quad I_n = \frac{n-1}{n}I_{n-2} \tag{6.8}$$

が成り立つ．ここで，$n = 0, 1$ のときは，

$$I_0 = \int_0^{\frac{\pi}{2}} (\sin x)^0\,dx = \int_0^{\frac{\pi}{2}} dx = \Big[\ x\ \Big]_0^{\frac{\pi}{2}} = \frac{\pi}{2},$$
$$I_1 = \int_0^{\frac{\pi}{2}} \sin x\,dx = \Big[\ -\cos x\ \Big]_0^{\frac{\pi}{2}} = 1$$

である．したがって，$n = 2$ から 7 のときは，それぞれ，

$$I_2 = \frac{1}{2}I_0 = \frac{1}{2}\cdot\frac{\pi}{2}, \qquad I_3 = \frac{2}{3}I_1 = \frac{2}{3}\cdot 1,$$
$$I_4 = \frac{3}{4}I_2 = \frac{3}{4}\cdot\frac{1}{2}\cdot\frac{\pi}{2}, \qquad I_5 = \frac{4}{5}I_3 = \frac{4}{5}\cdot\frac{2}{3}\cdot 1,$$
$$I_6 = \frac{5}{6}I_4 = \frac{5}{6}\cdot\frac{3}{4}\cdot\frac{1}{2}\cdot\frac{\pi}{2}, \qquad I_7 = \frac{6}{7}I_5 = \frac{6}{7}\cdot\frac{4}{5}\cdot\frac{2}{3}\cdot 1$$

となる．一般に，n が自然数のとき，次が成り立つ．

$$I_n = \begin{cases} \dfrac{n-1}{n}\cdot\dfrac{n-3}{n-2}\cdot\cdots\cdot\dfrac{1}{2}\cdot\dfrac{\pi}{2} & (n \text{ が偶数}) \\ \dfrac{n-1}{n}\cdot\dfrac{n-3}{n-2}\cdot\cdots\cdot\dfrac{2}{3}\cdot 1 & (n \text{ が奇数}) \end{cases}$$

また，$\cos x = \sin\left(\dfrac{\pi}{2} - x\right)$ であるから，$t = \dfrac{\pi}{2} - x$ とおくことによって，

$$\int_0^{\frac{\pi}{2}} \cos^n x\,dx = \int_0^{\frac{\pi}{2}} \sin^n\left(\frac{\pi}{2} - x\right)dx$$
$$= \int_{\frac{\pi}{2}}^{0} \sin^n t(-dt) = \int_0^{\frac{\pi}{2}} \sin^n x\,dx$$

である．したがって，次の公式が得られる．

6.9　$\sin^n x$, $\cos^n x$ の定積分

$$\int_0^{\frac{\pi}{2}} \sin^n x\,dx = \int_0^{\frac{\pi}{2}} \cos^n x\,dx$$
$$= \begin{cases} \dfrac{n-1}{n}\cdot\dfrac{n-3}{n-2}\cdot\cdots\cdot\dfrac{1}{2}\cdot\dfrac{\pi}{2} & (n \text{ が偶数}) \\ \dfrac{n-1}{n}\cdot\dfrac{n-3}{n-2}\cdot\cdots\cdot\dfrac{2}{3}\cdot 1 & (n \text{ が奇数}) \end{cases}$$

例 6.7　(1)　$\displaystyle\int_0^{\frac{\pi}{2}} \sin^6 x\,dx = \frac{5}{6}\cdot\frac{3}{4}\cdot\frac{1}{2}\cdot\frac{\pi}{2} = \frac{5\pi}{32}$

(2)　$\displaystyle\int_0^{\frac{\pi}{2}} \cos^7 x\,dx = \frac{6}{7}\cdot\frac{4}{5}\cdot\frac{2}{3}\cdot 1 = \frac{16}{35}$

例題 6.5　$\sin^n x$ の定積分

$\displaystyle\int_0^{\pi} \sin^4 x\,dx$ の値を求めよ．

解　$0 \leqq x \leqq \pi$ では $\sin x \geqq 0$ であり，$y = \sin x$ のグラフは直線 $x = \dfrac{\pi}{2}$ について対称であるから，$y = \sin^4 x$ のグラフも直線 $x = \dfrac{\pi}{2}$ について対称である．したがって，求める定積分は次のように計算することができる．

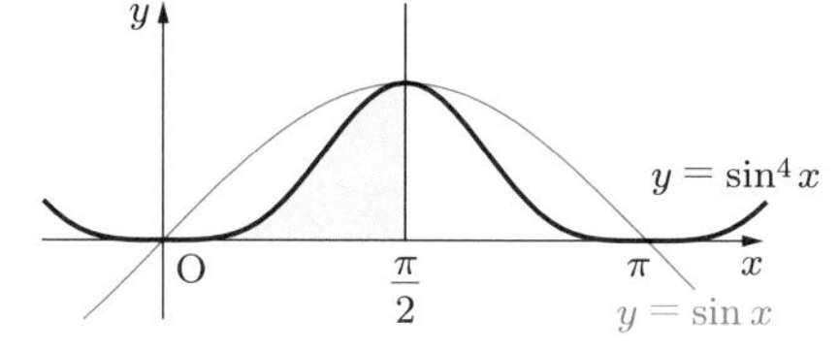

$$\int_0^{\pi} \sin^4 x\,dx = 2\int_0^{\frac{\pi}{2}} \sin^4 x\,dx$$
$$= 2 \cdot \frac{3}{4} \cdot \frac{1}{2} \cdot \frac{\pi}{2} = \frac{3\pi}{8}$$

[note]　$\displaystyle\int_0^{\frac{\pi}{2}} \cos^n x\,dx = \int_0^{\frac{\pi}{2}} \sin^n x\,dx$ であることは，$y = \cos^n x$, $y = \sin^n x$ のグラフからも確認することができる．n が偶数のときには図の青色の部分，奇数のときには灰色の部分の面積がそれぞれ等しい．

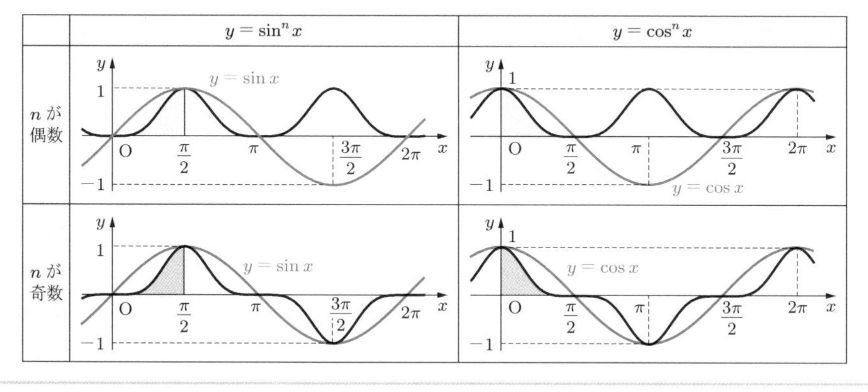

問6.10　次の定積分を求めよ．

(1)　$\displaystyle\int_0^{\frac{\pi}{2}} \sin^8 x\,dx$　　(2)　$\displaystyle\int_0^{\frac{\pi}{2}} \cos^9 x\,dx$

(3)　$\displaystyle\int_0^{\pi} \sin^5 x\,dx$　　(4)　$\displaystyle\int_{-\frac{\pi}{2}}^{\frac{\pi}{2}} \cos^3 x\,dx$

練習問題 6

[1] 次の定積分を求めよ．

(1) $\displaystyle\int_0^1 (\sqrt{x}+1)^2\,dx$　(2) $\displaystyle\int_1^2 \frac{x^2+1}{x}\,dx$　(3) $\displaystyle\int_0^2 e^{2x-1}\,dx$

[2] 次の定積分を求めよ．

(1) $\displaystyle\int_0^{\sqrt{3}} 3x\sqrt{x^2+1}\,dx$　(2) $\displaystyle\int_0^{\frac{\pi}{2}} \frac{\cos x}{1+\sin x}\,dx$　(3) $\displaystyle\int_1^e \frac{(\log x)^4}{x}\,dx$

[3] 次の定積分を求めよ．

(1) $\displaystyle\int_0^1 xe^{2x-1}\,dx$　(2) $\displaystyle\int_0^{\pi} 3x\sin 2x\,dx$　(3) $\displaystyle\int_1^e x^3\log x\,dx$

(4) $\displaystyle\int_0^1 x^2 e^x\,dx$　(5) $\displaystyle\int_0^{\frac{\pi}{2}} e^x\sin x\,dx$　(6) $\displaystyle\int_0^{\sqrt{3}} \tan^{-1} x\,dx$

[4] 次の曲線や直線によって囲まれた図形の面積を求めよ．

(1) 放物線 $y=8+2x-x^2$ と x 軸

(2) 曲線 $y=\log x$ と x 軸および直線 $x=e$

(3) 曲線 $y=\begin{cases} -(x-1)^2+4 & (x \geqq 0) \\ -(x+1)^2+4 & (x<0) \end{cases}$ と x 軸

(4) 曲線 $y=x(x+2)(x-2)$ と x 軸

[5] $x=2\tan\theta \left(-\dfrac{\pi}{2}<\theta<\dfrac{\pi}{2}\right)$ と置換することによって，定積分 $\displaystyle\int_0^2 \frac{1}{\left(4+x^2\right)^2}\,dx$ を求めよ．

[6] 次の定積分を求めよ．

(1) $\displaystyle\int_0^{2\pi} \sin x\,dx$　(2) $\displaystyle\int_0^{\pi} \cos^4 x\,dx$

(3) $\displaystyle\int_0^{\frac{3\pi}{2}} \cos^5 x\,dx$　(4) $\displaystyle\int_0^{2\pi} \sin^4 x\cos^2 x\,dx$

7 定積分の応用

7.1 面積

曲線によって囲まれる図形の面積　関数 $f(x)$, $g(x)$ は区間 $[a, b]$ において連続で，つねに $f(x) \geqq g(x)$ であるとする．このとき，2 曲線 $y = f(x)$, $y = g(x)$ と 2 直線 $x = a$, $x = b$ とで囲まれる図形の面積 S を求める（図 1）．

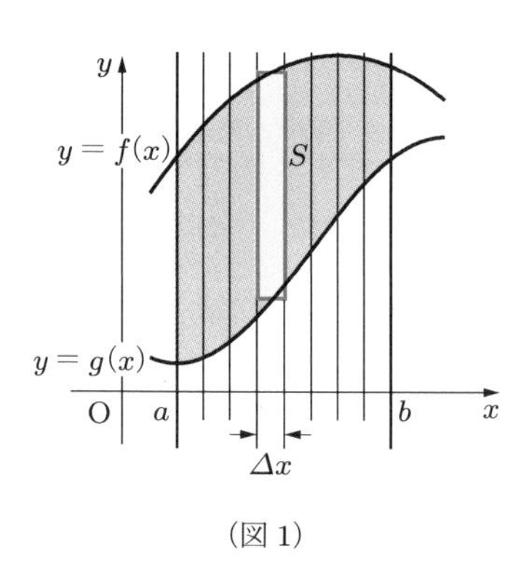

（図 1）

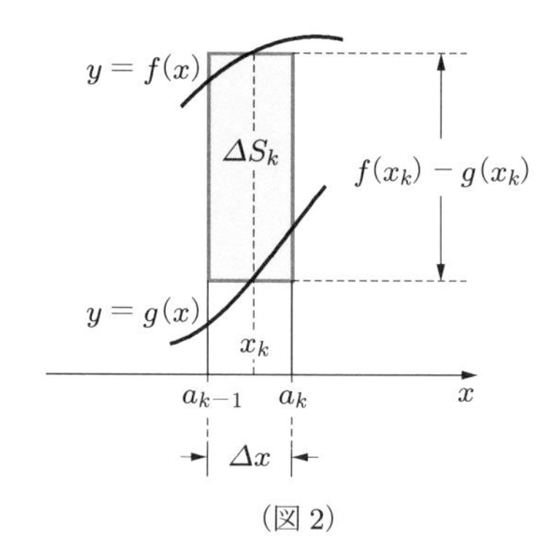

（図 2）

6.1 節と同様に，区分求積法を利用する．区間 $[a, b]$ を n 等分した点 a_k と分割された小区間の幅 Δx を，それぞれ

$$a = a_0 < a_1 < a_2 < \cdots < a_n = b, \quad \Delta x = \frac{b-a}{n}$$

とする．k 番目の小区間 $[a_{k-1}, a_k]$ に含まれる任意の点を x_k とし，

$$\Delta S_k = \{f(x_k) - g(x_k)\}\,\Delta x$$

とすると，ΔS_k は図 2 に示した長方形の面積である．この長方形の面積の総和の $n \to \infty$ としたときの極限値が求める面積 S である．したがって，

$$S = \lim_{n\to\infty} \sum_{k=1}^{n} \{f(x_k) - g(x_k)\}\,\Delta x \tag{7.1}$$

である．右辺は関数 $f(x) - g(x)$ の $x = a$ から $x = b$ までの定積分であるから［→定義 6.1］，次のことが成り立つ．

7.1　曲線によって囲まれる図形の面積

区間 $[a,b]$ でつねに $f(x) \geqq g(x)$ であるとき，2 曲線 $y=f(x)$, $y=g(x)$ と 2 直線 $x=a$, $x=b$ とで囲まれた図形の面積を S とすると，S は次のようになる．

$$S=\int_a^b \{f(x)-g(x)\}\,dx$$

例題 7.1　曲線によって囲まれる図形の面積

次の曲線や直線によって囲まれる図形の面積を求めよ．

(1)　曲線 $y=2\sqrt{x+1}$ と直線 $y=x+1$

(2)　曲線 $y=\sin x$, $y=\cos x$ $(0 \leqq x \leqq \pi)$ および 2 直線 $x=0$, $x=\pi$

解　(1)　2 つの曲線の交点の x 座標は，方程式

$$2\sqrt{x+1}=x+1$$

の解 $x=-1, 3$ である．$-1 \leqq x \leqq 3$ では $2\sqrt{x+1} \geqq x+1$ であるから，求める面積 S は次のようになる．

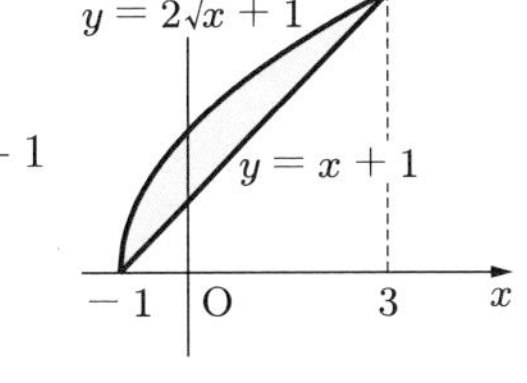

$$\begin{aligned} S &= \int_{-1}^{3} \left\{2\sqrt{x+1}-(x+1)\right\}\,dx \\ &= \left[\ 2\cdot\frac{2}{3}(x+1)^{\frac{3}{2}}-\left(\frac{1}{2}x^2+x\right)\ \right]_{-1}^{3}=\frac{8}{3} \end{aligned}$$

(2)　2 つの曲線 $y=\sin x$, $y=\cos x$ は，$x=\dfrac{\pi}{4}$ で交わり，

$$0 \leqq x \leqq \frac{\pi}{4} \quad \text{のとき} \quad \cos x \geqq \sin x$$

$$\frac{\pi}{4} \leqq x \leqq \pi \quad \text{のとき} \quad \sin x \geqq \cos x$$

である．したがって，求める面積 S は次のようになる．

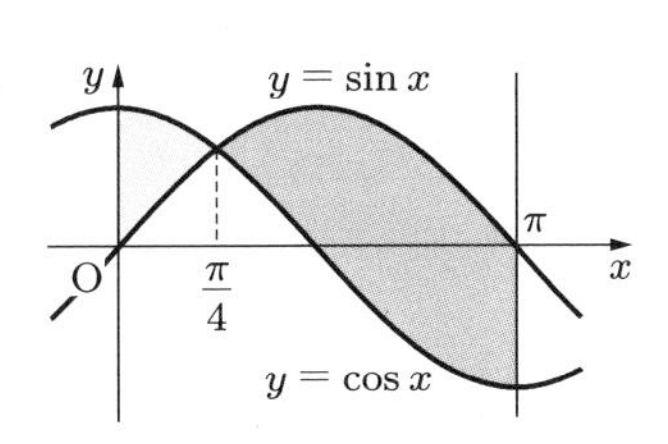

$$\begin{aligned} S &= \int_0^{\frac{\pi}{4}} (\cos x-\sin x)\,dx+\int_{\frac{\pi}{4}}^{\pi} (\sin x-\cos x)\,dx \\ &= \left[\ \sin x+\cos x\ \right]_0^{\frac{\pi}{4}}+\left[\ -\cos x-\sin x\ \right]_{\frac{\pi}{4}}^{\pi}=2\sqrt{2} \end{aligned}$$

問7.1　次の曲線や直線によって囲まれる図形の面積を求めよ.

(1)　曲線 $y=e^x$, $y=e^{-x}$ および直線 $x=1$

(2)　放物線 $y=x^2$ および直線 $y=-x+2$

(3)　曲線 $y=x^3$ および直線 $y=x$

7.2 体積

立体の体積　立体の体積を求める場合も, 区分求積法が利用できる.

下図のような立体があり, 点 x で x 軸に垂直な平面で切断したときの断面積が, 区間 $[a,b]$ において連続な関数 $S(x)$ で表されているとする. この立体の $x=a$ から $x=b$ の間の部分の体積 V を求める.

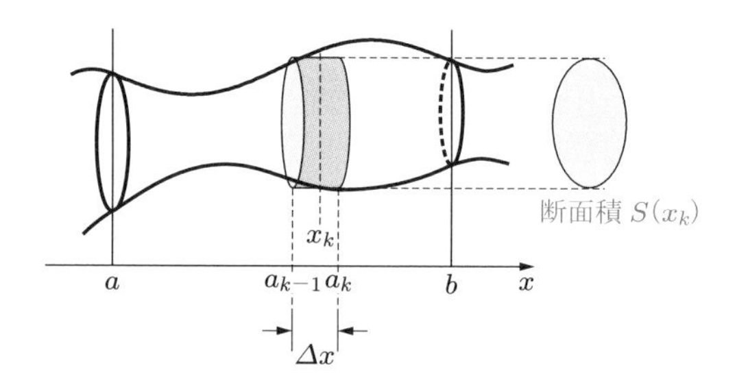

区間 $[a,b]$ を n 等分した点 a_k と分割された小区間の幅 Δx を, それぞれ

$$a=a_0<a_1<a_2<\cdots<a_n=b, \quad \Delta x=\frac{b-a}{n}$$

とする. k 番目の小区間 $[a_{k-1},a_k]$ に含まれる任意の点を x_k とし,

$$\Delta V_k=S(x_k)\,\Delta x$$

とすると, ΔV_k は底面積 $S(x_k)$, 高さ Δx の柱体の体積である. この体積の総和の, $n\to\infty$ としたときの極限値が求める体積 V である. したがって,

$$V=\lim_{n\to\infty}\sum_{k=1}^{n}S(x_k)\,\Delta x \tag{7.2}$$

である. 右辺は関数 $S(x)$ の $x=a$ から $x=b$ までの定積分であるから, 次のことが成り立つ.

7.2 立体の体積

立体を x 軸に垂直な平面で切断したときの断面積を $S(x)$ とする．この立体の，$x=a$ から $x=b$ $(a<b)$ の間にある部分の体積 V は，次のようになる．

$$V=\int_a^b S(x)\,dx$$

例題 7.2 立体の体積

ある立体の底面は線分 AB を直径とする半径 a の円で，AB に垂直な平面で立体を切断したときの断面はつねに正三角形である．この立体の体積 V を求めよ．

解 底面をおく平面上で点 A, B を $A(-a,0)$, $B(a,0)$ となるように座標軸をとる．図のように，x 軸上の点 x において，x 軸に垂直な平面で立体を切ったときの断面（青色の部分）は，1 辺の長さ $2\sqrt{a^2-x^2}$ の正三角形となる．この正三角形の高さは $\sqrt{3}\sqrt{a^2-x^2}$ であるから，断面積 $S(x)$ は

$$S(x)=\frac{1}{2}\cdot 2\sqrt{a^2-x^2}\cdot\sqrt{3}\sqrt{a^2-x^2}=\sqrt{3}\left(a^2-x^2\right)$$

となる．$S(x)$ は偶関数であるから，求める立体の体積 V は，次のようになる．

$$\begin{aligned} V&=\int_{-a}^{a} S(x)\,dx \\ &=2\int_0^a \sqrt{3}\,(a^2-x^2)\,dx=2\sqrt{3}\Big[\,a^2x-\frac{1}{3}x^3\,\Big]_0^a=\frac{4}{3}\sqrt{3}\,a^3 \end{aligned}$$

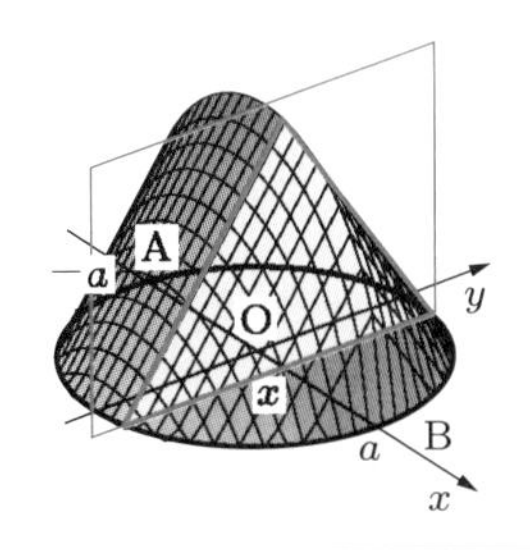

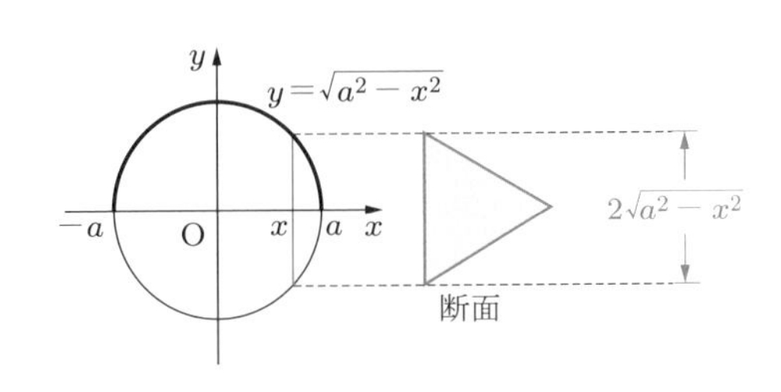

問7.2 ある容器に深さ x [m] まで水を入れたときの水面は，つねに 1 辺の長さが $\sin x$ [m] の正方形になる．この容器に，深さ $\dfrac{\pi}{2}$ [m] まで水を入れたときの水の体積を求めよ．

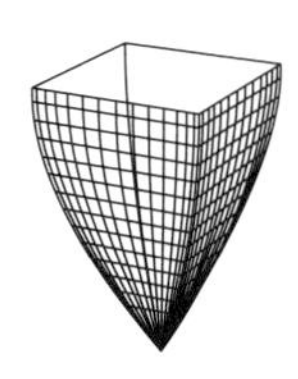

回転体の体積　曲線 $y = f(x)$ $(a \leqq x \leqq b)$ と x 軸および2直線 $x = a$, $x = b$ で囲まれた図形を，x 軸のまわりに回転してできる回転体の体積を求める．

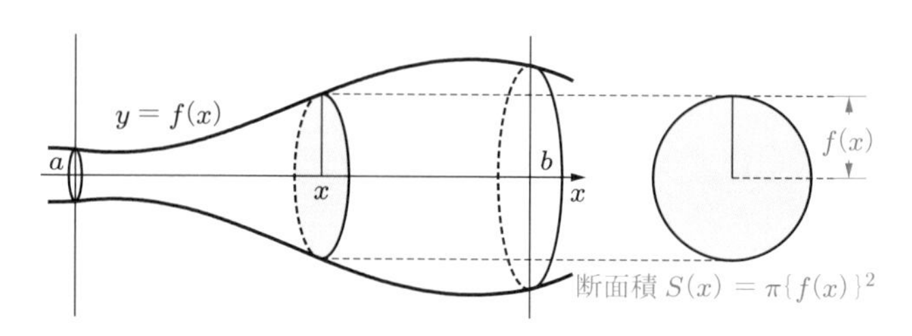

この回転体を，点 $(x, 0)$ を通り x 軸に垂直な平面で切ったときの断面は，半径が $f(x)$ の円であるから，その断面積は $S(x) = \pi\{f(x)\}^2$ である．したがって，この回転体の体積は次のようになる．

7.3　回転体の体積

曲線 $y = f(x)$ $(a \leqq x \leqq b)$ と x 軸および2直線 $x = a$, $x = b$ で囲まれた図形を，x 軸のまわりに回転してできる回転体の体積 V は，次のようになる．

$$V = \pi \int_a^b y^2\,dx = \pi \int_a^b \{f(x)\}^2\,dx$$

例題 7.3　**回転体の体積**

$a > 0$, $b > 0$ とするとき，楕円 $\dfrac{x^2}{a^2} + \dfrac{y^2}{b^2} = 1$ を x 軸のまわりに回転してできる回転体の体積を求めよ．

解　楕円の方程式は $y^2 = \dfrac{b^2}{a^2}(a^2 - x^2)$ と書き直すことができる．したがって，求める立体の体積 V は次のようになる．

$$\begin{aligned}
V &= \pi \int_{-a}^{a} y^2\,dx \\
&= 2\pi \int_0^a y^2\,dx \quad \text{[図形の対称性]} \\
&= 2\pi \int_0^a \frac{b^2}{a^2}(a^2 - x^2)\,dx \\
&= 2\pi \frac{b^2}{a^2} \int_0^a (a^2 - x^2)\,dx = \frac{4}{3}\pi ab^2
\end{aligned}$$

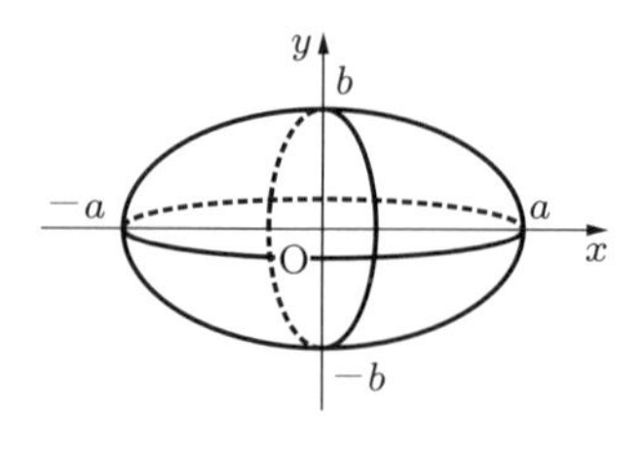

[note] 例題 7.3 で $a=b$ のとき，この回転体は原点を中心とする球になる．したがって，半径 a の球の体積は $\dfrac{4\pi a^3}{3}$ である．

問7.3 次の曲線や直線で囲まれた図形を x 軸のまわりに回転してできる回転体の体積を求めよ．

(1) 曲線 $y=\sqrt{x}$，直線 $x=4$ および x 軸

(2) 曲線 $y=\cos x \left(-\dfrac{\pi}{2} \leqq x \leqq \dfrac{\pi}{2}\right)$ および x 軸

(3) 曲線 $y=e^x$，直線 $x=1$ および x 軸，y 軸

7.3 位置と速度

位置と速度 数直線上を運動する点 P があり，時刻 t における点 P の位置を $x(t)$，速度を $v(t)$，加速度を $\alpha(t)$ とする．このとき，速度は位置の導関数として，また，加速度は速度の導関数として，それぞれ

$$v(t)=\frac{dx}{dt}, \quad \alpha(t)=\frac{dv}{dt}=\frac{d^2x}{dt^2}$$

と表される［→定理 4.8］．積分変数を s として，それぞれを 0 から t まで積分すれば，

$$\int_0^t v(s)\,ds=\int_0^t \frac{dx}{ds}\,ds=\Big[\,x(s)\,\Big]_0^t=x(t)-x(0),$$

$$\int_0^t \alpha(s)\,ds=\int_0^t \frac{dv}{ds}\,ds=\Big[\,v(s)\,\Big]_0^t=v(t)-v(0)$$

となって，速度から位置が，加速度から速度が求められる．

7.4 位置と速度

数直線上を運動している点 P の時刻 t における位置を $x(t)$，速度を $v(t)$，加速度を $\alpha(t)$ とすれば，次の式が成り立つ．

$$x(t)=x(0)+\int_0^t v(s)\,ds, \quad v(t)=v(0)+\int_0^t \alpha(s)\,ds$$

例題 7.4　数直線上の点の運動

数直線上を運動する点の時刻 t [s] における加速度が $\alpha(t) = 1 - t$ [m/s^2] で表されているとき，次の問いに答えよ．

(1)　時刻 t における速度 $v(t)$ [m/s] を求めよ．ただし，$v(0) = 0$ とする．

(2)　時刻 t における位置 $x(t)$ [m] を求めよ．ただし，$x(0) = 1$ とする．

(3)　最初に向きを変える時刻 t，および，そのときの点の位置を求めよ．

解　(1)　$v(t) = v(0) + \displaystyle\int_0^t \alpha(s)\,ds = 0 + \int_0^t (1 - s)\,ds = t - \frac{t^2}{2}$ [m/s]

(2)　$x(t) = x(0) + \displaystyle\int_0^t v(s)\,ds = 1 + \int_0^t \left(s - \frac{s^2}{2}\right) ds = 1 + \frac{t^2}{2} - \frac{t^3}{6}$ [m]

(3)　向きを変える可能性があるのは $v(t) = 0$ となるときである．$v(t) = t - \dfrac{t^2}{2} = 0$ の解は $t = 0, 2$ であり，$0 < t < 2$ のとき $v(t) > 0$，$t > 2$ のとき $v(t) < 0$ であるから，最初に向きを変えるのは $t = 2$ [s] のときである．そのときの位置は，$x(2) = 1 + \dfrac{4}{2} - \dfrac{8}{6} = \dfrac{5}{3}$ [m] である．

問 7.4　高さ 24.5 m の地点から，初速度 19.6 m/s で真上に投げられたボールについて，次の問いに答えよ．ただし，ボールの加速度は $\alpha(t) = -9.8$ [m/s^2] であるとする．

(1)　t 秒後のボールの速度 $v(t)$ [m/s] を求めよ．

(2)　t 秒後のボールの高さ $x(t)$ [m] を求めよ．

(3)　このボールは投げられてから何秒後に最高点に達するか．また，最高点の高さを求めよ．

(4)　このボールは投げられてから何秒後に地面に落下するか．

7.4 媒介変数表示と積分法

媒介変数表示された曲線と面積　関数 $\varphi(x)$ が $a \leqq x \leqq b$ で連続で $\varphi(x) \geqq 0$ であるとき，曲線 $y = \varphi(x)$ と x 軸，および 2 直線 $x = a$, $x = b$ で囲まれた図形の面積 S は，

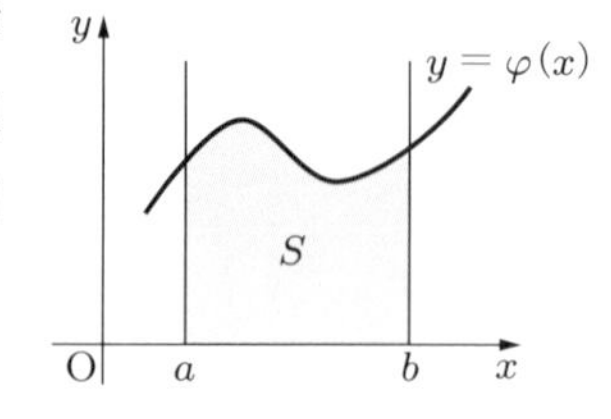

$$S = \int_a^b y\,dx = \int_a^b \varphi(x)dx \qquad (7.3)$$

によって求めることができる．この曲線 $y = \varphi(x)$ $(a \leqq x \leqq b)$ が t を媒介変数と

して $\begin{cases} x = f(t) \\ y = g(t) \end{cases}$ $(\alpha \leqq t \leqq \beta)$ と表されるときには，$x = f(t)$ と置換することによって，面積 S を計算することができる．

例 7.1 曲線 $\begin{cases} x = t^3 \\ y = t^2 \end{cases}$ と x 軸および直線 $x = 8$ で囲まれた図形の面積 S を求める．$y \geqq 0$ であることに注意すれば，求める図形の面積 S は

$$S = \int_0^8 y\,dx$$

によって計算することができる．$x = t^3$ と置換すると，$dx = 3t^2\,dt$ となる．また，

$$x = 0 \quad のとき \quad t^3 = 0 \text{ から } \ t = 0$$
$$x = 8 \quad のとき \quad t^3 = 8 \text{ から } \ t = 2$$

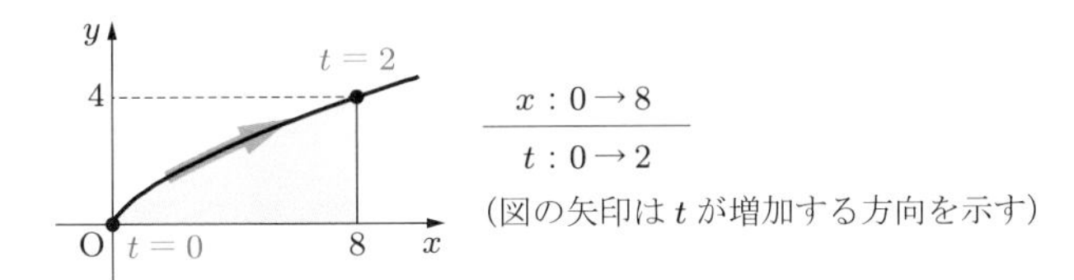

である．$y = t^2$ であるから，求める面積 S は，

$$S = \int_0^8 y\,dx = \int_0^2 t^2 \cdot 3t^2\,dt = \frac{3}{5}\Big[\ t^5\ \Big]_0^2 = \frac{96}{5}$$

となる．

例題 7.5 アステロイドが囲む図形の面積

a を正の定数とするとき，アステロイド $\begin{cases} x = a\cos^3 t \\ y = a\sin^3 t \end{cases}$ $(0 \leqq t \leqq 2\pi)$ で囲まれた図形の面積を求めよ．

解 次の図のように，アステロイド［→例 4.13］は x 軸，y 軸について対称であるから，第 1 象限の部分の面積を求めて 4 倍すればよい．その部分では $y \geqq 0$ であるから，求める面積を S とすれば

$$S = 4\int_0^a y\,dx$$

である．ここで，$x = a\cos^3 t$ と置換すると，$dx = -3a\cos^2 t \sin t\, dt$ となる．また，

$$x = 0 \quad \text{のとき} \quad a\cos^3 t = 0 \text{ から} \quad t = \frac{\pi}{2}$$
$$x = a \quad \text{のとき} \quad a\cos^3 t = a \text{ から} \quad t = 0$$

である．$y = a\sin^3 t$ であるから，求める面積 S は

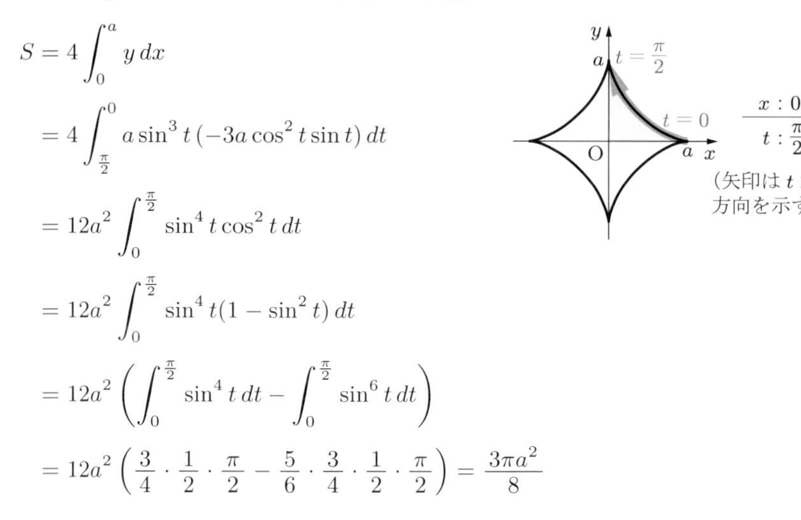

$$\begin{array}{c} x : 0 \to a \\ \hline t : \frac{\pi}{2} \to 0 \end{array}$$

（矢印は t が増加する方向を示す）

$$\begin{aligned}
S &= 4\int_0^a y\,dx \\
&= 4\int_{\frac{\pi}{2}}^0 a\sin^3 t\,(-3a\cos^2 t\sin t)\,dt \\
&= 12a^2\int_0^{\frac{\pi}{2}} \sin^4 t\cos^2 t\,dt \\
&= 12a^2\int_0^{\frac{\pi}{2}} \sin^4 t(1-\sin^2 t)\,dt \\
&= 12a^2\left(\int_0^{\frac{\pi}{2}} \sin^4 t\,dt - \int_0^{\frac{\pi}{2}} \sin^6 t\,dt\right) \\
&= 12a^2\left(\frac{3}{4}\cdot\frac{1}{2}\cdot\frac{\pi}{2} - \frac{5}{6}\cdot\frac{3}{4}\cdot\frac{1}{2}\cdot\frac{\pi}{2}\right) = \frac{3\pi a^2}{8}
\end{aligned}$$

となる．

［ここでは，次の公式を利用した（n は自然数）．

$$\int_0^{\frac{\pi}{2}} \sin^n x\,dx = \int_0^{\frac{\pi}{2}} \cos^n x\,dx
= \begin{cases} \dfrac{n-1}{n}\cdot\dfrac{n-3}{n-2}\cdot\cdots\cdot\dfrac{1}{2}\cdot\dfrac{\pi}{2} & (n \text{ が偶数のとき}) \\[2ex] \dfrac{n-1}{n}\cdot\dfrac{n-3}{n-2}\cdot\cdots\cdot\dfrac{2}{3}\cdot 1 & (n \text{ が奇数のとき}) \end{cases}$$

］

問7.5　次の図形の面積を求めよ．

(1) $\begin{cases} x = 2t \\ y = 4 - 4t^2 \end{cases}$ と x 軸で囲まれた図形

(2) 楕円 $\begin{cases} x = a\cos t \\ y = b\sin t \end{cases}$ $(0 \leqq t \leqq 2\pi)$ で囲まれた図形　（a, b は正の定数）

媒介変数表示された曲線の長さ 媒介変数表示 $\begin{cases} x = f(t) \\ y = g(t) \end{cases}$ $(\alpha \leqq t \leqq \beta)$

で表される曲線の長さを考える．

区間 $[\alpha, \beta]$ を n 等分して，その分点と分割幅を

$$\alpha = t_0 < t_1 < t_2 < \cdots < t_n = \beta, \quad \Delta t = \frac{\beta - \alpha}{n}$$

とし，$k = 0, 1, 2, \ldots, n$ に対して分点 t_k に対応する曲線上の点 (x_k, y_k) を P_k とする（図 1）．このとき，点 P_0, P_1, P_2, $\ldots$, P_n を結んでできる折れ線の長さの，$n \to \infty$ としたときの極限値 L が存在するとき，L が**曲線の長さ**である．ここで，

$$\Delta x_k = x_k - x_{k-1}, \quad \Delta y_k = y_k - y_{k-1}$$

とし，各 k に対して線分 $\mathrm{P}_{k-1}\mathrm{P}_k$ の長さを ΔL_k とする（図 2）．

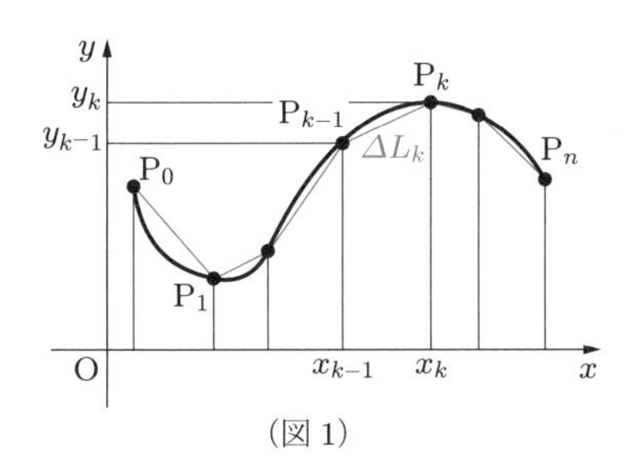

（図 1）

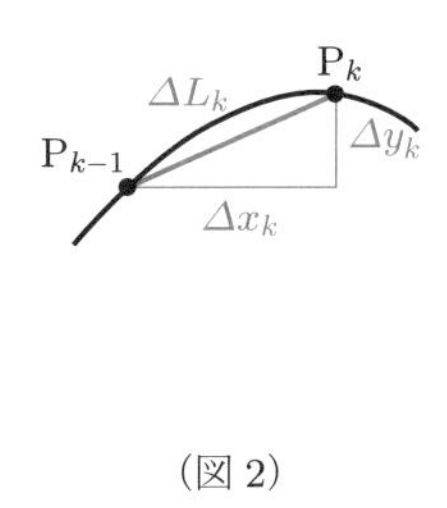

（図 2）

このとき，ΔL_k は

$$\Delta L_k = \sqrt{(\Delta x_k)^2 + (\Delta y_k)^2} = \sqrt{\left(\frac{\Delta x_k}{\Delta t}\right)^2 + \left(\frac{\Delta y_k}{\Delta t}\right)^2}\,\Delta t$$

と表すことができる．したがって，求める長さ L は，

$$L = \lim_{n\to\infty} \sum_{k=1}^{n} \Delta L_k = \lim_{n\to\infty} \sum_{k=1}^{n} \sqrt{\left(\frac{\Delta x_k}{\Delta t}\right)^2 + \left(\frac{\Delta y_k}{\Delta t}\right)^2}\,\Delta t \tag{7.4}$$

となる．$\Delta t \to 0$ のとき $\dfrac{\Delta x_k}{\Delta t} \to \dfrac{dx}{dt}$, $\dfrac{\Delta y_k}{\Delta t} \to \dfrac{dy}{dt}$ であるから，次が成り立つ．

7.5　媒介変数表示された曲線の長さ

媒介変数表示 $\begin{cases} x = f(t) \\ y = g(t) \end{cases}$ $(\alpha \leqq t \leqq \beta)$ で表された曲線の長さ L は，次のようになる．

$$L = \int_\alpha^\beta \sqrt{\left(\frac{dx}{dt}\right)^2 + \left(\frac{dy}{dt}\right)^2}\, dt = \int_\alpha^\beta \sqrt{\{f'(t)\}^2 + \{g'(t)\}^2}\, dt$$

例題 7.6　**サイクロイドの長さ**

a を正の定数とするとき，サイクロイド

$$\begin{cases} x = a(t - \sin t) \\ y = a(1 - \cos t) \end{cases} \qquad (0 \leqq t \leqq 2\pi)$$

の長さ L を求めよ．

解　サイクロイド［→例 4.12］は直線 $x = \pi a$ について対称であるから，$0 \leqq t \leqq \pi$ の部分の長さを求めて 2 倍する．$\dfrac{dx}{dt} = a(1 - \cos t)$, $\dfrac{dy}{dt} = a \sin t$ であるから，半角の公式 $\sin^2 \alpha = \dfrac{1 - \cos 2\alpha}{2}$ を用いると，

$$\begin{aligned} \left(\frac{dx}{dt}\right)^2 + \left(\frac{dy}{dt}\right)^2 &= a^2(1 - \cos t)^2 + a^2 \sin^2 t \\ &= a^2 \left(1 - 2\cos t + \cos^2 t + \sin^2 t\right) \\ &= 2a^2(1 - \cos t) = 4a^2 \sin^2 \frac{t}{2} \end{aligned}$$

となる．また，$0 \leqq t \leqq \pi$ では $\sin \dfrac{t}{2} \geqq 0$ であるから，求める長さ L は次のようになる．

$$\begin{aligned} L &= 2\int_0^\pi \sqrt{4a^2 \sin^2 \frac{t}{2}}\, dt \\ &= 4a \int_0^\pi \sin \frac{t}{2}\, dt = 4a\left[-2\cos \frac{t}{2} \right]_0^\pi = 8a \end{aligned}$$

問7.6　次の曲線の長さを求めよ．ただし，a は正の定数とする．

(1)　円 $\begin{cases} x = a \cos t \\ y = a \sin t \end{cases}$ $(0 \leqq t \leqq 2\pi)$

(2)　アステロイド $\begin{cases} x = a \cos^3 t \\ y = a \sin^3 t \end{cases}$ $(0 \leqq t \leqq 2\pi)$

曲線 $y = f(x)$ の長さ　曲線 $y = f(x)$ $(a \leqq x \leqq b)$ は，t を媒介変数とする媒介変数表示 $\begin{cases} x = t \\ y = f(t) \end{cases}$ $(a \leqq t \leqq b)$ で表すことができる．定積分は積分変数のとり方によらないことに注意すると，定理 7.5 によって，次が成り立つ．

7.6　関数のグラフで表された曲線の長さ

曲線 $y = f(x)$ $(a \leqq x \leqq b)$ の長さ L は，次のようになる．

$$L = \int_a^b \sqrt{1 + \left(\frac{dy}{dx}\right)^2}\,dx = \int_a^b \sqrt{1 + \{f'(x)\}^2}\,dx$$

例 7.2　曲線 $y = \dfrac{x^2}{2}$ $(0 \leqq x \leqq 1)$ の長さ L を求める．$\sqrt{1 + \left(\dfrac{dy}{dx}\right)^2} = \sqrt{1 + x^2}$ であるから，求める長さは次のようになる．

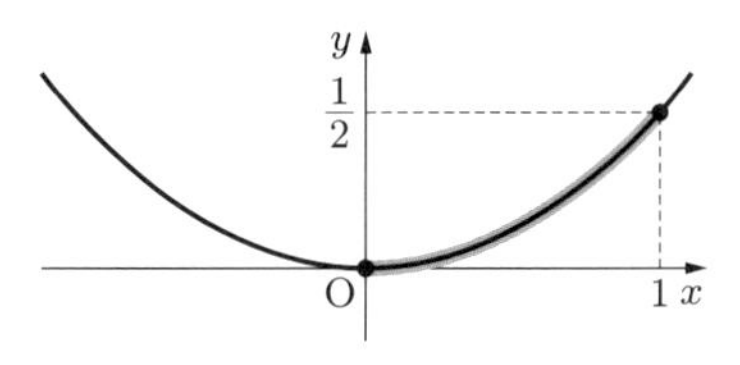

$$\begin{aligned} L &= \int_0^1 \sqrt{1 + x^2}\,dx \\ &= \frac{1}{2}\left[\, x\sqrt{1 + x^2} + \log\left|x + \sqrt{1 + x^2}\right| \,\right]_0^1 \quad \text{[定理 5.4(5)]} \\ &= \frac{1}{2}\left\{\sqrt{2} + \log\left(1 + \sqrt{2}\right)\right\} \end{aligned}$$

例題 7.7　曲線の長さ

曲線 $y = \dfrac{e^x + e^{-x}}{2}$ $(-1 \leqq x \leqq 1)$ の長さ L を求めよ．

解　$\dfrac{dy}{dx} = \dfrac{e^x - e^{-x}}{2}$ であるから，

$$\begin{aligned} 1 + \left(\frac{dy}{dx}\right)^2 &= 1 + \left(\frac{e^x - e^{-x}}{2}\right)^2 \\ &= 1 + \frac{e^{2x} - 2 + e^{-2x}}{4} = \frac{e^{2x} + 2 + e^{-2x}}{4} = \left(\frac{e^x + e^{-x}}{2}\right)^2 \end{aligned}$$

である．$e^x > 0$, $e^{-x} > 0$ であるから，求める曲線の長さ L は，次のようになる．

$$\begin{aligned} L &= \int_{-1}^1 \sqrt{\left(\frac{e^x + e^{-x}}{2}\right)^2}\,dx \\ &= \int_{-1}^1 \frac{e^x + e^{-x}}{2}\,dx = \left[\, \frac{e^x - e^{-x}}{2} \,\right]_{-1}^1 = e - \frac{1}{e} \end{aligned}$$

[note]　曲線 $y = \dfrac{e^x + e^{-x}}{2}$ を**カテナリー**（**懸垂線**）という．両端を固定したロープが，ロープ自身の重さによって垂れ下がってできる曲線である（下図の青線）．

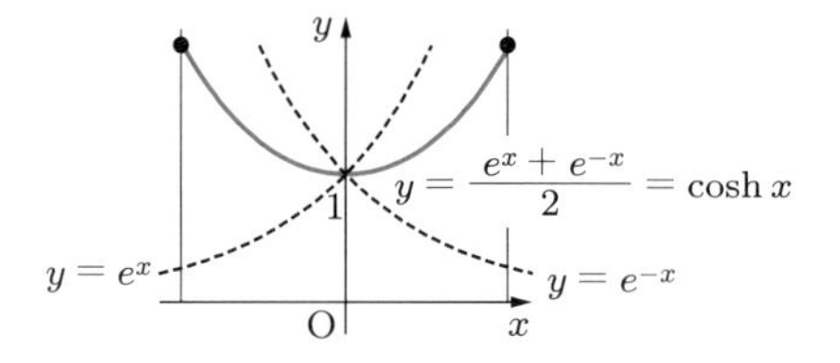

問 7.7　次の曲線の (　) 内に指定された範囲の長さを求めよ．

(1)　$y = 4 - x^2$　$(-2 \leqq x \leqq 2)$　　(2)　$y = \dfrac{1}{4}(x^2 - 2\log x)$　$(1 \leqq x \leqq e)$

7.5 極座標と極方程式

極座標　これまでは，平面上に互いに直交する 2 つの座標軸を定め，これを用いて平面上の点の位置を表してきた．これを**直交座標**という．ここでは新たな点の位置の表し方として，極座標について学ぶ．

平面上に点 O と，O を端点とする半直線 OX を定める．点 O 以外の点 P に対して，O から P までの距離を r，半直線 OX と線分 OP のなす角を θ とするとき，r と θ の組 (r, θ) を点 P の**極座標**という（図 1）．O を**原点**または**極**といい，半直線 OX を**始線**という．原点 O は $r = 0$ であるが，角 θ が決まらないため θ は任意として $(0, \theta)$ と表す．極座標が定められた平面を**極座標平面**という．図 2 は極座標で表される点 A ～ E を図示したものである．

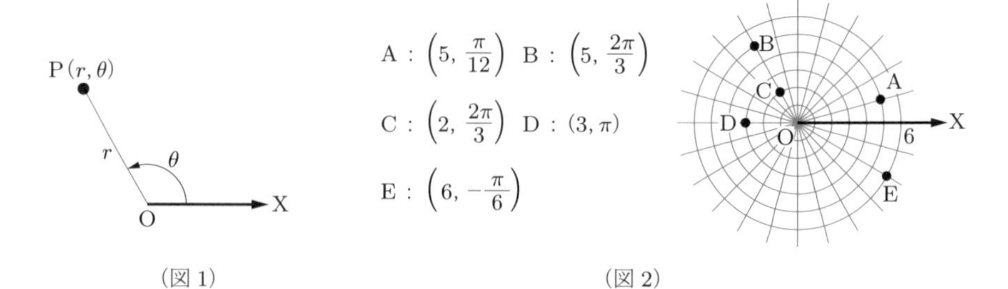

（図 1）　　　（図 2）

角 θ の範囲を定めない限り，極座標は一意的には定まらない．たとえば，極座標で $(3, 3\pi)$, $(3, 5\pi)$, ... などと表される点は，すべて点 $\mathrm{D}(3, \pi)$ と同じ点である．

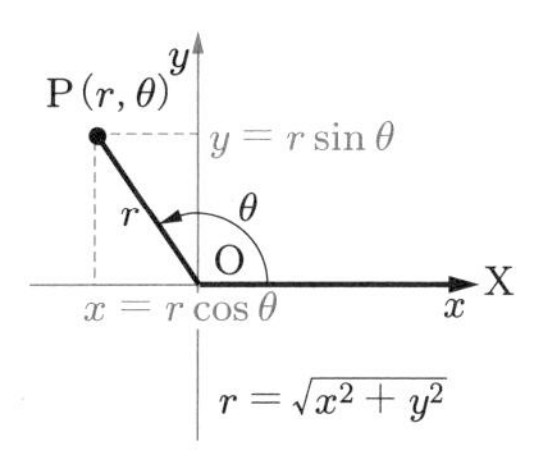

直交座標と極座標　直交座標が定まっている平面上に極座標を同時に定めるときには，右図のように極座標の原点を直交座標の原点に重ね，始線は直交座標の x 軸の正の部分にとる．

そのとき，直交座標と極座標の間には次の関係が成り立つ．

7.7　直交座標と極座標の関係

平面上の点 P の直交座標 (x, y) と極座標 (r, θ) の間には，次の関係が成り立つ．

$$\begin{cases} x = r\cos\theta \\ y = r\sin\theta \end{cases} \qquad \begin{cases} r = \sqrt{x^2 + y^2} \\ \tan\theta = \dfrac{y}{x} \quad (\text{ただし } x \neq 0) \end{cases}$$

ここで，θ は点 (x, y) が属する象限の角を選ぶ．

例 7.3　(1)　極座標が $\left(\sqrt{2}, \dfrac{3\pi}{4}\right)$ である点の直交座標 (x, y) を求める．

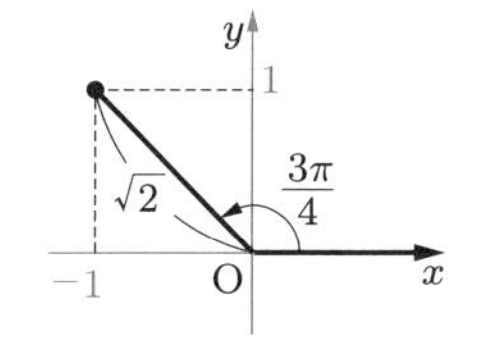

$$x = \sqrt{2}\cos\frac{3\pi}{4} = -1, \quad y = \sqrt{2}\sin\frac{3\pi}{4} = 1$$

であるから，この点の直交座標は $(-1, 1)$ となる．

(2)　直交座標が $\left(-1, -\sqrt{3}\right)$ である点の極座標 (r, θ) $(0 \leqq \theta < 2\pi)$ を求める．

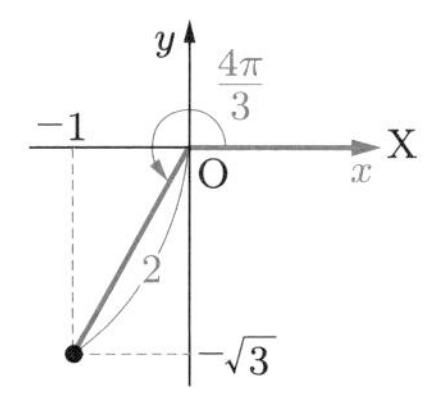

$$r = \sqrt{(-1)^2 + \left(-\sqrt{3}\right)^2} = 2, \ \tan\theta = \frac{-\sqrt{3}}{-1} = \sqrt{3}$$

である．点 $\left(-1, -\sqrt{3}\right)$ は第 3 象限に属するから，$\theta = \dfrac{4\pi}{3}$ となる．よって，この点の極座標は $\left(2, \dfrac{4\pi}{3}\right)$ である．

問7.8　次の極座標をもつ点の直交座標 (x, y) を求めよ．

(1)　$\left(1, \dfrac{\pi}{3}\right)$　　　(2)　$(3, \pi)$　　　(3)　$\left(2, \dfrac{7\pi}{4}\right)$

問7.9　次の直交座標をもつ点の極座標 (r, θ) を求めよ．ただし，$0 \leqq \theta < 2\pi$ とする．

(1)　$(-2, -2)$　　　(2)　$(0, -1)$　　　(3)　$\left(-3, \sqrt{3}\right)$

極方程式　曲線上の点の極座標を (r, θ) とするとき，r と θ が満たす関係式によって，曲線を表すことを考える．

例 7.4　(1)　$r = 2$ を満たす平面上の点 P の全体は，OP $= 2$ を満たすすべての点である．したがって，原点を中心とする半径 2 の円である（図 1）．

(2)　$\theta = \dfrac{\pi}{3}$ を満たす点 P の全体は，原点 O を端点とし，始線 OX とのなす角が $\dfrac{\pi}{3}$ の半直線である（図 2）．

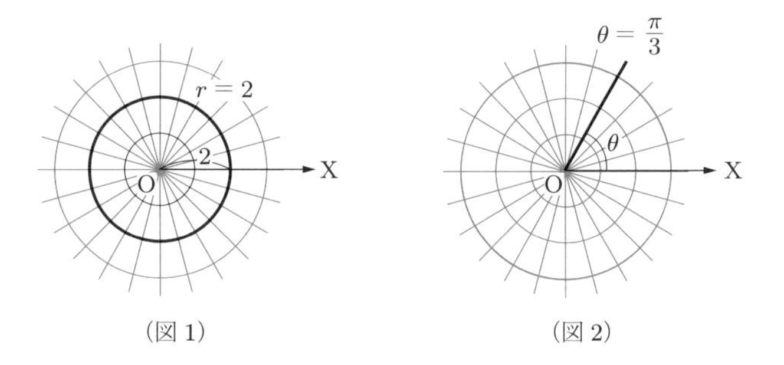

（図 1）　　（図 2）

一般に，$a > 0$，α を定数とするとき，方程式 $r = a$ は原点を中心とする半径 a の円，方程式 $\theta = \alpha$ は原点 O を端点とし始線 OX となす角が α の半直線を表す．

極座標 (r, θ) において，r が θ の関数として $r = f(\theta)$ と表されているとする．このとき，θ の値が変化すると，点 $\mathrm{P}(r, \theta)$ の原点からの距離 OP $= r$ が変化し，点 P は曲線を描く．$r = f(\theta)$ をこの曲線の**極方程式**という．

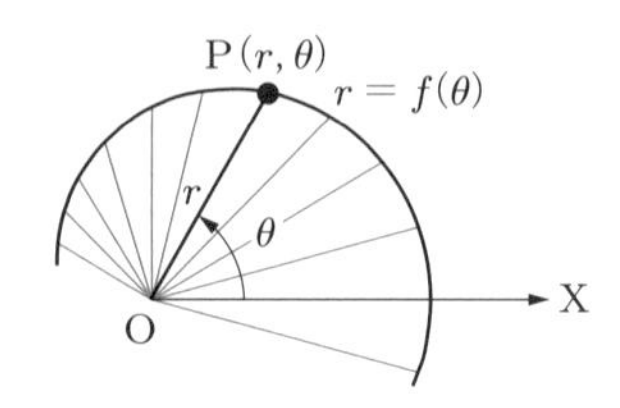

直交座標で表されている曲線は，極方程式で $r = f(\theta)$ と表すことができる場合がある．以下，$f(\theta)$ は微分可能であるとする．

例 7.5　(1)　$x = r\cos\theta$ であるから，x 軸に垂直な直線 $x = 3$ の極方程式は，

$$r\cos\theta = 3 \quad \text{すなわち} \quad r = \frac{3}{\cos\theta}$$

となる．θ の範囲は，図 1 のように $-\dfrac{\pi}{2} < \theta < \dfrac{\pi}{2}$ とする．

(2)　$y = r\sin\theta$ であるから，y 軸に垂直な直線 $y = 2$ の極方程式は，

$$r\sin\theta = 2 \quad \text{すなわち} \quad r = \frac{2}{\sin\theta}$$

となる．θ の範囲は，図 2 のように $0 < \theta < \pi$ とする．

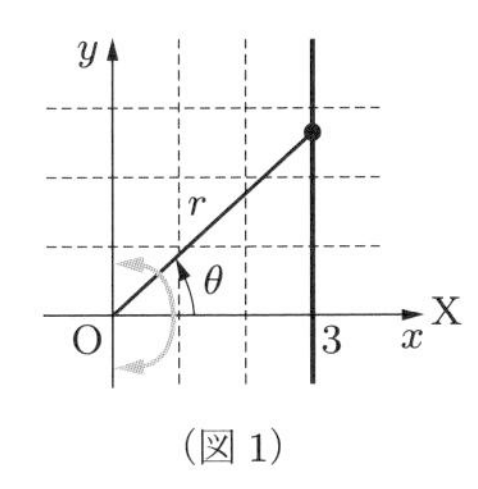

(図 1)

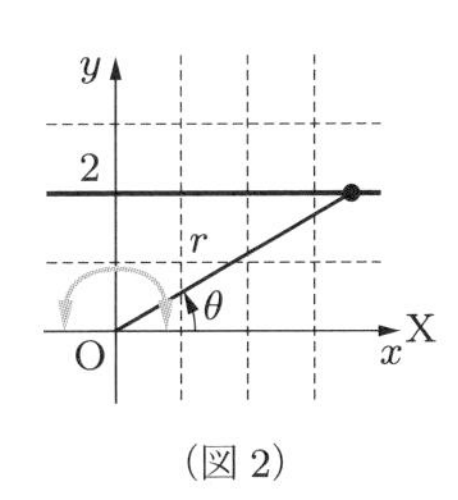

(図 2)

例題 7.8　極方程式

直交座標で $x^2 + (y-3)^2 = 9$ と表される円の極方程式および θ の範囲を求めよ．

解　与えられた方程式を展開して整理すると，

$$x^2 + y^2 - 6y = 0$$

となる．これに $x = r\cos\theta,\ y = r\sin\theta$ を代入すれば，

$$r(r - 6\sin\theta) = 0$$

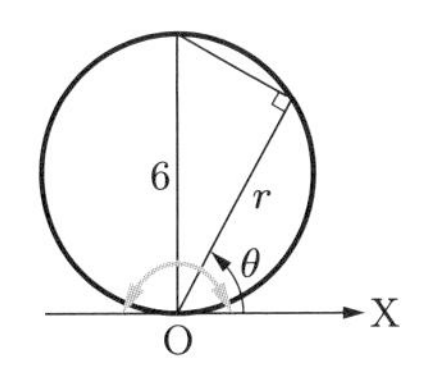

が成り立つ．したがって，$r = 0$ または $r = 6\sin\theta$ となる．図から $0 \leqq \theta \leqq \pi$ であり，求める極方程式は，

$$r = 6\sin\theta \quad (0 \leqq \theta \leqq \pi)$$

となる．$r = 0$ は原点であり，この方程式を満たす点に含まれている（$\theta = 0, \pi$ のとき）．

問 7.10　次の直交座標で表された図形の極方程式および θ の範囲を求めよ．

(1)　直線 $x + y = 6$　　(2)　円 $x^2 + y^2 + 10x = 0$

極方程式で表される曲線　極方程式 $r = f(\theta)$ で表された曲線の例を示す．

例 7.6　(1)　$a > 0$ のとき $r = 2a\sin\theta \ (0 \leqq \theta \leqq \pi)$ は，始点 O を通り $\left(a, \dfrac{\pi}{2}\right)$ を中心とする半径 a の円である［→例題 7.8］．

(2)　a, b を正の定数とするとき，極方程式 $r = a + b\theta \ (\theta \geqq 0)$ で表される曲線を考える．始線とのなす角 θ が増加すると，原点からの距離 r が大きくなっていく．したがって，$r = a + b\theta$ が表す曲線は螺旋（らせん）となる．これを**アルキメデスの螺旋**という．下図は $a = 2, b = \dfrac{1}{2}$ の場合である．

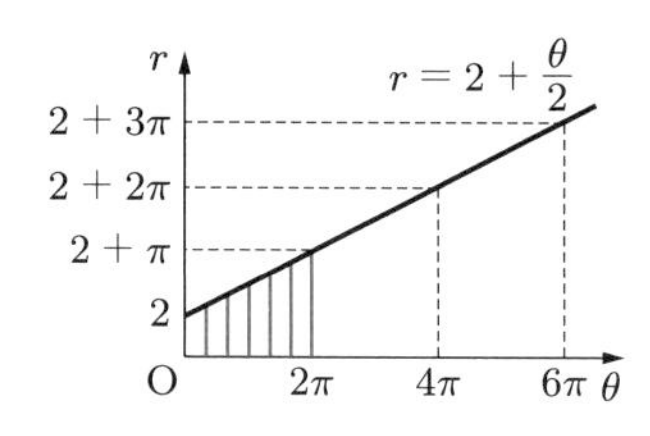

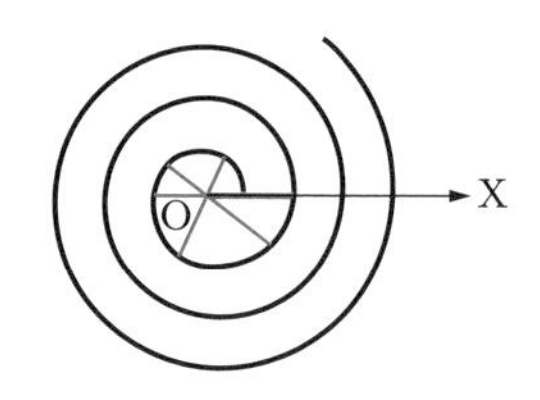

例 7.7　a を正の定数とするとき，極方程式 $r = 2a(1 + \cos\theta)$ で表される曲線をカージオイド（心臓形曲線）という．この曲線は，半径が a である円 C_0 のまわりを，同じ大きさの円 C が滑らずに 1 周するとき，円 C 上の点 P が描く曲線である［→付録第 A3 節］．下図は，$a = 1$ のとき，θ と r の対応表と曲線を示したものである．

θ	r
0	4.000
$\dfrac{\pi}{6}$	3.732
$\dfrac{2\pi}{6}$	3.000
$\dfrac{3\pi}{6}$	2.000
$\dfrac{4\pi}{6}$	1.000
$\dfrac{5\pi}{6}$	0.268
π	0.000

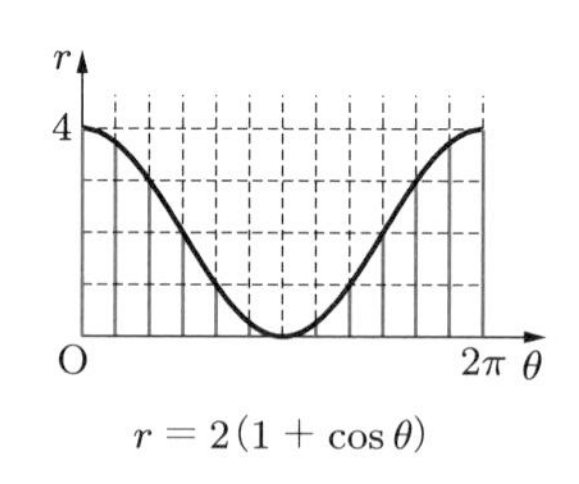

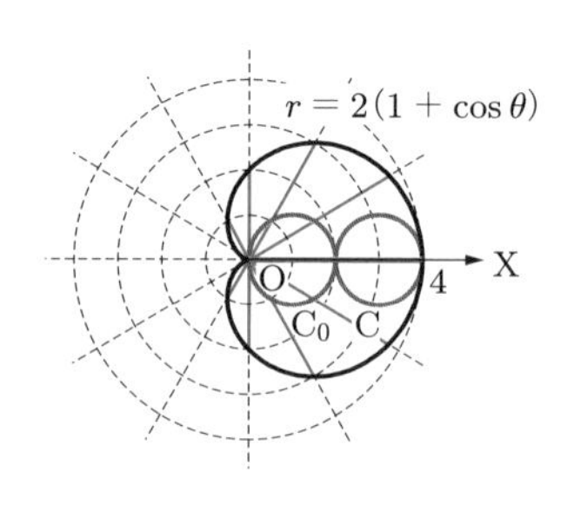

問 7.11　(　) 内に示された範囲で，次の極方程式で表された曲線を図示せよ．

(1)　$r = \dfrac{\theta}{\pi} \quad (0 \leqq \theta \leqq 2\pi)$　　(2)　$r = 2\cos\theta \quad \left(-\dfrac{\pi}{2} \leqq \theta \leqq \dfrac{\pi}{2}\right)$

7.6 極方程式と積分法

極方程式と面積 極方程式 $r = f(\theta)$ $(\alpha \leqq \theta \leqq \beta)$ で表された曲線と，2つの半直線 $\theta = \alpha, \theta = \beta$ で囲まれた図形の面積 S を求める．

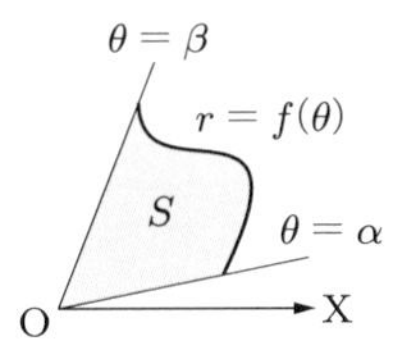

2つの半直線 $\theta = \alpha, \theta = \beta$ による角度を n 等分して，その分点と分割幅を

$$\alpha = \theta_0 < \theta_1 < \theta_2 < \cdots < \theta_n = \beta, \quad \Delta\theta = \frac{\beta - \alpha}{n}$$

とし，小区間 $[\theta_{k-1}, \theta_k]$ 内の任意の点を右端の θ_k にとって $r_k = f(\theta_k)$ $(k = 0, 1, 2, \ldots, n)$ とする．このとき，各 k に対して，$\theta = \theta_{k-1}$ と $\theta = \theta_k$ の間の図形の面積を ΔS_k とする．ΔS_k は半径 r_k，中心角 $\Delta\theta = \theta_k - \theta_{k-1}$ の扇形の面積で近似できるから，

$$\Delta S_k \fallingdotseq \frac{1}{2}(r_k)^2 \Delta\theta = \frac{1}{2}\{f(\theta_k)\}^2 \Delta\theta$$

である．

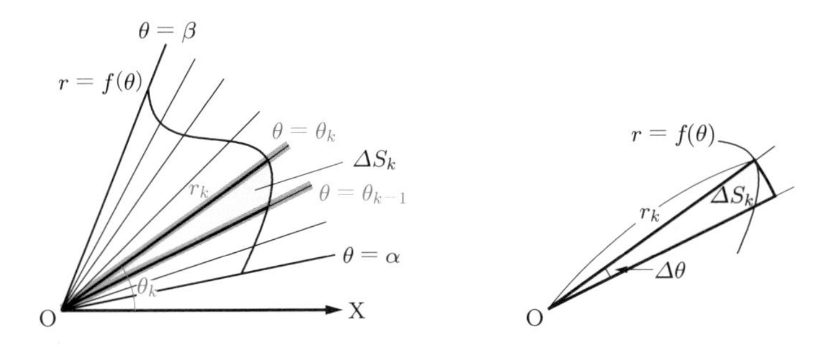

これらの扇形の面積の総和の $n \to \infty$ としたときの極限値が，求める面積 S である．したがって，

$$S = \lim_{n\to\infty} \sum_{k=1}^{n} \Delta S_k = \lim_{n\to\infty} \sum_{k=1}^{n} \frac{1}{2}(r_k)^2 \Delta\theta = \frac{1}{2}\int_{\alpha}^{\beta} r^2 \, d\theta \tag{7.5}$$

が成り立つ．

7.8　極方程式で表された図形の面積

曲線 $r = f(\theta)$ $(\alpha \leqq \theta \leqq \beta)$ と2つの半直線 $\theta = \alpha, \theta = \beta$ で囲まれた図形の面積 S は，次の式で表される．

$$S = \frac{1}{2}\int_{\alpha}^{\beta} r^2\,d\theta = \frac{1}{2}\int_{\alpha}^{\beta} \{f(\theta)\}^2\,d\theta$$

例7.8　円 $r = 6\sin\theta$ $(0 \leqq \theta \leqq \pi)$ ［→例題7.8］と2つの半直線 $\theta = \dfrac{\pi}{6}, \theta = \dfrac{2\pi}{3}$ で囲まれた図形の面積 S は，次のようになる．

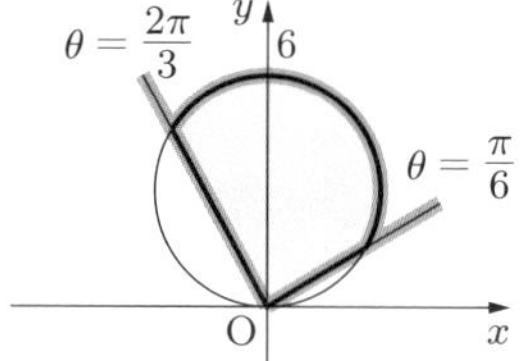

$$\begin{aligned} S &= \frac{1}{2}\int_{\frac{\pi}{6}}^{\frac{2\pi}{3}} (6\sin\theta)^2\,d\theta \\ &= 18\int_{\frac{\pi}{6}}^{\frac{2\pi}{3}} \sin^2\theta\,d\theta \\ &= 18\int_{\frac{\pi}{6}}^{\frac{2\pi}{3}} \frac{1}{2}(1-\cos 2\theta)\,d\theta = 9\Big[\,\theta - \frac{1}{2}\sin 2\theta\,\Big]_{\frac{\pi}{6}}^{\frac{2\pi}{3}} = \frac{9}{2}\left(\pi + \sqrt{3}\right) \end{aligned}$$

問7.12　次の曲線や半直線で囲まれた図形の面積を求めよ．ただし，a は正の定数とする．

(1)　$r = a\theta$　$(0 \leqq \theta \leqq 2\pi)$，半直線 $\theta = 0$

(2)　$r = 2a(1+\cos\theta)$　$(0 \leqq \theta \leqq 2\pi)$

(3)　$r = 2\cos\theta$　$\left(0 \leqq \theta \leqq \dfrac{\pi}{6}\right)$，半直線 $\theta = 0$，$\theta = \dfrac{\pi}{6}$

(4)　$r = 2\sqrt{\sin 2\theta}$　$\left(0 \leqq \theta \leqq \dfrac{\pi}{2}\right)$

極方程式で表された曲線の長さ　極方程式 $r = f(\theta)$ $(\alpha \leqq \theta \leqq \beta)$ で表された曲線の長さを求める．この曲線は，θ を媒介変数とした媒介変数表示

$$\begin{cases} x = f(\theta)\cos\theta \\ y = f(\theta)\sin\theta \end{cases}$$

で表すことができる．ここで，

$$\frac{dx}{d\theta} = f'(\theta)\cos\theta - f(\theta)\sin\theta, \quad \frac{dy}{d\theta} = f'(\theta)\sin\theta + f(\theta)\cos\theta$$

であるから，これらを媒介変数表示された曲線の長さの公式（定理7.5）に代入すると，

$$
\begin{aligned}
L &= \int_\alpha^\beta \sqrt{\left(\frac{dx}{d\theta}\right)^2 + \left(\frac{dy}{d\theta}\right)^2}\, d\theta \\
&= \int_\alpha^\beta \sqrt{\{f'(\theta)\cos\theta - f(\theta)\sin\theta\}^2 + \{f'(\theta)\sin\theta + f(\theta)\cos\theta\}^2}\, d\theta \\
&= \int_\alpha^\beta \sqrt{\{f(\theta)\}^2 + \{f'(\theta)\}^2}\, d\theta
\end{aligned}
$$

となる．したがって，次が成り立つ．

7.9　極方程式で表された曲線の長さ

曲線 $r = f(\theta)$ $(\alpha \leqq \theta \leqq \beta)$ の長さ L は，次の式で表される．

$$
L = \int_\alpha^\beta \sqrt{r^2 + \left(\frac{dr}{d\theta}\right)^2}\, d\theta = \int_\alpha^\beta \sqrt{\{f(\theta)\}^2 + \{f'(\theta)\}^2}\, d\theta
$$

[note]　極方程式で表された曲線の囲む面積の公式（定理 7.8），曲線の長さの公式（定理 7.9）は，それぞれ

微小な面積 $dS = \dfrac{1}{2} r^2\, d\theta$

微小な長さ $dL = \sqrt{(r\,d\theta)^2 + (dr)^2} = \sqrt{r^2 + \left(\dfrac{dr}{d\theta}\right)^2}\, d\theta$

と考えるとよい．定積分は，これらの微小な量の総和の極限値である．

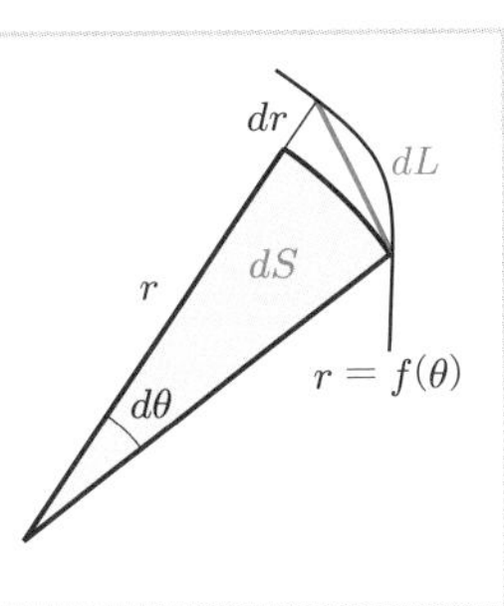

例題 7.9　カージオイドの長さ

a を正の定数とするとき，カージオイド $r = 2a(1 + \cos\theta)$ $(0 \leqq \theta \leqq 2\pi)$ の長さ L を求めよ．

解　図形の対称性から［→例 7.7］，$0 \leqq \theta \leqq \pi$ の部分の長さを求めて 2 倍すればよい．

$\dfrac{dr}{d\theta} = -2a\sin\theta$ であるから，

$$
\begin{aligned}
L &= 2\int_0^\pi \sqrt{r^2 + \left(\frac{dr}{d\theta}\right)^2}\, d\theta \\
&= 2\int_0^\pi \sqrt{\{2a(1+\cos\theta)\}^2 + (-2a\sin\theta)^2}\, d\theta \\
&= 4a\int_0^\pi \sqrt{2(1+\cos\theta)}\, d\theta
\end{aligned}
$$

となる．ここで，半角の公式 $\cos^2\dfrac{\theta}{2}=\dfrac{1+\cos\theta}{2}$ を用いると，$0\leqq\theta\leqq\pi$ では $\cos\dfrac{\theta}{2}\geqq 0$ であるから，

$$\begin{aligned} L &= 4a\int_0^{\pi}\sqrt{2(1+\cos\theta)}\,d\theta \\ &= 4a\int_0^{\pi}\sqrt{4\cos^2\frac{\theta}{2}}\,d\theta = 4a\int_0^{\pi}2\cos\frac{\theta}{2}\,d\theta = 8a\left[2\sin\frac{\theta}{2}\right]_0^{\pi} = 16a \end{aligned}$$

となる．

問7.13　次の曲線の長さを求めよ．

(1)　$r=e^{\frac{\theta}{2}}$　$(0\leqq\theta\leqq\pi)$　　　(2)　$r=3\sin\theta$　$(0\leqq\theta\leqq\pi)$

7.7　数値積分

台形公式　被積分関数の不定積分を求めることができれば，その定積分を求めることができる．しかし，不定積分を求めることができない場合や，求めることができてもその計算が煩雑な場合がある．そのようなときでも，数値計算によって定積分の近似値を求めることができる．

$f(x)$ は区間 $[a,b]$ で定義された連続な関数であるとする．区間 $[a,b]$ を n 等分するとき，分割幅 Δx と分割する点 a_k $(k=0,1,2,\dots,n)$ は，それぞれ

$$\Delta x=\frac{b-a}{n},\quad a_k=a+k\Delta x$$

となる．分割された各小区間 $[a_{k-1},a_k]$ 内に任意の点 x_k をとれば，区間 $[a,b]$ における $f(x)$ の定積分は

$$\int_a^b f(x)\,dx=\lim_{n\to\infty}\sum_{k=1}^{n}f(x_k)\Delta x \quad \text{［「高さ × 幅」の和の極限値］}$$

である．ここで，$y_k=f(a_k)$ $(k=0,1,2,\dots,n)$ とおくと，小区間 $[a_{k-1},a_k]$ における面積は，右図のように台形の面積でも近似できる．この台形の面積は

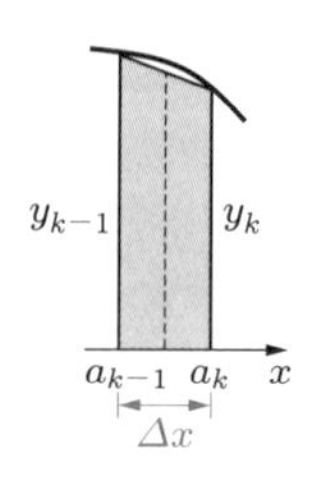

$$\frac{1}{2}(y_{k-1}+y_k)\Delta x$$

であるから，この面積を合計することによって，n が大きいとき定積分の近似式

$$\int_a^b f(x)\,dx \fallingdotseq \sum_{k=1}^{n} \frac{1}{2}(y_{k-1}+y_k)\Delta x$$
$$= \left(\frac{y_0+y_1}{2}+\frac{y_1+y_2}{2}+\cdots+\frac{y_{n-1}+y_n}{2}\right)\Delta x$$
$$= \left\{\frac{1}{2}(y_0+y_n)+(y_1+y_2+\cdots+y_{n-1})\right\}\Delta x$$

が得られる．$\Delta x = \dfrac{b-a}{n}$ であるから，次の台形公式が成り立つ．

7.10 台形公式

区間 $[a,b]$ を n 等分するとき，次の式が成り立つ．

$$\int_a^b f(x)\,dx \fallingdotseq \left\{\frac{1}{2}(y_0+y_n)+(y_1+y_2+y_3+\cdots+y_{n-1})\right\}\frac{b-a}{n}$$

[note] 台形公式で得られる近似値と真の値との誤差を E とすると，区間 $[a,b]$ で $|f''(x)| \leqq M$ となる M に対して，$|E| \leqq \dfrac{M|b-a|^3}{12n^2}$ が成り立つことが知られている．

例 7.9 台形公式 $(n=5)$ によって，定積分 $\displaystyle\int_0^1 \frac{1}{x^2+1}\,dx$ の値の近似値を小数第 3 位まで求める．$\Delta x = 0.2$ となるから，$x_0=0.0,\ x_1=0.2,\ x_2=0.4,\ \ldots,\ x_5=1.0$ に対して，$y_k = \dfrac{1}{(x_k)^2+1}$ を小数第 4 位まで計算すれば，右表が得られる．

x_k	y_k
0.0	1.0000
0.2	0.9615
0.4	0.8621
0.6	0.7353
0.8	0.6098
1.0	0.5000

したがって，台形公式による定積分の近似値は次のようになる．

$$\int_0^1 \frac{1}{x^2+1}\,dx$$
$$\fallingdotseq \left\{\frac{1}{2}(1.0000+0.5000)+0.9615+0.8621+0.7353+0.6098\right\}\cdot 0.2$$
$$= 0.7837 \fallingdotseq 0.784$$

例 7.9 で n の値を大きくして台形公式を適用すると，$n=10$ のとき 0.7850，$n=20$ のとき 0.7853 となる．定積分の真の値は

$$\int_0^1 \frac{1}{x^2+1}\,dx = \Big[\tan^{-1} x\Big]_0^1 = \tan^{-1} 1 - \tan^{-1} 0 = \frac{\pi}{4} = 0.785398\cdots$$

であるから，n を大きくすると近似の精度が高まっていくことがわかる．

問7.14　台形公式によって，次の場合における定積分 $\displaystyle\int_0^1 \frac{1}{x+1}\,dx$ の近似値を小数第 3 位まで求めよ．

(1)　$n=3$　　　(2)　$n=5$

図形の面積の数値計算　台形公式の考え方を用いて図形の面積を求めよう．

例題 7.10　図形の面積の数値計算

図のような板の面積を求めるために，$\Delta x = 5\,[\text{cm}]$ ごとに板のたての長さ $y\,[\text{cm}]$（青線の長さ）を測り，その数値を表にした．この板の面積はおよそ何 cm^2 か．

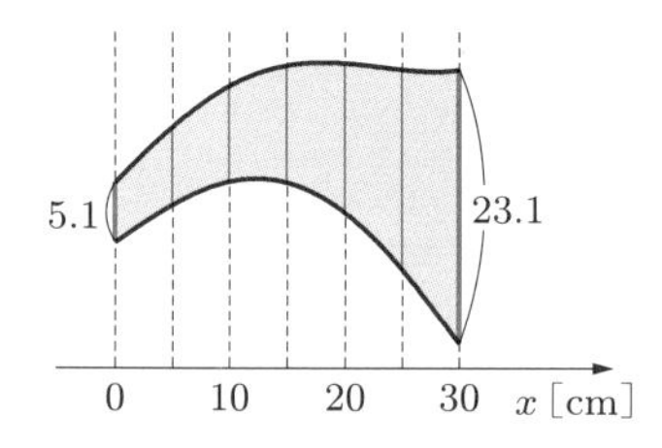

x	0	5	10	15	20	25	30
y	5.1	6.5	8.1	9.9	12.6	16.8	23.1

解　板の面積を S とすれば，台形公式によって

$$S \fallingdotseq \left\{\frac{1}{2}(5.1+23.1)+6.5+8.1+9.9+12.6+16.8\right\}\cdot 5 = 340$$

となる．したがって，求める面積はおよそ $340\,\text{cm}^2$ である．

問7.15　ある川の川幅は 200 m である．この川の断面積を求めるため，20 m おきに岸からの距離 $x\,[\text{m}]$ に対する水深 $y\,[\text{m}]$ を測り，次の表を得た．これをもとに，水面下の川の断面積を求めよ．

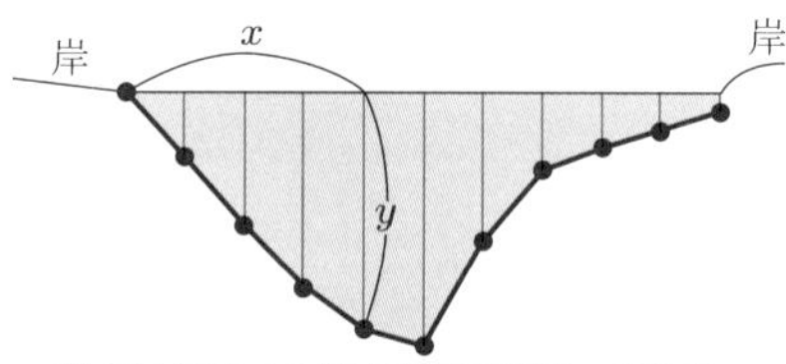

深さは幅の 10 倍の縮尺で描いてある．

岸からの距離 $x\,[\text{m}]$	0	20	40	60	80	100	120	140	160	180	200
水深 $y\,[\text{m}]$	0.0	2.1	4.3	6.2	7.6	8.1	4.9	2.5	1.8	1.3	0.8

7.8 広義積分

広義積分　定積分 $\displaystyle\int_a^b f(x)\,dx$ が定まるためには，関数 $f(x)$ が閉区間 $[a,b]$ で定義されている必要がある．しかし，$f(x)$ が積分区間の端点で定義されていない場合や，積分区間が $[a,\infty)$ や $(-\infty,b]$ である場合であっても，次のようにして定積分が定まる場合がある．このように拡張して定義された定積分を**広義積分**という．

積分区間の端点で定義されていない場合　この場合には，広義積分を次の (1)，(2) のような極限値として定義する．右辺の極限値が存在しないとき，$f(x)$ の広義積分は存在しない．

(1)　$f(x)$ が積分する区間の下端 a で定義されていない場合

$$\int_a^b f(x)\,dx = \lim_{\varepsilon\to+0}\int_{a+\varepsilon}^b f(x)\,dx \tag{7.6}$$

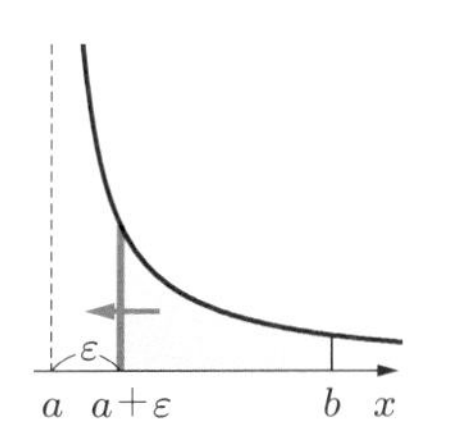

(2)　$f(x)$ が積分する区間の上端 b で定義されていない場合

$$\int_a^b f(x)\,dx = \lim_{\varepsilon\to+0}\int_a^{b-\varepsilon} f(x)\,dx \tag{7.7}$$

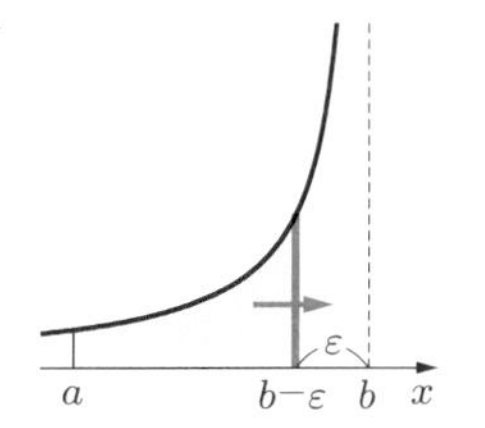

例題 7.11　広義積分 I

次の広義積分を求めよ．

(1)　$\displaystyle\int_0^1 \frac{1}{\sqrt{x}}\,dx$　　　(2)　$\displaystyle\int_0^1 \frac{1}{(1-x)^2}\,dx$

解　(1)　$f(x) = \dfrac{1}{\sqrt{x}}$ は $x=0$ で定義されていない．ここで，

$$\int_0^1 \frac{1}{\sqrt{x}}\,dx = \lim_{\varepsilon\to+0}\int_\varepsilon^1 \frac{1}{\sqrt{x}}\,dx$$
$$= \lim_{\varepsilon\to+0}\Big[\,2\sqrt{x}\,\Big]_\varepsilon^1 = \lim_{\varepsilon\to+0}\left(2-2\sqrt{\varepsilon}\right) = 2$$

であるから，広義積分 $\displaystyle\int_0^1 \frac{1}{\sqrt{x}}\,dx$ が存在して，その値は 2 である．

(2)　$f(x) = \dfrac{1}{(1-x)^2}$ は $x=1$ で定義されていない．ここで，

$$\int_0^1 \frac{1}{(1-x)^2}\,dx = \lim_{\varepsilon\to+0}\int_0^{1-\varepsilon}\frac{1}{(1-x)^2}\,dx$$

$$= \lim_{\varepsilon\to+0}\left[\ \frac{1}{1-x}\ \right]_0^{1-\varepsilon} = \lim_{\varepsilon\to+0}\left(\frac{1}{\varepsilon}-1\right) = \infty$$

であるから，広義積分 $\displaystyle\int_0^1 \frac{1}{(1-x)^2}\,dx$ は存在しない．

問7.16　次の広義積分を求めよ．

(1)　$\displaystyle\int_0^1 \frac{1}{\sqrt[3]{x}}\,dx$　　(2)　$\displaystyle\int_0^1 \frac{1}{x}\,dx$　　(3)　$\displaystyle\int_0^1 \frac{1}{\sqrt{1-x^2}}\,dx$

積分区間が $[a,\infty)$ または $(-\infty,b]$ である場合　この場合には，広義積分を次の (1), (2) のように定義する．右辺の極限値が存在しないとき，広義積分は存在しない．

(1)　積分区間が $[a,\infty)$ である場合

$$\int_a^\infty f(x)\,dx = \lim_{M\to\infty}\int_a^M f(x)\,dx \qquad (7.8)$$

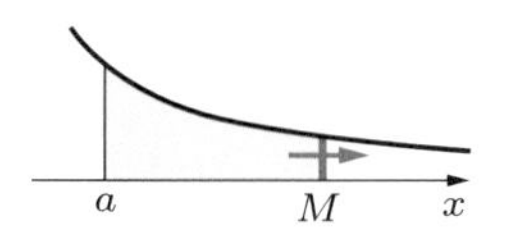

(2)　積分区間が $(-\infty,b]$ である場合

$$\int_{-\infty}^b f(x)\,dx = \lim_{M\to\infty}\int_{-M}^b f(x)\,dx \qquad (7.9)$$

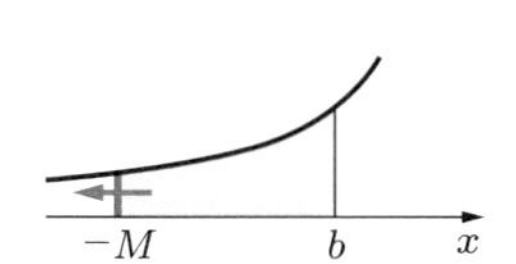

例題 7.12　**広義積分 II**

次の広義積分を求めよ．

(1)　$\displaystyle\int_1^\infty \frac{1}{x}\,dx$　　(2)　$\displaystyle\int_{-\infty}^0 e^x\,dx$

解　(1)　$x=1$ から M まで積分して，$M\to\infty$ とすれば，

$$\int_1^\infty \frac{1}{x}\,dx = \lim_{M\to\infty}\int_1^M \frac{1}{x}\,dx = \lim_{M\to\infty}\Big[\ \log x\ \Big]_1^M = \lim_{M\to\infty}\log M = \infty$$

となる．よって，広義積分 $\displaystyle\int_1^\infty \frac{1}{x}dx$ は存在しない．

(2)　$x = -M$ から 0 まで積分して，$M \to \infty$ とすれば，

$$\int_{-\infty}^{0} e^x dx = \lim_{M \to \infty} \int_{-M}^{0} e^x dx = \lim_{M \to \infty} \Big[\, e^x \,\Big]_{-M}^{0} = \lim_{M \to \infty} \left(1 - e^{-M}\right) = 1$$

となる．したがって，広義積分 $\displaystyle\int_{-\infty}^{0} e^x dx$ は存在して，その値は 1 である．

問7.17　次の広義積分を求めよ．

(1)　$\displaystyle\int_{1}^{\infty} \frac{1}{x^2}\, dx$　　　(2)　$\displaystyle\int_{0}^{\infty} \frac{1}{x^2 + 4}\, dx$

練習問題 7

[1]　次の曲線や直線によって囲まれる図形の面積を求めよ．

(1)　放物線 $y = x^2$ と直線 $y = 2x + 3$

(2)　曲線 $y = e^{-x}$，2直線 $y = x + 1, x = 1$

(3)　曲線 $y = \sin x \ (0 \leqq x \leqq \pi)$，直線 $y = \dfrac{1}{2}$

[2]　次の図形を x 軸のまわりに回転してできる回転体の体積を求めよ．

(1)　曲線 $y = \sin x \ (0 \leqq x \leqq \pi)$ と x 軸とで囲まれた図形

(2)　曲線 $y = \sqrt{x}$，直線 $y = 2$，および y 軸で囲まれた図形

(3)　曲線 $y = x^2$ と直線 $y = x$ で囲まれた図形

[3]　x 軸上を運動している点 P の時刻 t における加速度 $\alpha(t)$ が

$$\alpha(t) = -r\omega^2 \cos \omega t \quad (r,\ \omega \text{ は定数})$$

と表されている．時刻 t における速度を $v(t)$，位置を $x(t)$ とするとき，次の問いに答えよ．

(1)　$v(0) = 0$ であるとき，速度 $v(t)$ を求めよ．

(2)　$v(0) = 0, x(0) = r$ であるとき，位置 $x(t)$ を求めよ．

[4]　次の曲線や直線で囲まれた図形の面積を求めよ．

(1)　サイクロイド $\begin{cases} x = 2(t - \sin t) \\ y = 2(1 - \cos t) \end{cases}$ $(0 \leqq t \leqq 2\pi)$，x 軸

(2)　極方程式 $r = 2\sqrt{\theta} \left(\dfrac{\pi}{4} \leqq \theta \leqq \dfrac{5\pi}{4} \right)$ で表される曲線，半直線 $\theta = \dfrac{\pi}{4}, \theta = \dfrac{5\pi}{4}$

[5]　a を正の定数とするとき，極方程式 $r = a(\sin \theta + \cos \theta) \left(-\dfrac{\pi}{4} \leqq \theta \leqq \dfrac{3\pi}{4} \right)$ で表される曲線の長さを求めよ．

[6]　次の広義積分を求めよ．

(1)　$\displaystyle\int_0^1 \frac{1}{x^2}\,dx$　　(2)　$\displaystyle\int_1^\infty \frac{1}{x^3}\,dx$　　(3)　$\displaystyle\int_1^\infty \frac{1}{x \log x}\,dx$

[7]　e^{-2x^2} に関する次のデータから，$\displaystyle\int_0^{0.5} e^{-2x^2}\,dx$ の近似値を小数第3位まで求めよ．

x	0.0	0.1	0.2	0.3	0.4	0.5
e^{-2x^2}	1.0000	0.9802	0.9231	0.8353	0.7261	0.6065

[8]　台形公式 $(n = 5)$ を用いて，$\displaystyle\int_0^{\frac{\pi}{2}} \sqrt{\sin x}\,dx$ の値を小数第2位まで求めよ．

第 3 章の章末問題

1. $t = \tan \dfrac{x}{2}$ とおくと

$$\sin x = \frac{2t}{1+t^2}, \quad \cos x = \frac{1-t^2}{1+t^2}, \quad \tan x = \frac{2t}{1-t^2}, \quad dx = \frac{2}{1+t^2}\,dt$$

となることを示し，そのことを利用して，不定積分 $\displaystyle\int \frac{1}{1+\sin x}\,dx$ を求めよ．

2. $I_n = \displaystyle\int (\log x)^n\,dx$ (n は 0 以上の整数) とおくとき，次の問いに答えよ．
   (1) I_0 を求めよ．
   (2) $n \geqq 1$ のとき，$I_n = x(\log x)^n - nI_{n-1}$ が成り立つことを示せ．
   (3) I_3 を求めよ．

3. 次の定積分の値を求めよ．
   (1) $\displaystyle\int_0^{\pi} e^{-x} \sin x\,dx$　　(2) $\displaystyle\int_0^{\pi} x \sin^2 x\,dx$

4. m, n は自然数とするとき，定積分 $I = \displaystyle\int_0^{2\pi} \cos mx \cos nx\,dx$ を求めよ．

5. 曲線 C : $y = x^3 - x^2$ 上の点 A$(1, 0)$ における接線を ℓ とするとき，次の問いに答えよ．
   (1) 接線 ℓ の方程式を求めよ．
   (2) 曲線 C と接線 ℓ の共有点で A 以外の点の座標を求めよ．
   (3) 曲線 C と接線 ℓ で囲まれた図形の面積を求めよ．

6. 不等式 $x^2 + (y-a)^2 \leqq 1$ $(a > 1)$ で表される領域を x 軸のまわりに回転してできる回転体の体積を求めよ．

7. 次の曲線の長さ L を求めよ．
   (1) $\begin{cases} x = \dfrac{1-t^2}{1+t^2} \\ y = \dfrac{2t}{1+t^2} \end{cases}$ $(0 \leqq t \leqq 1)$　　(2) $r = \cos^3 \dfrac{\theta}{3}$ $\left(0 \leqq \theta \leqq \dfrac{3\pi}{2}\right)$

8. 次のことを証明せよ．
   (1) 広義積分 $\displaystyle\int_0^1 \frac{1}{x^k}\,dx$ は $0 < k < 1$ のとき $\dfrac{1}{1-k}$ であり，$k \geqq 1$ のときには存在しない．
   (2) 広義積分 $\displaystyle\int_1^{\infty} \frac{1}{x^k}\,dx$ は $k > 1$ のとき $\dfrac{1}{k-1}$ であり，$0 < k \leqq 1$ のときには存在しない．

Chapter

4 関数の展開

8 関数の展開

8.1 高次導関数

高次導関数　自然数 n に対して，$y = f(x)$ が n 回続けて微分できるとき，y は n 回微分可能であるという．このとき，y を n 回微分して得られる関数を，$y = f(x)$ の**第 n 次導関数**といい，

$$y^{(n)}, \quad f^{(n)}(x), \quad \frac{d^n y}{dx^n}, \quad \frac{d^n}{dx^n} f(x) \tag{8.1}$$

などで表す．また，$y^{(0)} = y$ と定める．以下，この章では，関数はすべて必要な回数だけ微分可能であるとする．

例 8.1　(1)　$y = e^{2x}$ のとき，

$$y' = 2e^{2x}, \quad y'' = 2^2 e^{2x}, \quad y''' = 2^3 e^{2x}, \quad \ldots$$

であるから，0 以上の整数 n について $y^{(n)} = 2^n e^{2x}$ である．

(2)　$y = x^4$ のとき，

$$y' = 4x^3, \quad y'' = 12x^2, \quad y''' = 24x, \quad y^{(4)} = 24$$

となり，$n \geqq 5$ に対しては $y^{(n)} = 0$ である．

問 8.1　次の関数の第 4 次までの導関数を求めよ．

(1)　$y = \cos 3x$　　(2)　$y = xe^{-x}$　　(3)　$y = \log(1 + x)$

例題 8.1　**第 n 次導関数**

0 以上の整数 n について，次の関数の第 n 次導関数を求めよ．

(1)　$y = \dfrac{1}{1 - x}$　　(2)　$y = \sin x$

解 (1)　$y=(1-x)^{-1}$ と変形して微分すれば,

$$\begin{aligned} y' &= (-1)(1-x)^{-2}\cdot(1-x)' = 1\cdot(1-x)^{-2} \\ y'' &= (-2)\,1\cdot(1-x)^{-3}\cdot(1-x)' = 2\cdot 1\cdot(1-x)^{-3} \\ y''' &= (-3)\,2\cdot 1\cdot(1-x)^{-4}\cdot(1-x)' = 3\cdot 2\cdot 1\cdot(1-x)^{-4} \end{aligned}$$

となる．したがって，任意の自然数 n について

$$y^{(n)} = n\cdot(n-1)\cdots 2\cdot 1\,(1-x)^{-(n+1)} = \frac{n!}{(1-x)^{n+1}}$$

である．この式は $n=0$ に対しても成り立つ．

(2)　$y=\sin x$ を次々に微分していくと,

$$\begin{aligned} y' &= (\sin x)' = \cos x \\ y'' &= (\cos x)' = -\sin x \\ y''' &= (-\sin x)' = -\cos x \\ y^{(4)} &= (-\cos x)' = \sin x \end{aligned}$$

となって，4 回目でもとに戻る．したがって，0 以上の整数 k に対して次のようになる．

$$y^{(n)} = \begin{cases} \sin x & (n=4k) \\ \cos x & (n=4k+1) \\ -\sin x & (n=4k+2) \\ -\cos x & (n=4k+3) \end{cases}$$

[1 つの式にまとめて，$y^{(n)} = \sin\left(x+\dfrac{n\pi}{2}\right)$ と表すこともできる．]

問8.2　0 以上の整数 n について，次の関数の第 n 次導関数を求めよ．

(1)　$y=\dfrac{1}{x}$　　(2)　$y=\cos x$

8.2 べき級数

べき級数とその収束半径　初項 1 で公比が x の等比級数は，$|x|<1$ のときに限って収束し，その和は

$$1+x+x^2+x^3+\cdots+x^n+\cdots = \frac{1}{1-x} \quad (|x|<1) \qquad \cdots\cdots ①$$

である．① の左辺は無限個のべき関数 x^n の和となっている．

一般に，数列 $\{a_n\}$ と変数 x を用いて

$$\sum_{n=0}^{\infty} a_n x^n = a_0 + a_1 x + a_2 x^2 + a_3 x^3 + \cdots + a_n x^n + \cdots \tag{8.2}$$

の形で表される級数を x の**べき級数**という．

例 8.2　等比級数 ① の左辺

$$\sum_{n=0}^{\infty} x^n = 1 + x + x^2 + x^3 + \cdots + x^n + \cdots$$

は $a_n = 1\ (n = 0, 1, 2, \ldots)$ の場合のべき級数である．この級数は $|x| < 1$ のときに収束し，その和は $\dfrac{1}{1-x}$ である．$|x| \geqq 1$ のときには発散する．

べき級数が $|x| = r$ のとき収束すれば，$|x| < r$ を満たす任意の x についても収束することが知られている．

べき級数に対して，$|x| < r$ のときに収束し，$|x| > r$ のときに発散するような正の定数 r が存在するとき，r をこのべき級数の**収束半径**という．例 8.2 のべき級数の収束半径は 1 である．

$x = 0$ 以外では収束しないとき，収束半径は 0 とする．また，すべての実数 x で収束するとき，収束半径は無限大であるといい，$r = \infty$ とかく．

収束半径が r である場合，べき級数は $|x| < r$ のとき収束し，$|x| > r$ のとき発散する．しかし，$|x| = r$ のときは，収束することも発散することもある．

例題 8.2　等比級数の収束半径

等比級数

$$\sum_{n=0}^{\infty} (3x)^n = 1 + 3x + (3x)^2 + \cdots + (3x)^n + \cdots$$

の収束半径 r を求め，収束するときにはその和を求めよ．

解　与えられた等比級数の公比は $3x$ であるから，$|3x| < 1$ のとき，すなわち，$|x| < \dfrac{1}{3}$ のときに収束し，$|x| \geqq \dfrac{1}{3}$ のときには発散する．したがって，この等比級数の収束半径は $r = \dfrac{1}{3}$ であり，$|x| < \dfrac{1}{3}$ のとき，級数の和は $\dfrac{1}{1-3x}$ である．

問8.3 次の等比級数の収束半径 r を求め，収束するときにはその和を求めよ．

(1) $1 - x + x^2 - x^3 + \cdots$ (2) $1 + \dfrac{1}{2}x + \dfrac{1}{4}x^2 + \dfrac{1}{8}x^3 + \cdots$

(3) $1 - x^2 + x^4 - x^6 + \cdots$ (4) $1 - 3x + 9x^2 - 27x^3 + \cdots$

等比級数 $\displaystyle\sum_{n=0}^{\infty} ar^n$ では，$c_n = ar^n$ とすれば，

$$\lim_{n\to\infty}\left|\frac{c_{n+1}}{c_n}\right| = \lim_{n\to\infty}\left|\frac{ar^{n+1}}{ar^n}\right| = |r|$$

となる．等比級数は $|r| < 1$ のとき収束するから $\displaystyle\lim_{n\to\infty}\left|\frac{c_{n+1}}{c_n}\right| < 1$ のときに収束する．同様に，一般のべき級数 $\displaystyle\sum_{n=0}^{\infty} a_n x^n$ では，$c_n = a_n x^n$ とすれば，

$$\lim_{n\to\infty}\left|\frac{c_{n+1}}{c_n}\right| = \lim_{n\to\infty}\left|\frac{a_{n+1}x^{n+1}}{a_n x^n}\right| = \lim_{n\to\infty}\left|\frac{a_{n+1}}{a_n}\right| \cdot |x|$$

となる．この場合も，$\displaystyle\lim_{n\to\infty}\left|\frac{c_{n+1}}{c_n}\right| < 1$ のとき，すなわち，

$$|x| < \lim_{n\to\infty}\left|\frac{a_n}{a_{n+1}}\right|$$

のとき収束することが知られている．したがって，次のことが成り立つ．

8.1 べき級数の収束半径

べき級数

$$\sum_{n=0}^{\infty} a_n x^n = a_0 + a_1 x + a_2 x^2 + \cdots + a_n x^n + \cdots$$

に対して，$r = \displaystyle\lim_{n\to\infty}\left|\frac{a_n}{a_{n+1}}\right|$ が存在すれば，r が収束半径である．

また，$\displaystyle\lim_{n\to\infty}\left|\frac{a_n}{a_{n+1}}\right| = \infty$ のとき，$r = \infty$ である．

例題 8.3 べき級数の収束半径

次のべき級数の収束半径 r を求めよ．

(1) $\displaystyle\sum_{n=1}^{\infty} \frac{(-1)^{n-1}}{n} x^n$ (2) $\displaystyle\sum_{n=1}^{\infty} \frac{1}{n!} x^n$

解　与えられた級数を $\sum_{n=1}^{\infty} a_n x^n$ とする．

(1) $$\lim_{n\to\infty}\left|\frac{a_n}{a_{n+1}}\right| = \lim_{n\to\infty}\left|\frac{\frac{(-1)^{n-1}}{n}}{\frac{(-1)^n}{n+1}}\right| = \lim_{n\to\infty}\frac{n+1}{n} = \lim_{n\to\infty}\left(1+\frac{1}{n}\right) = 1$$

となる．したがって，$r=1$ である．この級数は $|x|<1$ のとき収束する．

(2) $$\lim_{n\to\infty}\left|\frac{a_n}{a_{n+1}}\right| = \lim_{n\to\infty}\frac{\frac{1}{n!}}{\frac{1}{(n+1)!}} = \lim_{n\to\infty}\frac{(n+1)!}{n!} = \lim_{n\to\infty}(n+1) = \infty$$

となる．したがって，$r=\infty$ である．この級数は任意の実数 x について収束する．

問8.4　次のべき級数の収束半径 r を求めよ．

(1) $\sum_{n=0}^{\infty} n\,x^n$　　(2) $\sum_{n=0}^{\infty} \frac{2^n}{n!}x^n$　　(3) $\sum_{n=0}^{\infty} n!\,x^n$

べき級数の項別微分と項別積分　べき級数に関する微分と積分について，次が成り立つことが知られている．

8.2　べき級数の項別微分・項別積分

べき級数 $\sum_{n=0}^{\infty} a_n x^n$ の収束半径を r とする．$f(x) = \sum_{n=0}^{\infty} a_n x^n$ とおくと，$|x|<r$ を満たす x について次の等式が成り立つ．

(1) $f'(x) = \sum_{n=1}^{\infty} n a_n x^{n-1}$

(2) $\int_0^x f(t)\,dt = \sum_{n=0}^{\infty} \frac{a_n}{n+1} x^{n+1}$

(1) を，べき級数の**項別微分**，(2) を**項別積分**という．項別微分または項別積分されたべき級数は，もとのべき級数と同じ収束半径をもつ．

関数のべき級数展開　等比級数の和の公式

$$1 + x + x^2 + x^3 + \cdots + x^n + \cdots = \frac{1}{1-x} \quad (|x|<1)$$

の左辺と右辺を入れ換えれば，

$$\frac{1}{1-x} = 1 + x + x^2 + x^3 + \cdots + x^n + \cdots \quad (|x| < 1) \tag{8.3}$$

が得られる．式 (8.3) は，関数 $f(x) = \dfrac{1}{1-x}$ $(|x| < 1)$ をべき級数で表した式となっている．

一般に，関数 $f(x)$ が，収束半径が r のべき級数 $\displaystyle\sum_{n=0}^{\infty} a_n x^n$ を用いて

$$f(x) = \sum_{n=0}^{\infty} a_n x^n \quad (|x| < r) \tag{8.4}$$

と表されるとき，右辺を関数 $f(x)$ の**べき級数展開**という．

以下，収束半径が無限大であるときには，収束半径についての記述を省略する．

例 8.3　関数 $\dfrac{1}{1-3x}$ のべき級数展開は，次のようになる [→例題 8.2]．

$$\frac{1}{1-3x} = 1 + 3x + 9x^2 + 27x^3 + \cdots + 3^n x^n + \cdots \quad \left(|x| < \frac{1}{3}\right)$$

関数のべき級数展開に対して，それを項別微分や項別積分することによって，いろいろな関数のべき級数展開を求めることができる．

例 8.4　初項 1，公比 $-x$ の等比級数の和の公式から，$|x| < 1$ を満たす x について

$$\frac{1}{1+x} = 1 - x + x^2 - x^3 + x^4 - \cdots \qquad \cdots\cdots ①$$

が成り立つ．このとき $|x| < 1$ を満たす x について，① の両辺を微分すれば，

$$-\frac{1}{(1+x)^2} = -1 + 2x - 3x^2 + 4x^3 - \cdots$$

が成り立つ．したがって，$\dfrac{1}{(1+x)^2}$ のべき級数展開

$$\frac{1}{(1+x)^2} = 1 - 2x + 3x^2 - 4x^3 + \cdots \quad (|x| < 1)$$

が得られる．また，① の左辺を 0 から x まで積分すると，

$$\int_0^x \frac{1}{1+t}\,dt = \Big[\log|1+t|\Big]_0^x = \log(1+x) \quad (|x| < 1)$$

となる．したがって，① の右辺を 0 から x まで項別積分することによって，

$\log(1+x)$ のべき級数展開

$$\log(1+x) = x - \frac{1}{2}x^2 + \frac{1}{3}x^3 - \cdots \quad (|x| < 1)$$

が得られる.

[note]　$\log(1+x)$ のべき級数展開は，$x = 1$ でも収束することが知られているので，実際には $-1 < x \leqq 1$ のとき収束する.

問8.5　べき級数展開

$$\frac{1}{1-x} = 1 + x + x^2 + x^3 + x^4 + \cdots \quad (|x| < 1)$$

に対して項別微分・項別積分を行うことにより，次の関数のべき級数展開を求めよ.

(1)　$\dfrac{1}{(1-x)^2}$　　(2)　$\log(1-x)$

8.3　テイラーの定理とテイラー展開

$x = a$ のまわりのべき級数展開　前節で述べたべき級数とべき級数展開は，一般には次のように定義される.

定数 a に対して，無限級数

$$\sum_{n=0}^{\infty} a_n(x-a)^n = a_0 + a_1(x-a) + a_2(x-a)^2 + \cdots + a_n(x-a)^n + \cdots \tag{8.5}$$

を $x = a$ のまわりのべき級数という．関数 $f(x)$ が，$|x-a| < r$ (r は正の数) となる x に対して，収束するべき級数により

$$f(x) = \sum_{n=0}^{\infty} a_n(x-a)^n$$

と表されるとき，右辺を $f(x)$ の $x = a$ のまわりのべき級数展開という.

前節におけるべき級数展開は，$x = 0$ のまわりのべき級数展開である．$x = a$ のまわりのべき級数の収束半径は，定理 8.1 と同様にして計算され，$r = \displaystyle\lim_{n\to\infty}\left|\frac{a_n}{a_{n+1}}\right|$ が存在すれば，r が収束半径となる．項別微分や項別積分も，定理 8.2 の右辺の x を $x - a$ に置き換えた式が成り立つ.

テイラー級数とテイラー多項式　関数 $f(x)$ が,

$$\begin{aligned} f(x) &= \sum_{n=0}^{\infty} a_n (x-a)^n \\ &= a_0 + a_1(x-a) + a_2(x-a)^2 + \cdots + a_n(x-a)^n + \cdots \qquad \cdots\cdots ① \end{aligned}$$

と $x=a$ のまわりでべき級数展開されているとする．このとき，係数 $a_0, a_1, a_2, \ldots$ を求める．① に $x=a$ を代入すれば,

$$a_0 = f(a)$$

となる．さらに，① を項別微分して $x=a$ を代入すると,

$$f'(x) = 1\,a_1 + 2a_2\,(x-a) + 3a_3\,(x-a)^2 + \cdots$$

$$\text{よって}\quad f'(a) = a_1 = 1!a_1$$

$$f''(x) = 2\cdot 1\,a_2 + 3\cdot 2\,a_3(x-a) + 4\cdot 3\,a_4(x-a)^2 + \cdots$$

$$\text{よって}\quad f''(a) = 2\cdot 1\,a_2 = 2!a_2$$

$$f'''(x) = 3\cdot 2\cdot 1\,a_3 + 4\cdot 3\cdot 2\,a_4(x-a) + 5\cdot 4\cdot 3\,a_5(x-a)^2 + \cdots$$

$$\text{よって}\quad f'''(a) = 3\cdot 2\cdot 1\,a_3 = 3!a_3$$

$$\vdots$$

$$f^{(n)}(x) = n(n-1)(n-2)\cdots 2\cdot 1\,a_n + \big((x-a)\ \text{を含む項}\big)$$

$$\text{よって}\quad f^{(n)}(a) = n(n-1)(n-2)\cdots 2\cdot 1\,a_n = n!a_n$$

となる．したがって,

$$a_1 = \frac{f'(a)}{1!},\quad a_2 = \frac{f''(a)}{2!},\quad a_3 = \frac{f'''(a)}{3!},\quad \ldots,\quad a_n = \frac{f^{(n)}(a)}{n!}$$

が得られる．① の右辺にこれらの係数を代入して得られる級数

$$f(a) + \frac{f'(a)}{1!}(x-a) + \frac{f''(a)}{2!}(x-a)^2 + \cdots + \frac{f^{(n)}(a)}{n!}(x-a)^n + \cdots \tag{8.6}$$

を，$f(x)$ の $x=a$ のまわりの**テイラー級数**という．また，この級数の第 n 部分和

$$f_n(x) = f(a) + \frac{f'(a)}{1!}(x-a) + \frac{f''(a)}{2!}(x-a)^2 + \cdots + \frac{f^{(n)}(a)}{n!}(x-a)^n \tag{8.7}$$

を，$f(x)$ の $x=a$ のまわりの n 次**テイラー多項式**という．

とくに，$a=0$ であるとき，テイラー級数およびテイラー多項式を，それぞれ**マクローリン級数**，**マクローリン多項式**という．

例 8.5　$f(x)=\sin x$ とすると，$f(0)=0$, $f'(0)=1$, $f''(0)=0$, $f'''(0)=-1$ であるから，3 次マクローリン多項式（$x=0$ のまわりのテイラー多項式）は

$$f(0)+\frac{f'(0)}{1!}x+\frac{f''(0)}{2!}x^2+\frac{f'''(0)}{3!}x^3=x-\frac{x^3}{6}$$

である．また，$f\left(\frac{3\pi}{2}\right)=-1$, $f'\left(\frac{3\pi}{2}\right)=0$, $f''\left(\frac{3\pi}{2}\right)=1$ であるから，$x=\frac{3\pi}{2}$ における 2 次テイラー多項式は

$$f\left(\frac{3\pi}{2}\right)+\frac{f'\left(\frac{3\pi}{2}\right)}{1!}\left(x-\frac{3\pi}{2}\right)+\frac{f''\left(\frac{3\pi}{2}\right)}{2!}\left(x-\frac{3\pi}{2}\right)^2$$
$$=-1+\frac{1}{2}\left(x-\frac{3\pi}{2}\right)^2$$

である．$y=\sin x$ のグラフと，求めたテイラー多項式が表す関数のグラフは下図のようになる．

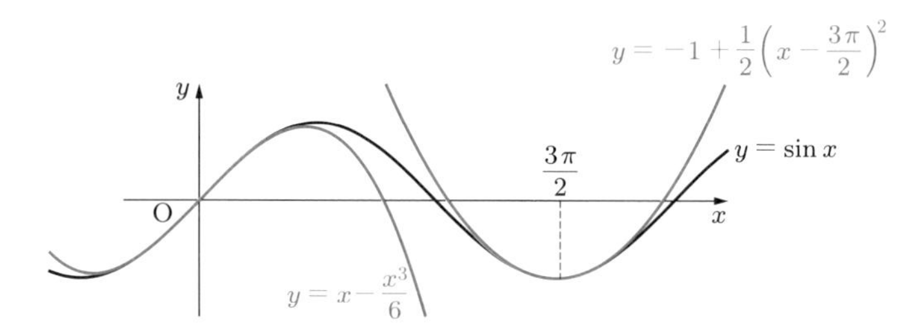

2 つのテイラー多項式は，それぞれ，$x=0$ のまわり，$x=\frac{3\pi}{2}$ のまわりの $y=\sin x$ のグラフを近似している．

問 8.6　$y=x^4-4x^2$ は，$x=\pm\sqrt{2}$ のとき極小値 $y=-4$，$x=0$ のとき極大値 $y=0$ をとり，そのグラフは次のようになる．$f(x)=x^4-4x^2$ の $x=0$ における 2 次テイラー多項式（マクローリン多項式），$x=\sqrt{2}$ における 2 次テイラー多項式をそれぞれ求めよ．

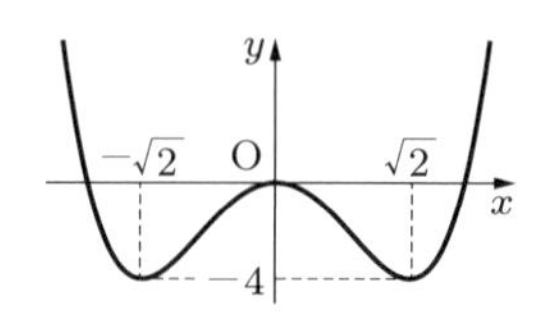

テイラーの定理 一般には，$f(x)$ と $f(x)$ のテイラー級数は必ずしも一致しない．これらが一致する条件を調べるために，$f(x)$ とその n 次テイラー多項式 $f_n(x)$ との差

$$R_{n+1}(x) = f(x) - f_n(x)$$
$$= f(x) - \left\{ f(a) + \frac{f'(a)}{1!}(x-a) + \frac{f''(a)}{2!}(x-a)^2 + \cdots + \frac{f^{(n)}(a)}{n!}(x-a)^n \right\}$$

を考える．$R_{n+1}(x)$ を**剰余項**という．この剰余項 R_{n+1} は，a と x の間にある適当な定数 c を用いて，

$$R_{n+1}(x) = \frac{f^{(n+1)}(c)}{(n+1)!}(x-a)^{n+1}$$

と表すことができる（証明は付録第 A4 節を参照）．これを**テイラーの定理**という．とくに，$a=0$ のときは，**マクローリンの定理**という．

8.3 テイラーの定理

何回でも微分可能な関数 $f(x)$ について，

$$f(x) = f(a) + \frac{f'(a)}{1!}(x-a) + \frac{f''(a)}{2!}(x-a)^2 + \cdots + \frac{f^{(n)}(a)}{n!}(x-a)^n + R_{n+1}(x)$$

とするとき，剰余項 $R_{n+1}(x)$ は，a と x の間にある適当な値 c を用いて

$$R_{n+1}(x) = \frac{f^{(n+1)}(c)}{(n+1)!}(x-a)^{n+1}$$

と表すことができる．

テイラー展開 $x=a$ を含む開区間で剰余項 $R_{n+1}(x)$ が $R_{n+1}(x) \to 0$ $(n \to \infty)$ を満たせば，$f(x)$ のテイラー級数はその区間で $f(x)$ に収束する．このとき，$f(x)$ は $x=a$ のまわりで**テイラー展開可能**であるといい，$f(x)$ はそのテイラー級数と一致する．$f(x)$ をテイラー級数で表すことを，$x=a$ のまわりの**テイラー展開**という．

8.4　テイラー展開

$x=a$ を含む開区間で $\lim_{n\to\infty} R_{n+1}(x)=0$ ならば，その区間で

$$f(x)=\sum_{n=0}^{\infty}\frac{f^{(n)}(a)}{n!}(x-a)^n$$
$$=f(a)+\frac{f'(a)}{1!}(x-a)+\frac{f''(a)}{2!}(x-a)^2+\cdots+\frac{f^{(n)}(a)}{n!}(x-a)^n+\cdots$$

が成り立つ．

とくに $a=0$ のとき，テイラー展開可能およびテイラー展開を，それぞれ**マクローリン展開可能**，**マクローリン展開**という．$f(x)$ がマクローリン展開可能ならば

$$f(x)=f(0)+\frac{f'(0)}{1!}x+\frac{f''(0)}{2!}x^2+\cdots+\frac{f^{(n)}(0)}{n!}x^n+\cdots \tag{8.8}$$

が成り立つ．

$f(x)=\sin x$ がマクローリン展開可能であるかどうかを調べる．例題 8.1(2) の結果から，任意の自然数 n について，$f^{(n+1)}(x)$ は $\pm\sin x$ または $\pm\cos x$ であるから，0 と x の間の値 c に対して $\left|f^{(n+1)}(c)\right|\leqq 1$ である．したがって，剰余項 $R_{n+1}(x)$ について，

$$|R_{n+1}(x)|=\left|\frac{f^{(n+1)}(c)}{(n+1)!}x^{n+1}\right|\leqq\left|\frac{x^{n+1}}{(n+1)!}\right|$$

が成り立つ．ここで，任意の x に対して，$|2x|<N$ となる自然数 N を選ぶと，$n\geqq N$ ならば $\frac{1}{2}>\left|\frac{x}{N}\right|>\left|\frac{x}{N+1}\right|>\cdots>\left|\frac{x}{n+1}\right|$ である．また，$K=\left|\frac{x^N}{N!}\right|$ とおくと，

$$\left|\frac{x^{n+1}}{(n+1)!}\right|=\left|\frac{x^N}{N!}\cdot\frac{x}{N+1}\cdot\frac{x}{N+2}\cdot\cdots\cdot\frac{x}{n+1}\right|$$
$$<K\cdot\left(\frac{1}{2}\right)^{n+1-N}\to 0\quad(n\to\infty)$$

となる．したがって，$R_{n+1}(x)\to 0\ (n\to\infty)$ となり，$f(x)=\sin x$ は任意の実数についてマクローリン展開可能である．

例題 8.4 マクローリン展開

$f(x) = \sin x$ をマクローリン展開せよ．

解 $f(x) = \sin x$ が任意の実数 x についてマクローリン展開可能であることはすでに調べた．0 以上の整数 k に対して，

$$f^{(n)}(0) = \begin{cases} 0 & (n = 2k) \\ 1 & (n = 4k+1) \\ -1 & (n = 4k+3) \end{cases}$$

であるから［→例題 8.1(2)］，$f(x) = \sin x$ のマクローリン展開は次のようになる．

$$\begin{aligned} \sin x &= x - \frac{x^3}{3!} + \frac{x^5}{5!} - \frac{x^7}{7!} + \cdots + (-1)^n \frac{x^{2n+1}}{(2n+1)!} + \cdots \\ &= \sum_{n=0}^{\infty} \frac{(-1)^n}{(2n+1)!} x^{2n+1} \end{aligned}$$

以下，この章で扱う関数は，$\sin x$ の場合と同じようにして剰余項がある範囲で 0 に収束することを示すことができる．したがって，これ以降はテイラー（マクローリン）展開可能性についてはとくに考慮しない．

問 8.7 次の関数のマクローリン展開を求めよ．

(1) $f(x) = e^x$ (2) $f(x) = \cos x$

以上の関数も含めて，基本的な関数のマクローリン展開をまとめると，次のようになる．

8.5 基本的な関数のマクローリン展開

$$e^x = 1 + \frac{x}{1!} + \frac{x^2}{2!} + \frac{x^3}{3!} + \cdots + \frac{x^n}{n!} + \cdots \quad (x \text{ は任意の実数})$$

$$\sin x = \frac{x}{1!} - \frac{x^3}{3!} + \frac{x^5}{5!} - \frac{x^7}{7!} + \cdots + (-1)^n \frac{x^{2n+1}}{(2n+1)!} + \cdots \quad (x \text{ は任意の実数})$$

$$\cos x = 1 - \frac{x^2}{2!} + \frac{x^4}{4!} - \frac{x^6}{6!} + \cdots + (-1)^n \frac{x^{2n}}{(2n)!} + \cdots \quad (x \text{ は任意の実数})$$

$$\frac{1}{1+x} = 1 - x + x^2 - x^3 + \cdots + (-1)^n x^n + \cdots \quad (-1 < x < 1)$$

$$\log(1+x) = x - \frac{x^2}{2} + \frac{x^3}{3} - \frac{x^4}{4} + \cdots + (-1)^n \frac{x^{n+1}}{n+1} + \cdots \quad (-1 < x \leqq 1)$$

例 8.6 e^x のマクローリン展開において，x を $-x^2$ に置き換えると，e^{-x^2} のマクローリン展開

$$e^{-x^2} = 1 - \frac{x^2}{1!} + \frac{x^4}{2!} - \frac{x^6}{3!} + \cdots + (-1)^n \frac{x^{2n}}{n!} + \cdots$$

が得られる．

e^{-x^2} を式 (8.8) によりマクローリン展開しても例 8.6 と同じ式が得られる．一般に，関数 $f(x)$ のべき級数展開は，どのような方法で求めてもその結果は一致する．これをべき級数展開の一意性という．

問8.8 次の関数のマクローリン展開を求めよ．

(1) $\sin 2x$ (2) $\log(1+x^2)$

オイラーの公式 複素数まで数の範囲を広げると，無関係のように見える指数関数と三角関数の間に深い関係があることがわかる．e^x のマクローリン展開は，x に複素数 z を代入しても，ある複素数に収束することが知られている．これを

$$e^z = 1 + \frac{z}{1!} + \frac{z^2}{2!} + \frac{z^3}{3!} + \cdots + \frac{z^n}{n!} + \cdots$$

と表す．とくに，$z = i\theta$（i は虚数単位，θ は実数）を代入すると，

$$\begin{aligned} e^{i\theta} &= 1 + \frac{i\theta}{1!} + \frac{(i\theta)^2}{2!} + \frac{(i\theta)^3}{3!} + \cdots + \frac{(i\theta)^n}{n!} + \cdots \\ &= \left(1 - \frac{\theta^2}{2!} + \frac{\theta^4}{4!} - \frac{\theta^6}{6!} + \cdots\right) + i\left(\frac{\theta}{1!} - \frac{\theta^3}{3!} + \frac{\theta^5}{5!} - \frac{\theta^7}{7!} + \cdots\right) \\ &= \cos\theta + i\sin\theta \end{aligned}$$

が得られる．これを**オイラーの公式**という．

8.6 オイラーの公式

$$e^{i\theta} = \cos\theta + i\sin\theta$$

例 8.7 $e^{\pi i} = \cos\pi + i\sin\pi = -1$

この例の関係式は，e, π, i の間に簡潔な関係があることを示している．

問8.9 次の値を求めよ．ただし，n は整数である．

(1) $e^{\frac{5\pi}{6}i}$ (2) $e^{\frac{\pi}{2}i}$ (3) $e^{2n\pi i}$

問8.10 オイラーの公式を用いて，次の式が成り立つことを示せ．

(1) $\cos\theta = \dfrac{e^{i\theta} + e^{-i\theta}}{2}$ (2) $\sin\theta = \dfrac{e^{i\theta} - e^{-i\theta}}{2i}$

8.4 マクローリン多項式と関数の近似

関数の近似式 マクローリンの定理によれば，関数 $f(x)$ とそのマクローリン多項式の間には，0 と x の間にある適当な値 c を用いて

$$f(x) = f(0) + \frac{f'(0)}{1!}x + \frac{f''(0)}{2!}x^2 + \cdots + \frac{f^{(n)}(0)}{n!}x^n + \frac{f^{(n+1)}(c)}{(n+1)!}x^{n+1}$$

の関係がある．$x \fallingdotseq 0$ であれば $\dfrac{f^{(n+1)}(c)}{(n+1)!}x^{n+1} \fallingdotseq 0$ であるから，近似式

$$f(x) \fallingdotseq f(0) + \frac{f'(0)}{1!}x + \frac{f''(0)}{2!}x^2 + \cdots + \frac{f^{(n)}(0)}{n!}x^n \quad (x \fallingdotseq 0) \qquad (8.9)$$

が成り立つ．これを $f(x)$ の $x = 0$ における **n 次近似式**という．同様にすると，$x \fallingdotseq a$ であれば，$x = a$ のまわりのテイラーの多項式を利用して $x = a$ における n 次近似式が得られる．

いくつかの関数 $f(x)$ の，近似式と近似値を調べよう．

例 8.8 関数 $\cos x$ のマクローリン展開は

$$\cos x = 1 - \frac{x^2}{2!} + \frac{x^4}{4!} - \cdots + (-1)^n \frac{x^{2n}}{(2n)!} + \cdots$$

であるから，$\cos x$ の 2 次近似式は

$$\cos x \fallingdotseq 1 - \frac{x^2}{2!} \quad (x \fallingdotseq 0)$$

である．この式で $x = 0.2$ とすれば，$\cos 0.2$ の近似値

$$\cos 0.2 \fallingdotseq 1 - \frac{0.2^2}{2!} = 0.98$$

が得られる（実際の値は $0.98006\cdots$ である）．

例題 8.5 関数の近似

関数 $f(x) = \sqrt{1+x}$ の $x = 0$ における 2 次近似式を用いて，$\sqrt{1.08}$ の近似値を小数第 3 位まで求めよ．

解　$f(x)=\sqrt{1+x}$ のとき，

$$f'(x)=\frac{1}{2}(1+x)^{-\frac{1}{2}},\quad f''(x)=-\frac{1}{4}(1+x)^{-\frac{3}{2}}$$

であるから

$$f(0)=1,\quad f'(0)=\frac{1}{2},\quad f''(0)=-\frac{1}{4}$$

となる．したがって，$f(x)=\sqrt{1+x}$ の 2 次近似式は

$$\sqrt{1+x}\fallingdotseq 1+\frac{1}{2}x-\frac{1}{8}x^2\quad (x\fallingdotseq 0)$$

となる．この式で $x=0.08$ とすれば，$\sqrt{1.08}$ の近似値

$$\sqrt{1.08}\fallingdotseq 1+\frac{1}{2}\cdot 0.08-\frac{1}{8}\cdot 0.08^2\fallingdotseq 1.039$$

が得られる（実際の値は $1.03923\cdots$ である）．

問8.11　次の関数 $f(x)$ の $x=0$ における 2 次近似式を求め，(　) 内の値の近似値を小数第 3 位まで求めよ．

(1)　$f(x)=e^x$　$(\sqrt[4]{e})$　　(2)　$f(x)=\log(1+x)$　$(\log 1.1)$

(3)　$f(x)=\dfrac{1}{1+x}$　$\left(\dfrac{1}{0.96}\right)$

誤差の見積もり　マクローリン多項式による近似式によって得られる関数の値の近似値を求めたとき，その誤差はどのくらいになるかを調べる．まず，関数 $\sin x$ と $\sin x$ のマクローリン多項式のグラフを比較する．

$$\sin x=x-\frac{x^3}{3!}+\frac{x^5}{5!}-\frac{x^7}{7!}+\cdots$$

であるから，$f(x)=\sin x$ の 1 次，3 次，5 次マクローリン多項式は，それぞれ

$$f_1(x)=x,\quad f_3(x)=x-\frac{x^3}{3!},\quad f_5(x)=x-\frac{x^3}{3!}+\frac{x^5}{5!}$$

となる．ここで，$y=\sin x$ および $y=f_1(x)$, $y=f_3(x)$, $y=f_5(x)$ のグラフは，次の図のようになる．

これによって，次数 n が大きくなるにしたがって，$y=f_n(x)$ のグラフは $y=\sin x$ のグラフに近づいていき，近似式から得られる近似値の誤差は小さくなっていくことがわかる．

$x=0$ における n 次近似式により求めた近似値の**誤差の大きさ**は

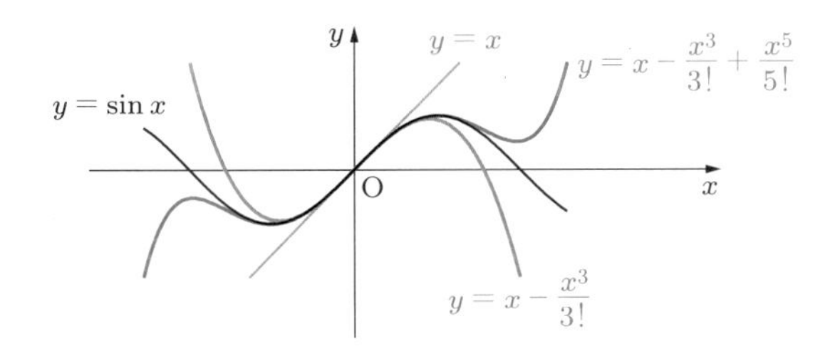

$$|f(x)-f_n(x)|=|R_{n+1}(x)|=\left|\frac{f^{(n+1)}(c)}{(n+1)!}x^{n+1}\right| \tag{8.10}$$

となる．

例 8.9 $\sin x$ の $x=0$ における 5 次近似式を用いて，$\sin 1$ の近似値を小数第 4 位まで求めると，

$$\sin x \fallingdotseq x-\frac{x^3}{3!}+\frac{x^5}{5!} \quad よって \quad \sin 1 \fallingdotseq 1-\frac{1}{3!}+\frac{1}{5!} \fallingdotseq 0.8417$$

となる．実際の値は $\sin 1 = 0.84147\cdots$ である．$(\sin x)^{(6)} = -\sin x$ であり，$|\sin x| \leqq 1$ であるから，この近似値の誤差の大きさは，

$$|R_6(1)|=\left|\frac{-\sin c}{6!}\cdot 1^6\right| < \frac{1}{6!} = 0.0013\cdots$$

と見積もることができる．この不等式は，誤差 $|R_6(1)|$ はどんなに大きくても $\dfrac{1}{6!}$ を超えることはないことを示している．このように，誤差は大きめに見積もる必要がある．

問 8.12 $\cos x$ のマクローリン多項式による 6 次近似式を求めよ．また，この近似式による $\cos 1$ の近似値を小数第 5 位まで求め，そのときの誤差の大きさを見積もれ．

練習問題 8

[1] 次の関数の第 3 次導関数を求めよ．

(1) $y = e^{-x}\sin x$　(2) $y = x^2\cos x$　(3) $y = \dfrac{1}{1-3x}$

[2] n を自然数とするとき，関数 $y = x^2\log x$ の第 n 次導関数を求めよ．

[3] $\dfrac{1}{1-x} = 1 + x + x^2 + \cdots$ $(|x| < 1)$ を用いて，関数 $f(x) = \dfrac{1}{2-x}$ のべき級数展開を求めよ．また，収束半径を求めよ．

[4] 次の問いに答えよ．

(1) $\dfrac{1}{1+x}$ のマクローリン展開を利用することにより，関数 $\dfrac{1}{1+x^2}$ のマクローリン展開を求めよ．

(2) (1) の結果を使って，$\tan^{-1} x$ のマクローリン展開を求めよ．

[5] $\cosh x = \dfrac{e^x + e^{-x}}{2}$ のマクローリン展開を求めよ．

[6] オイラーの公式を用いて，任意の実数 α，β について，次の性質が成り立つことを証明せよ．

(1) $e^{\alpha i}e^{\beta i} = e^{(\alpha+\beta)i}$　(2) $\dfrac{e^{\alpha i}}{e^{\beta i}} = e^{(\alpha-\beta)i}$

[7] $f(x) = \sin x$ の $x = 0$ における 3 次近似式によって，$\sin 0.5$ の近似値を小数第 3 位まで求めよ．また，そのときの誤差の大きさを見積もれ．

[8] p が実数のとき，$(1+x)^p$ $(|x| < 1)$ はマクローリン展開可能であることが知られている．

(1) $(1+x)^p$ のマクローリン展開が次の式で与えられることを証明せよ．これを**拡張された二項定理**といい，右辺のべき級数を**二項展開**という．

$$(1+x)^p = \sum_{n=0}^{\infty} \begin{pmatrix} p \\ n \end{pmatrix} x^n \quad (|x| < 1)$$

ただし，$\begin{pmatrix} p \\ 0 \end{pmatrix} = 1$，$\begin{pmatrix} p \\ n \end{pmatrix} = \dfrac{p(p-1)(p-2)\cdots(p-n+1)}{n!}$ $(n \geqq 1)$ である．

(2) $\sqrt[3]{1+x}$ の 2 次近似式を求め，$\sqrt[3]{1.2}$ の近似値を小数第 3 位まで求めよ．

Chapter 5

偏微分法

9 偏導関数

9.1 2変数関数

2変数関数　2つの実数 x, y の値を定めるごとに実数 z の値がただ1つ定まるとき，z は2つの変数 x, y の関数であるといい，x, y を**独立変数**，z を**従属変数**という．独立変数が2つある関数を**2変数関数**といい，f などの文字を用いて

$$z = f(x, y) \quad \text{または} \quad z = z(x, y)$$

と表す．このとき，変数の組 (x, y) のとりうる範囲を**定義域**という．とくに断らないかぎり，定義域は関数 $z = f(x, y)$ が実数の値をとる (x, y) の全体とする．また，(x, y) を平面上の点と考えると，定義域は xy 平面上の領域である．

定義域に含まれる点 $\mathrm{P}(a, b)$ に対して，$f(a, b)$ を点 P における $z = f(x, y)$ の**値**という．変数 z の値のとりうる範囲を**値域**という．

例 9.1　$f(x, y) = 2x^2 - y^2$ の定義域は xy 平面全体であり，値域は実数全体である．点 $\mathrm{P}(1, 2)$ における $z = f(x, y)$ の値は，$f(1, 2) = 2 \cdot 1^2 - 2^2 = -2$ である．

例題 9.1　2変数関数の定義域と値域

次の2変数関数の定義域と値域を求めよ．

(1) $z = \dfrac{1}{x^2 + y^2}$　　(2) $z = \sqrt{25 - x^2 - y^2}$

解 (1) 分母は0となってはいけないから，$x^2 + y^2 \neq 0$ である．したがって，定義域は原点を除く平面全体である．このとき，$x^2 + y^2 > 0$ であるから，値域は $z > 0$ である．

(2) 根号内が負とならない範囲が定義域である．したがって，定義域は

$$25 - x^2 - y^2 \geqq 0 \quad \text{すなわち} \quad x^2 + y^2 \leqq 25$$

である．これは，原点 O を中心とする半径 5 の円の内部（境界を含む）であるこのとき，

$$0 \leqq \sqrt{25 - x^2 - y^2} \leqq 5$$

となるから，値域は $0 \leqq z \leqq 5$ となる．

問 9.1　次の関数の定義域と値域を求めよ．

(1)　$z = \dfrac{1}{x^2 - y^2}$　　(2)　$z = \sqrt{4 - x^2}$

2 変数関数のグラフ　関数 $z = f(x, y)$ が与えられたとき，空間の点 $(x, y, f(x, y))$ 全体を関数 $z = f(x, y)$ の**グラフ**という．$z = f(x, y)$ のグラフが曲面を作るとき，そのグラフを曲面 $z = f(x, y)$ という．以下，いくつかの関数のグラフの例を示す．

例 9.2　関数 $z = ax + by + c$（a, b, c は定数）の式を変形すると

$$ax + by - (z - c) = 0$$

となるから，$z = ax + by + c$ のグラフは，点 $(0, 0, c)$ を通りベクトル $\boldsymbol{n} = \pm \begin{pmatrix} a \\ b \\ -1 \end{pmatrix}$ に垂直な平面である．

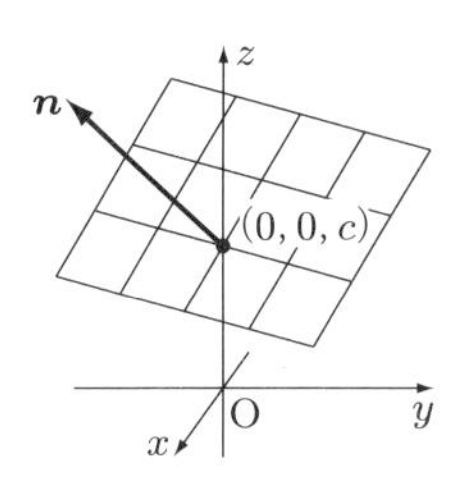

例 9.3　関数 $z = \sqrt{16 - x^2 - y^2}$ の式を変形すると

$$x^2 + y^2 + z^2 = 4^2, \quad z \geqq 0$$

となるから，この関数のグラフは，原点 O を中心とする半径 4 の球面の $z \geqq 0$ の部分（上半球面）である．

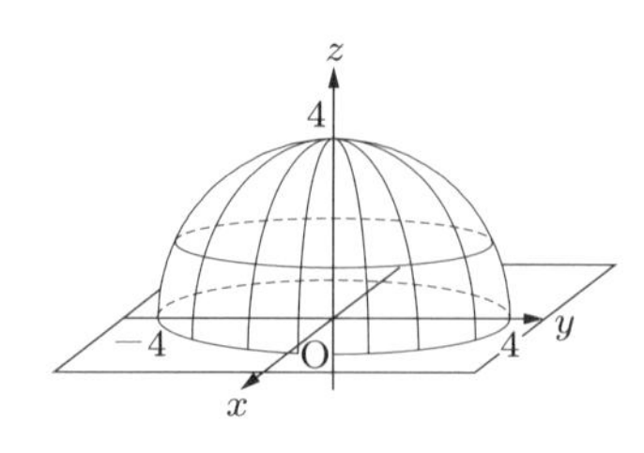

例 9.4 関数 $z=\sqrt{5-x^2}$ の式を変形すると

$$x^2+z^2=(\sqrt{5})^2, \quad z \geqq 0$$

となるから，zx 平面では原点を中心とする半径 $\sqrt{5}$ の円の $z \geqq 0$ の部分（上半円）を表す．$z=\sqrt{5-x^2}$ は変数 y を含まないから，y が変化しても z の値は変化しない．したがって，関数 $z=\sqrt{5-x^2}$ のグラフは，この半円上の各点を通り，y 軸に平行な直線が作る円柱面の $z \geqq 0$ の部分である．

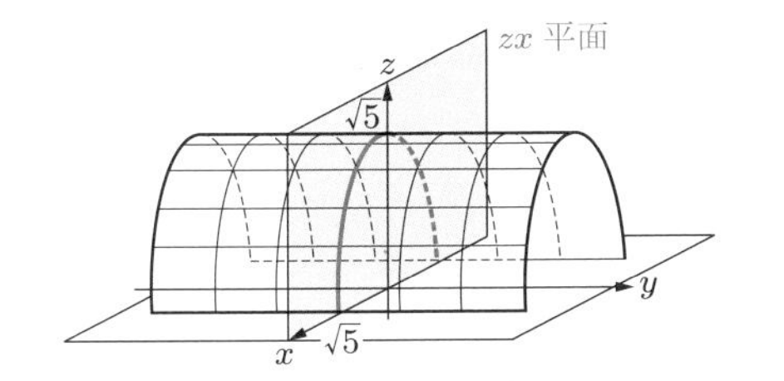

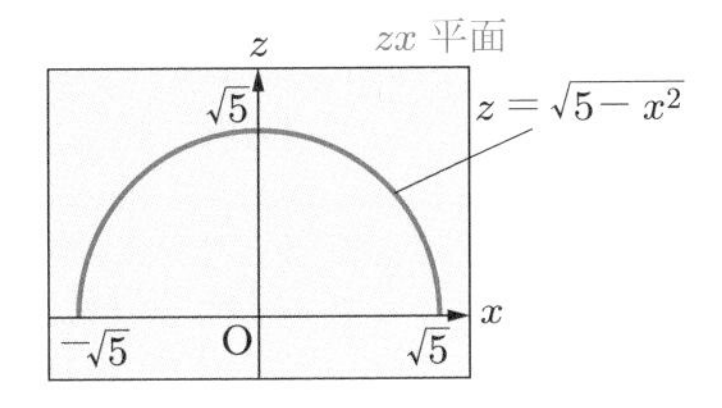

問 9.2 次の関数で表される曲面はどのようなものか説明せよ．

(1) $z=3x+2y-4$ (2) $z=\sqrt{4-x^2-y^2}$ (3) $z=\sqrt{1-y^2}$

球面 $z=\sqrt{a^2-x^2-y^2}$ は，$y=0$ とおいてできる zx 平面内の曲線 $z=\sqrt{a^2-x^2}$ を，z 軸を中心として回転してできる曲面である（図 1）．

一般に，関数 $z=f(x^2+y^2)$ は xy 平面と平行な平面上の，原点を中心とする円の上で同じ値をとる．よって，そのグラフは，$y=0$ とおいてできる zx 平面内の曲線 $z=f(x^2)$ を，z 軸を中心として回転してできる曲面である（図 2）．このようにして得られる曲面を**回転面**という．

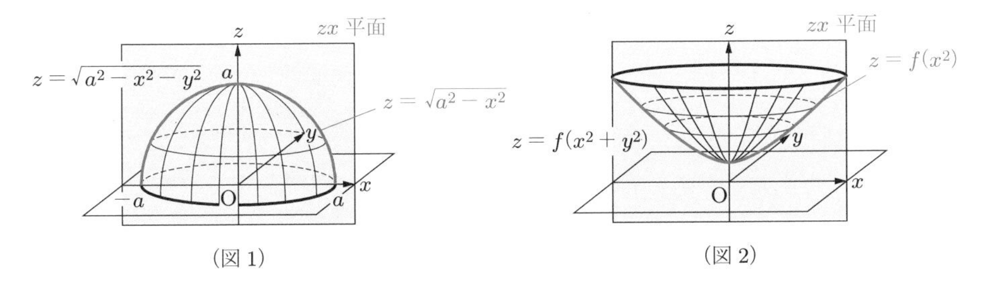

（図 1） （図 2）

例 9.5　回転面の例をあげる.

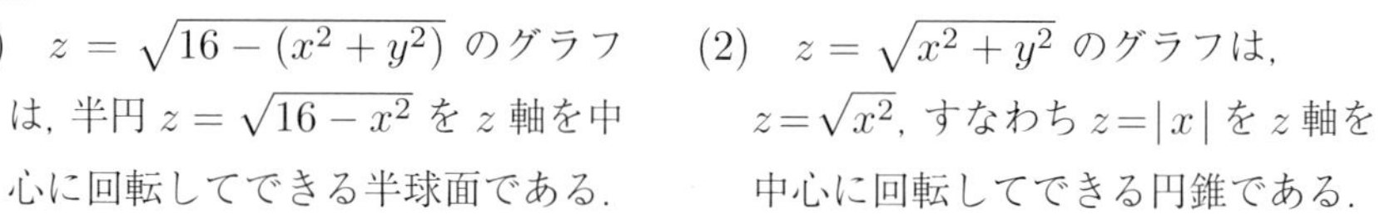

(1)　$z = \sqrt{16 - (x^2 + y^2)}$ のグラフは, 半円 $z = \sqrt{16 - x^2}$ を z 軸を中心に回転してできる半球面である.

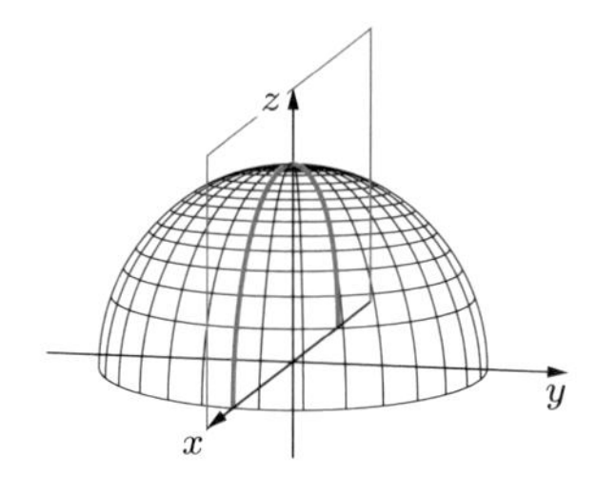

(2)　$z = \sqrt{x^2 + y^2}$ のグラフは, $z = \sqrt{x^2}$, すなわち $z = |x|$ を z 軸を中心に回転してできる円錐である.

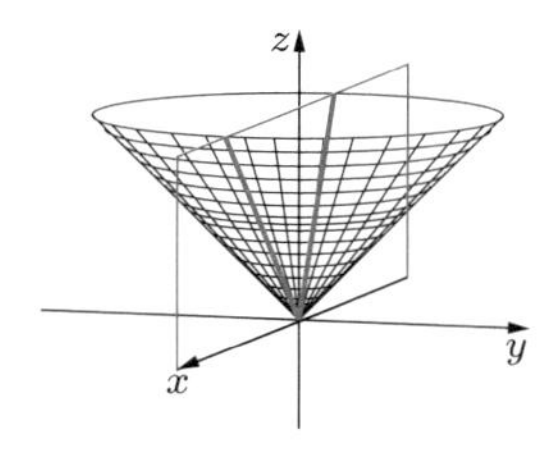

(3)　$z = x^2 + y^2$ のグラフは, 放物線 $z = x^2$ を z 軸を中心に回転してできる曲面である. これを**回転放物面**という.

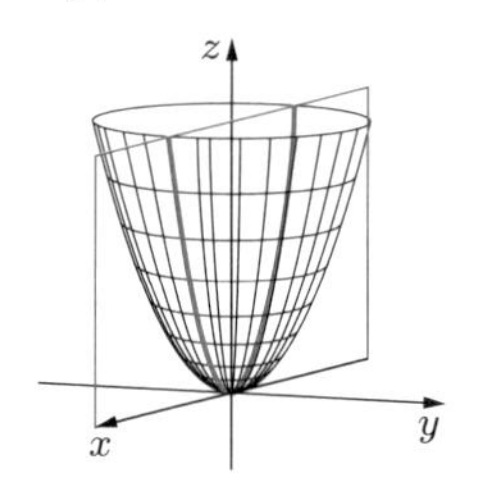

(4)　$z = \dfrac{1}{x^2 + y^2}$ のグラフは, 曲線 $z = \dfrac{1}{x^2}$ を z 軸を中心に回転してできる曲面である.

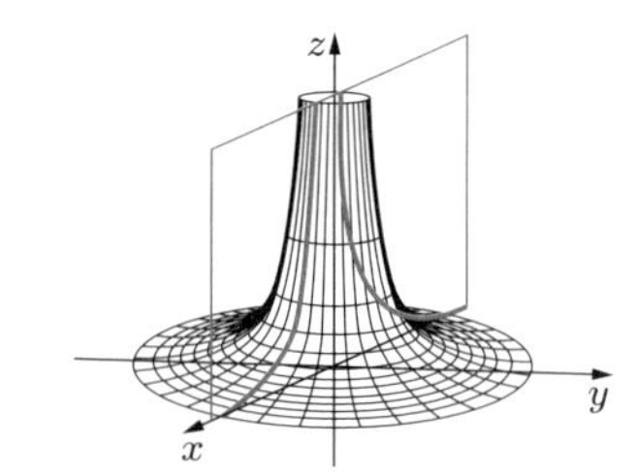

(5)　$z = e^{-(x^2+y^2)}$ のグラフは, 曲線 $z = e^{-x^2}$ を z 軸を中心に回転してできる曲面である.

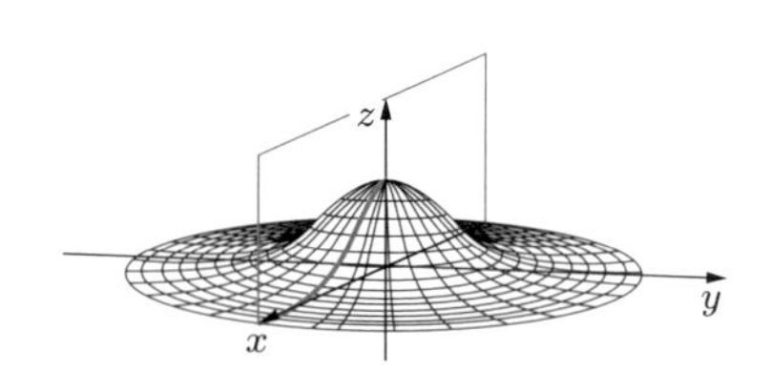

[note]　例 9.5(4) の関数は, z 軸からの距離の 2 乗に反比例する値を表す関数で, 応用上, 重要なものが多い. 原点に質点を置いたときに点 (x, y) が受ける万有引力の強さなどが, この関数で表される. (5) の関数は確率統計の分野でも重要な役割を果たす.

曲面 $z = f(x, y)$ と xy 平面に垂直な平面 α との交線を, 曲面 $z = f(x, y)$ の平面 α による**断面曲線**という. 断面曲線を調べることは, 曲面の形を知るための有力な方法の 1 つである.

例 9.6 曲面 $z=-x^2+y^2$ の x 軸と垂直な平面 $x=a$ による断面曲線 $z=-a^2+y^2$ は下に凸の放物線であり，y 軸と垂直な平面 $y=b$ による断面曲線 $z=-x^2+b^2$ は上に凸の放物線である．このような曲面を**双曲放物面**という．

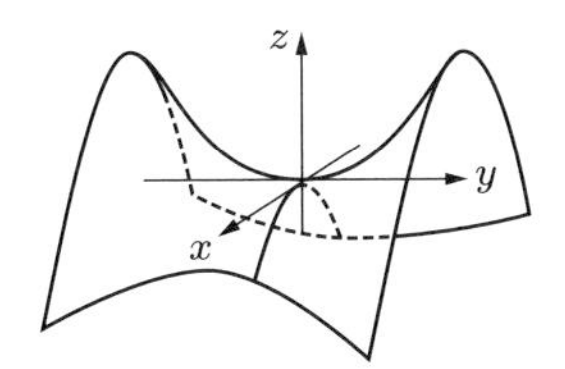

2 変数関数の極限値 関数 $f(x,y)$ において，点 $\mathrm{P}(x,y)$ が点 $\mathrm{A}(a,b)$ とは異なる点をとりながら点 A に限りなく近づくとき，その近づき方によらず，$f(x,y)$ の値が一定の値 α に限りなく近づくならば，$f(x,y)$ は α に**収束する**といい，α をその**極限値**という．これを，

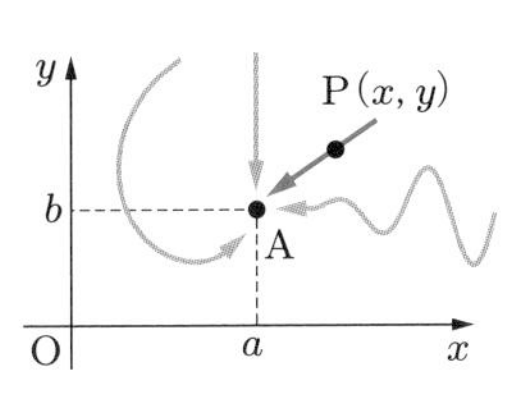

$$\lim_{(x,y)\to(a,b)} f(x,y)=\alpha \quad \text{または} \quad f(x,y)\to\alpha \ \ ((x,y)\to(a,b)) \tag{9.1}$$

と表す．

平面上で，点 P が点 A に近づくとき，その近づき方は無数に存在する．$f(x,y)$ が α に収束するということは，どのような近づき方をしても，$f(x,y)$ が同じ値 α に近づくということである．

例題 9.2 2 変数関数の極限値

次の極限値が存在するかどうか調べよ．存在するときには極限値を求めよ．

(1) $\displaystyle\lim_{(x,y)\to(0,0)} \frac{2xy^2}{x^2+y^2}$　　(2) $\displaystyle\lim_{(x,y)\to(0,0)} \frac{x^2-y^2}{x^2+y^2}$

解 どちらの関数も原点 O(0,0) では定義されていない．(x,y) が原点に近づくときの $f(x,y)$ の様子を調べるために，極座標を用いて $x=r\cos\theta,\ y=r\sin\theta$ とおく．このとき，$(x,y)\to(0,0)$ であれば $r=\sqrt{x^2+y^2}\to 0$ である．

(1) $\cos^2\theta+\sin^2\theta=1$ であることに注意すると，

$$\frac{2xy^2}{x^2+y^2}=\frac{2r^3\cos\theta\sin^2\theta}{r^2(\cos^2\theta+\sin^2\theta)}=2r\cos\theta\sin^2\theta$$

が成り立つ．$|\cos\theta|\leqq 1,\ |\sin\theta|\leqq 1$ であるから，

$$\lim_{(x,y)\to(0,0)} \frac{2xy^2}{x^2+y^2}=\lim_{r\to 0} 2r\cos\theta\sin^2\theta=0$$

である．よって，極限値は 0 である．

(2)　(1) と同じように計算すると，

$$\frac{x^2 - y^2}{x^2 + y^2} = \frac{r^2(\cos^2\theta - \sin^2\theta)}{r^2(\cos^2\theta + \sin^2\theta)} = \cos^2\theta - \sin^2\theta = \cos 2\theta$$

となる．したがって，点 $\mathrm{P}(x, y)$ が角 θ に対する動径に沿って原点に近づくとき，$\dfrac{x^2 - y^2}{x^2 + y^2}$ は近づく角 θ によって異なる値に近づく．よって，この極限値は存在しない．

問 9.3　次の極限値が存在するかどうかを調べよ．存在するときにはその極限値を求めよ．

(1)　$\displaystyle\lim_{(x,y)\to(0,0)} \frac{x^2 y^2}{x^2 + y^2}$　　(2)　$\displaystyle\lim_{(x,y)\to(0,0)} \frac{(x+y)^2}{x^2 + y^2}$

連続性　関数 $z = f(x, y)$ の定義域に含まれる点 (a, b) において，極限値 $\displaystyle\lim_{(x,y)\to(a,b)} f(x, y)$ が存在して，

$$\lim_{(x,y)\to(a,b)} f(x, y) = f(a, b) \tag{9.2}$$

が成り立つとき，$f(x, y)$ は点 (a, b) で**連続**であるという．xy 平面上の領域の各点で連続であるとき，$f(x, y)$ はその領域で連続であるという．2 つの連続な関数の和・差・積・商で表される関数は，その定義域内で連続である．

例 9.7　関数 $z = x^2 + y^2$ は平面全体で連続，$z = \dfrac{1}{x^2 + y^2}$ は平面全体から原点 $\mathrm{O}(0, 0)$ を除いた領域で連続，そして，$z = \log(x + y)$ は $x + y > 0$ を満たす領域で連続である．

9.2　偏導関数

偏微分係数　関数 $z = f(x, y)$ に $y = b$ を代入してできる 1 変数関数 $z = f(x, b)$ を考える．z の $x = a$ における微分係数

$$\lim_{h\to 0} \frac{f(a + h, b) - f(a, b)}{h} \tag{9.3}$$

が存在するとき，$z = f(x, y)$ は点 (a, b) において x について**偏微分可能**であるという．このとき，この極限値を，$z = f(x, y)$ の点 (a, b) における x についての偏

微分係数といい，

$$f_x(a,b), \quad z_x(a,b)$$

などと表す．同様に，$z=f(x,y)$ に $x=a$ を代入してできる 1 変数関数 $z=f(a,y)$ の $y=b$ における微分係数

$$\lim_{k\to 0}\frac{f(a,b+k)-f(a,b)}{k} \tag{9.4}$$

が存在するとき，$z=f(x,y)$ は点 (a,b) において y について偏微分可能であるという．このとき，この極限値を，$z=f(x,y)$ の点 (a,b) における y についての偏微分係数といい，

$$f_y(a,b), \quad z_y(a,b)$$

などと表す．

偏微分係数 $f_x(a,b)$ は，曲面 $z=f(x,y)$ の平面 $y=b$ による断面曲線 $z=f(x,b)$ の $x=a$ に対応する点 P における接線 ℓ_1 の傾きである（図 1）．また，偏微分係数 $f_y(a,b)$ は，平面 $x=a$ による断面曲線 $z=f(a,y)$ の $y=b$ に対応する点 P における接線 ℓ_2 の傾きである（図 2）．

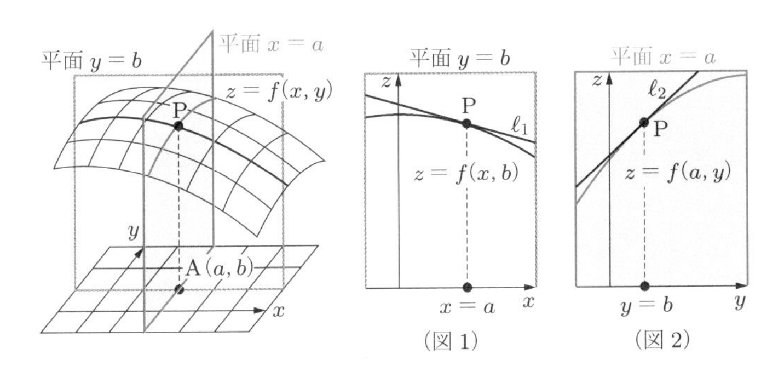

（図 1）　（図 2）

偏導関数と偏微分係数　関数 $f(x,y)$ が xy 平面上の領域 D 内の各点で x について偏微分可能であるとき，$f(x,y)$ は領域 D で x について**偏微分可能**であるという．このとき，D の各点 (x,y) にその点の x についての偏微分係数を対応させる関数を，$z=f(x,y)$ の x についての**偏導関数**といい，

$$f_x(x,y), \quad z_x(x,y), \quad f_x, \quad z_x, \quad \frac{\partial f}{\partial x}, \quad \frac{\partial z}{\partial x}, \quad \frac{\partial}{\partial x}f(x,y)$$

などと表す．x についての偏導関数を求めることを x で**偏微分する**という．y についての偏導関数も同様である．

9.1　偏導関数

$$f_x(x,y) = \lim_{h\to 0} \frac{f(x+h,y)-f(x,y)}{h}$$

$$f_y(x,y) = \lim_{k\to 0} \frac{f(x,y+k)-f(x,y)}{k}$$

ある領域 D において x, y についての偏導関数がともに存在するとき，$z=f(x,y)$ は領域 D で偏微分可能であるという．

偏導関数の定義から，$f_x(x,y)$ を求めるには y を定数とみなして x で微分し，$f_y(x,y)$ を求めるには x を定数とみなして y で微分すればよい．

偏導関数 $f_x(x,y)$ の点 $\mathrm{A}(a,b)$ における値が，$z=f(x,y)$ の点 (a,b) における x についての偏微分係数 $f_x(a,b)$ である．その意味で，偏微分係数 $f_x(a,b)$ は，

$$\left.\frac{\partial f}{\partial x}\right|_{(a,b)}, \quad \left.\frac{\partial z}{\partial x}\right|_{(a,b)}, \quad z_x(a,b)$$

などとかくことがある．y についての偏微分係数も同様である．

例 9.8　　x, y についての偏導関数と偏微分係数を求める．

(1)　$f(x,y)=xy^3-2x^2$ とするとき，

$$f_x(x,y)=y^3-4x, \quad f_y(x,y)=3xy^2$$

である．したがって，点 $(1,2)$ における偏微分係数は

$$f_x(1,2)=2^3-4=4, \quad f_y(1,2)=3\cdot 1\cdot 2^2=12$$

となる．点 $(1,2)$ における x についての偏微分係数 $f_x(1,2)$ は，$y=2$ として得られる 1 変数関数 $f(x,2)=8x-2x^2$ の $x=1$ における微分係数である．また，y についての偏微分係数 $f_y(1,2)$ は，$x=1$ として得られる 1 変数関数 $f(1,y)=y^3-2$ の $y=2$ における微分係数である．

(2)　$z=\sqrt{25-x^2-y^2}$ とするとき，

$$\frac{\partial z}{\partial x} = \frac{-x}{\sqrt{25-x^2-y^2}}, \quad \frac{\partial z}{\partial y} = \frac{-y}{\sqrt{25-x^2-y^2}}$$

である．したがって，点 $(-3,2)$ における偏微分係数は次のようになる．

$$\left.\frac{\partial z}{\partial x}\right|_{(-3,2)} = \frac{-(-3)}{\sqrt{25-(-3)^2-2^2}} = \frac{\sqrt{3}}{2}$$
$$\left.\frac{\partial z}{\partial y}\right|_{(-3,2)} = \frac{-2}{\sqrt{25-(-3)^2-2^2}} = -\frac{\sqrt{3}}{3}$$

問 9.4 次の関数の偏導関数，および指定された点における偏微分係数を求めよ．

(1) $f(x,y) = 9x^2 - 12xy + 4y^2$, $(1,1)$　　(2) $f(x,y) = e^{2x}\sin y$, $(0,\pi)$

(3) $z = \dfrac{x}{y^2}$, $(0,3)$　　(4) $z = \tan^{-1}\dfrac{y}{x}$, $(1,1)$

第 2 次偏導関数　関数 $f(x,y)$ において，f_x, f_y がさらに偏微分可能であるとき，関数 $f(x,y)$ は **2 回偏微分可能**であるといい，それらの偏導関数を**第 2 次偏導関数**という．第 2 次偏導関数を表すとき，どの変数について偏微分したかを明示する必要がある．x についての偏導関数をさらに x で偏微分して得られる第 2 次偏導関数を，

$$f_{xx}(x,y),\quad z_{xx}(x,y),\quad f_{xx},\quad z_{xx},\quad \frac{\partial^2 f}{\partial x^2},\quad \frac{\partial^2 z}{\partial x^2},\quad \frac{\partial^2}{\partial x^2}f(x,y)$$

などと表す．また，x についての偏導関数をさらに y で偏微分して得られる第 2 次偏導関数を，

$$f_{xy}(x,y),\quad z_{xy}(x,y),\quad f_{xy},\quad z_{xy},\quad \frac{\partial^2 f}{\partial y\partial x},\quad \frac{\partial^2 z}{\partial y\partial x},\quad \frac{\partial^2}{\partial y\partial x}f(x,y)$$

などと表す．

[note]　x, y の順序に注意する．f_{xy} は $(f_x)_y$，$\dfrac{\partial^2 f}{\partial y\partial x}$ は $\dfrac{\partial}{\partial y}\left(\dfrac{\partial f}{\partial x}\right)$ の意味である．

第 2 次偏導関数がさらに偏微分可能であれば，3 次以上の偏導関数を考えることができる．2 次以上の偏導関数を**高次偏導関数**という．

例 9.9　(1) $f(x,y) = x^3 + xy^2 - 3x - 2$ のとき，

$$\frac{\partial f}{\partial x} = 3x^2 + y^2 - 3,\quad \frac{\partial f}{\partial y} = 2xy$$

である．これらをさらに偏微分すれば，

$$\frac{\partial^2 f}{\partial x^2} = 6x, \quad \frac{\partial^2 f}{\partial y \partial x} = 2y, \quad \frac{\partial^2 f}{\partial x \partial y} = 2y, \quad \frac{\partial^2 f}{\partial y^2} = 2x$$

となる.

(2)　$z = xe^{2y}$ のとき,

$$z_x = e^{2y}, \quad z_y = 2xe^{2y}$$

である. これらをさらに偏微分すれば,

$$z_{xx} = 0, \quad z_{xy} = 2e^{2y}, \quad z_{yx} = 2e^{2y}, \quad z_{yy} = 4xe^{2y}$$

となる.

例 9.9 の 2 つの関数はともに $\dfrac{\partial^2 f}{\partial y \partial x} = \dfrac{\partial^2 f}{\partial x \partial y}$ あるいは $z_{xy} = z_{yx}$ を満たす. 一般に, 関数 $f(x, y)$ の第 2 次偏導関数 f_{xy}, f_{yx} が一致するための条件として, 次のことが知られている.

9.2　$f_{xy} = f_{yx}$ となるための十分条件

関数 $f(x, y)$ の第 2 次偏導関数 f_{xy}, f_{yx} が存在してともに連続であるとき, $f(x, y)$ の第 2 次偏導関数は偏微分する変数の順序によらない. すなわち,

$$f_{xy}(x, y) = f_{yx}(x, y)$$

が成り立つ.

3 次以上の偏導関数についても上と同様の定理が成り立つ. たとえば, $f(x, y)$ に第 3 次偏導関数が存在してそれらがすべて連続であるならば,

$$f_{xxy} = f_{xyx} = f_{yxx}, \quad f_{xyy} = f_{yxy} = f_{yyx}$$

が成り立つ.

問9.5　次の関数の第 2 次偏導関数を求めよ.

(1)　$f(x, y) = 3x^2 + 4xy - 5y^2$　　(2)　$f(x, y) = \dfrac{x}{x + 2y}$

(3)　$z = x \sin xy$　　(4)　$z = x \log y$

9.3　合成関数の導関数・偏導関数

2 変数関数の合成関数　関数 $z = f(x, y)$ に対して, x, y が t の 1 変数関数

として $x = x(t)$, $y = y(t)$ と表されているとき，合成関数 $z = f(x(t), y(t))$ は t の1変数関数となる．

例 9.10　$z = x^2 y$ において，$x = 2\cos t$, $y = 2\sin t$ のとき，合成関数は

$$z = (2\cos t)^2 \cdot 2\sin t = 8\cos^2 t \sin t$$

である．

合成関数の導関数　$y = f(u)$, $u = g(x)$ であるとき，合成関数 $y = f(g(x))$ の導関数について，

$$\frac{dy}{dx} = \frac{dy}{du}\frac{du}{dx} \tag{9.5}$$

が成り立つことはすでに学んだ［→定理 3.10］．$z = f(x, y)$ の合成関数 $z = f(x(t), y(t))$ の導関数については，これを拡張した次の定理が成り立つ．

9.3 合成関数の導関数

関数 $z = f(x, y)$ は偏微分可能で偏導関数 f_x, f_y はともに連続，関数 $x = x(t)$, $y = y(t)$ は微分可能であるとする．

このとき，合成関数 $z = f(x(t), y(t))$ は微分可能で，その導関数は次のようになる．

$$\frac{dz}{dt} = \frac{\partial z}{\partial x}\frac{dx}{dt} + \frac{\partial z}{\partial y}\frac{dy}{dt}$$

証明　t の変化量 Δt に対する x, y の変化量をそれぞれ Δx, Δy とし，それらに対する z の変化量を Δz とすると，

$$\begin{aligned}\Delta z &= f(x + \Delta x, y + \Delta y) - f(x, y)\\ &= \underline{f(x + \Delta x, y + \Delta y) - f(x, y + \Delta y)} + \underline{f(x, y + \Delta y) - f(x, y)}\end{aligned}$$

となる．ここで，一方の変数を固定した1変数の関数に平均値の定理を適用すると，

$$\underline{f(x + \Delta x, y + \Delta y) - f(x, y + \Delta y)} = f_x(x_1, y + \Delta y)\Delta x \quad [y + \Delta y \text{ を固定}]$$

$$\underline{f(x, y + \Delta y) - f(x, y)} = f_y(x, y_1)\Delta y \quad [x \text{ を固定}]$$

を満たす x_1 が x と $x + \Delta x$ の間に，y_1 が y と $y + \Delta y$ の間に存在する．よって，

$$\Delta z = f_x(x_1, y + \Delta y)\Delta x + f_y(x, y_1)\Delta y$$

が成り立つ．この両辺を Δt で割ると，

$$\frac{\Delta z}{\Delta t} = f_x(x_1, y + \Delta y)\frac{\Delta x}{\Delta t} + f_y(x, y_1)\frac{\Delta y}{\Delta t}$$

となる．ここで，$\Delta t \to 0$ とすると，$x_1 \to x$, $y_1 \to y$ であり，f_x, f_y は連続であるから，

$$\frac{\Delta x}{\Delta t} \to \frac{dx}{dt}, \quad \frac{\Delta y}{\Delta t} \to \frac{dy}{dt},$$

$$f_x(x_1, y + \Delta y) \to f_x(x, y) = \frac{\partial z}{\partial x}, \quad f_y(x, y_1) \to f_y(x, y) = \frac{\partial z}{\partial y}$$

となる．したがって，

$$\frac{dz}{dt} = \lim_{\Delta t \to 0} \frac{\Delta z}{\Delta t} = \frac{\partial z}{\partial x}\frac{dx}{dt} + \frac{\partial z}{\partial y}\frac{dy}{dt}$$

が成り立つ．　証明終

例 9.11　$z = x^2 y$, $x = 2\cos t$, $y = 2\sin t$ のとき，$\dfrac{dz}{dt}$ は次のようになる．

$$\begin{aligned}\frac{dz}{dt} &= \frac{\partial}{\partial x}(x^2 y) \cdot \frac{d}{dt}(2\cos t) + \frac{\partial}{\partial y}(x^2 y) \cdot \frac{d}{dt}(2\sin t) \\ &= 2xy \cdot (-2\sin t) + x^2 \cdot (2\cos t) = -16\cos t \sin^2 t + 8\cos^3 t\end{aligned}$$

問9.6　次の関数について，導関数 $\dfrac{dz}{dt}$ を求めよ．

(1)　$z = x^2 - y^2$ において，$x = e^t \cos t$，$y = e^t \sin t$ のとき

(2)　$z = \tan^{-1} \dfrac{y}{x}$ において，$x = 2t$，$y = t^2 - 1$ のとき

合成関数の偏導関数　関数 $f(x, y)$ において，x, y が u, v の2変数関数として $x = x(u, v)$, $y = y(u, v)$ と表されているとき，合成関数 $z = f(x(u, v), y(u, v))$ は u, v の2変数関数になる．

例 9.12　$z = xy^2$ において，$x = u + 2v^2$, $y = u^2 - v$ のとき，合成関数は次のようになる．

$$z = (u + 2v^2)(u^2 - v)^2$$

$z = f(x, y)$ において，$x = x(u, v)$, $y = y(u, v)$ であるとき，合成関数 $z = f(x(u, v), y(u, v))$ を変数 u について偏微分するには，v を定数とみなして u について微分すればよい．したがって，合成関数の導関数（定理9.3）で，t を u に置き換え，u についての偏導関数を求めればよい．v についての偏導関数も同様である．

9.4 合成関数の偏導関数

関数 $z=f(x,y)$ は偏微分可能で偏導関数はともに連続，関数 $x=x(u,v)$, $y=y(u,v)$ は偏微分可能であるとする．

このとき，合成関数 $z=f(x(u,v),y(u,v))$ は偏微分可能で，その偏導関数は次のようになる．

$$\frac{\partial z}{\partial u}=\frac{\partial z}{\partial x}\frac{\partial x}{\partial u}+\frac{\partial z}{\partial y}\frac{\partial y}{\partial u}$$
$$\frac{\partial z}{\partial v}=\frac{\partial z}{\partial x}\frac{\partial x}{\partial v}+\frac{\partial z}{\partial y}\frac{\partial y}{\partial v}$$

例 9.13　$z=x^2y$ において，$x=u-2v$, $y=3u+v$ のとき，z の偏導関数は次のようになる．

$$\begin{aligned}\frac{\partial z}{\partial u}&=\frac{\partial}{\partial x}(x^2y)\cdot\frac{\partial}{\partial u}(u-2v)+\frac{\partial}{\partial y}(x^2y)\cdot\frac{\partial}{\partial u}(3u+v)\\&=2xy\cdot 1+x^2\cdot 3\\&=2(u-2v)(3u+v)+3(u-2v)^2=(u-2v)(9u-4v)\end{aligned}$$

$$\begin{aligned}\frac{\partial z}{\partial v}&=2xy\cdot(-2)+x^2\cdot 1\\&=-4(u-2v)(3u+v)+(u-2v)^2=-(u-2v)(11u+6v)\end{aligned}$$

問 9.7　次の関数について，偏導関数 $\dfrac{\partial z}{\partial u},\ \dfrac{\partial z}{\partial v}$ を求めよ．

(1)　$z=3x^2-y^2$,　$x=2u-v$,　$y=u+3v$

(2)　$z=\sin\dfrac{x}{y}$,　$x=u+v$,　$y=uv$

1 次関数との合成関数の微分係数　a, b, h, k を定数とするとき，関数 $z=f(x,y)$ と t の 1 次関数 $x=a+ht$, $y=b+kt$ の合成関数 $z(t)=f(a+ht, b+kt)$ の導関数 $z'(t)$ を求める．関数 $z=z(t)$ のグラフは，次の図のように，xy 平面上の点 $\mathrm{A}(a,b)$ を通る直線 $\begin{cases}x=a+ht\\y=b+kt\end{cases}$ を含み xy 平面に垂直な平面 α による，曲面 $z=f(x,y)$ の断面曲線である．

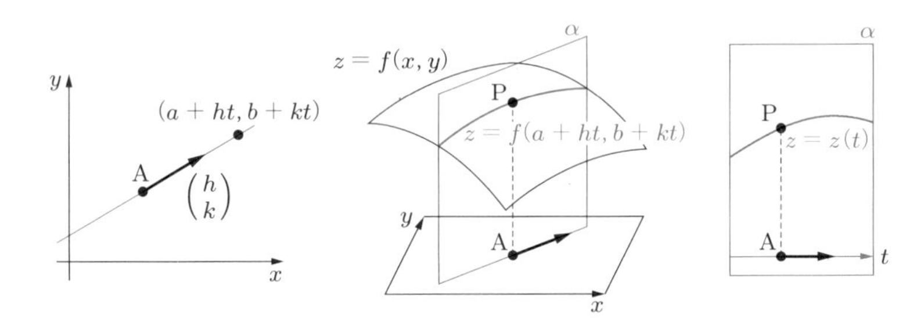

$\dfrac{dx}{dt}=h$, $\dfrac{dy}{dt}=k$ であるから，合成関数の導関数の公式（定理 9.3）によって，

$$\frac{dz}{dt}=\frac{\partial z}{\partial x}\frac{dx}{dt}+\frac{\partial z}{\partial y}\frac{dy}{dt} \qquad \cdots\cdots ①$$

$$=\frac{\partial z}{\partial x}\cdot h+\frac{\partial z}{\partial y}\cdot k$$

$$=f_x(a+ht,b+kt)h+f_y(a+ht,b+kt)k \qquad \cdots\cdots ②$$

となる．①をさらに t で微分すれば，

$$\frac{d^2z}{dt^2}=\frac{d}{dt}\left(\frac{\partial z}{\partial x}h+\frac{\partial z}{\partial y}k\right)$$

$$=\left(\frac{\partial^2 z}{\partial x^2}\frac{dx}{dt}+\frac{\partial^2 z}{\partial y\partial x}\frac{dy}{dt}\right)h+\left(\frac{\partial^2 z}{\partial x\partial y}\frac{dx}{dt}+\frac{\partial^2 z}{\partial y^2}\frac{dy}{dt}\right)k$$

$$=\frac{\partial^2 z}{\partial x^2}h^2+2\frac{\partial^2 z}{\partial y\partial x}hk+\frac{\partial^2 z}{\partial y^2}k^2$$

$$=f_{xx}(a+ht,b+kt)h^2+2f_{xy}(a+ht,b+kt)hk+f_{yy}(a+ht,b+kt)k^2 \qquad \cdots\cdots ③$$

となる．式②，③で $t=0$ とすれば，次が成り立つ．

9.5　1 次関数との合成関数の微分係数

関数 $z=f(x,y)$ は 2 回偏微分可能で，その偏導関数がすべて連続であるとする．a, b, h, k を定数とするとき，合成関数 $z(t)=f(a+ht,b+kt)$ の微分係数について，次が成り立つ．

(1)　$z'(0)=f_x(a,b)h+f_y(a,b)k$

(2)　$z''(0)=f_{xx}(a,b)h^2+2f_{xy}(a,b)hk+f_{yy}(a,b)k^2$

[note] 形式的に $h\dfrac{\partial}{\partial x}+k\dfrac{\partial}{\partial y}$ をひとまとめにすると，$\dfrac{dz}{dt}$，$\dfrac{d^2z}{dz^2}$ は

$$\frac{dz}{dt}=h\frac{\partial z}{\partial x}+k\frac{\partial z}{\partial y}=\left(h\frac{\partial}{\partial x}+k\frac{\partial}{\partial y}\right)z$$

$$\frac{d^2z}{dt^2}=h^2\frac{\partial^2 z}{\partial x^2}+2hk\frac{\partial^2 z}{\partial x}\partial y+k^2\frac{\partial^2 z}{\partial y^2}=\left(h\frac{\partial}{\partial x}+k\frac{\partial}{\partial y}\right)^2 z$$

と簡略化することができる．さらに，$f(x,y)$ が n 回偏微分可能で，その偏導関数が連続であるとき，

$$\frac{d^nz}{dt^n}=\left(h\frac{\partial}{\partial x}+k\frac{\partial}{\partial y}\right)^n z$$

が成り立つ．

例題 9.3 1 次関数との合成関数の微分係数

$f(x,y)=x^3-2xy^2$ に対して $z(t)=f(-1+4t,2+3t)$ とするとき，$z'(0)$, $z''(0)$ の値を求めよ．

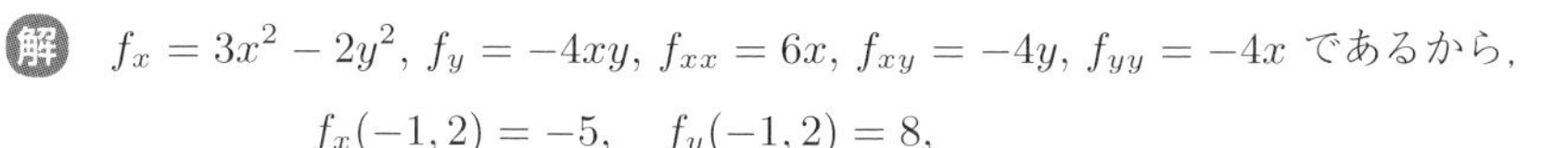

解 $f_x=3x^2-2y^2$, $f_y=-4xy$, $f_{xx}=6x$, $f_{xy}=-4y$, $f_{yy}=-4x$ であるから，

$$f_x(-1,2)=-5,\quad f_y(-1,2)=8,$$

$$f_{xx}(-1,2)=-6,\quad f_{xy}(-1,2)=-8,\quad f_{yy}(-1,2)=4$$

となる．ここでは，定理 9.5 の h, k は $h=4$, $k=3$ であることに注意すると，

$$z'(0)=-5\cdot 4+8\cdot 3=4$$

$$z''(0)=-6\cdot 4^2+2\cdot(-8)\cdot 4\cdot 3+4\cdot 3^2=-252$$

となる．

問9.8 $f(x,y)=x^2-3xy$ に対して $z(t)=f(2+t,-1-3t)$ とするとき，$z'(0)$, $z''(0)$ の値を求めよ．

9.4 接平面

接平面 1 変数関数 $y=f(x)$ が $x=a$ で微分可能であれば，この関数は $x=a$ のまわりで 1 次関数 $y=f'(a)(x-a)+f(a)$ で近似でき，次の式が成り立つ．

$$\lim_{x\to a}\frac{f(x)-\{f'(a)(x-a)+f(a)\}}{x-a}=\lim_{x\to a}\left\{\frac{f(x)-f(a)}{x-a}-f'(a)\right\}=0$$

この 1 次関数のグラフは，点 $(a, f(a))$ における $y = f(x)$ の接線である．

2 変数関数 $f(x, y)$ が 1 次関数 $z = A(x-a) + B(y-b) + f(a, b)$ に対して

$$\lim_{(x,y)\to(a,b)} \frac{f(x,y) - \{A(x-a) + B(y-b) + f(a,b)\}}{\sqrt{(x-a)^2 + (y-b)^2}} = 0 \qquad (9.6)$$

を満たすとき，$f(x, y)$ は点 (a, b) において**全微分可能**であるという．

式 (9.6) が成り立てば，$(x, y) \to (a, b)$ のとき 分母 $\to 0$ であるから 分子 $\to 0$ であり，点 (a, b) のまわりで $f(x, y)$ は 1 次関数 $z = A(x-a) + B(y-b) + f(a, b)$ で近似できる．この 1 次関数のグラフは，点 $(a, b, f(a, b))$ を通る平面である．

このとき，$y = b, x \to a$ とすると式 (9.6) は

$$\lim_{x\to a} \left\{ \frac{f(x,b) - f(a,b)}{x-a} - A \right\} = 0$$

となるので，$A = f_x(a, b)$ である．同様にすると，$B = f_y(a, b)$ も得られる．したがって，$f(x, y)$ が点 (a, b) で全微分可能であれば，その点で偏微分可能であり，$z = f(x, y)$ のグラフは $(a, b, f(a, b))$ のまわりで平面

$$z = f_x(a,b)(x-a) + f_y(a,b)(y-b) + f(a,b)$$

で近似される．この平面を，$z = f(x, y)$ の点 $(a, b, f(a, b))$ における**接平面**という．

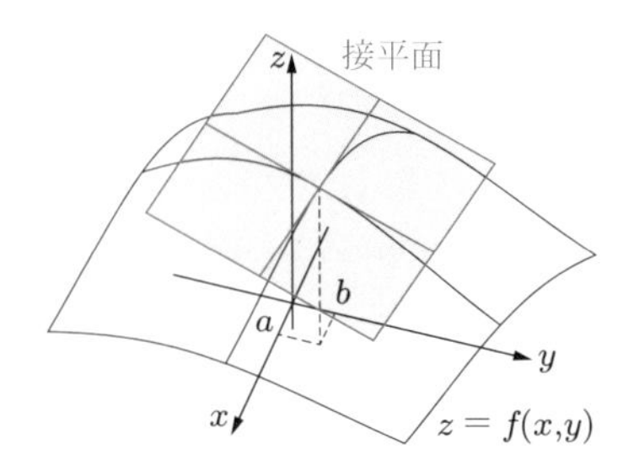

9.6　接平面の方程式

$z = f(x, y)$ が点 (a, b) で全微分可能であるとき，点 $(a, b, f(a, b))$ における接平面の方程式は，次の式で表される．

$$z = f_x(a,b)(x-a) + f_y(a,b)(y-b) + f(a,b)$$

1 変数関数の微分可能性に相当する 2 変数関数の概念は，偏微分可能性ではなくて全微分可能性である．全微分可能であれば偏微分可能であるが，偏微分可能で

あっても全微分可能であるとは限らない．しかし，偏微分可能で偏導関数が連続であれば，全微分可能であることが知られている．

例題 9.4 接平面の方程式

曲面 $z = xy + 1$ 上の点 $(1, 2, 3)$ における接平面の方程式を求めよ．

解 $f(x, y) = xy + 1$ とおく．$f_x = y$, $f_y = x$ であるから，$f_x(1, 2) = 2$, $f_y(1, 2) = 1$ である．また，$f(1, 2) = 3$ であるから，求める接平面の方程式は

$$z = 2 \cdot (x - 1) + 1 \cdot (y - 2) + 3$$

となる．これを整理すれば，$2x + y - z - 1 = 0$ となる．

問9.9 次の曲面上の，指定された点における接平面の方程式を求めよ．

(1) $z = x^2 + y^3$, $(2, 1, 5)$　　(2) $z = \sqrt{4 - x^2 - y^2}$, $(1, 1, \sqrt{2})$

9.5 全微分と近似

全微分 微分可能な関数 $y = f(x)$ の場合，x の変化量 dx が微小であれば，dx に対する $y = f(x)$ の変化量 Δy を，接線に沿った y の変化量 dy で近似することができる（図 1）．

全微分可能な 2 変数関数 $z = f(x, y)$ でも同じように，x, y の変化量 dx, dy が微小であれば，dx, dy に対する $z = f(x, y)$ の変化量 Δz を，接平面に沿った z の変化量 dz で近似することができる（図 2）．

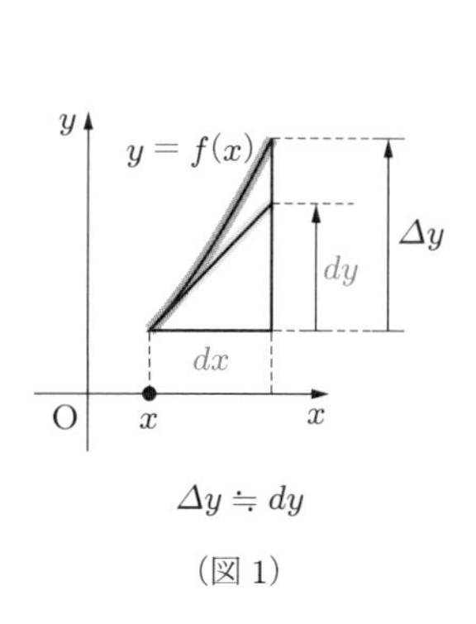

$\Delta y \fallingdotseq dy$

（図 1）

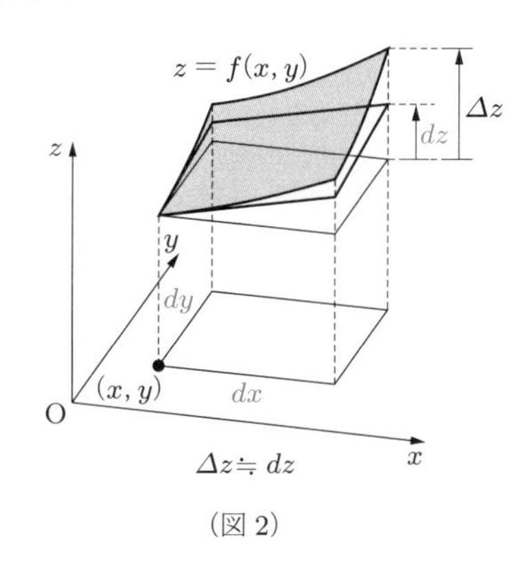

$\Delta z \fallingdotseq dz$

（図 2）

全微分可能な関数 $z=f(x,y)$ のグラフ上の，点 $(a,b,f(a,b))$ における接平面の方程式

$$z-f(a,b)=f_x(a,b)(x-a)+f_y(a,b)(y-b)$$

は，x が $x-a$，y が $y-b$ だけ変化すると，z が $f_x(a,b)(x-a)+f_y(a,b)(y-b)$ だけ変化することを意味している．ここで，x の変化量 $x-a$ を dx，y の変化量 $y-b$ を dy，接平面に沿った z の変化量 $z-f(a,b)$ を dz で表すと，上の式は

$$dz=f_x(a,b)\,dx+f_y(a,b)\,dy$$

と表すことができる．この式の (a,b) を変数 (x,y) に変えて得られる式，すなわち，

$$dz=f_x(x,y)\,dx+f_y(x,y)\,dy \quad \text{または} \quad dz=\frac{\partial z}{\partial x}dx+\frac{\partial z}{\partial y}dy \tag{9.7}$$

を $z=f(x,y)$ の**全微分**という．

$z=f(x,y)$ の全微分可能性は，増加量 Δz の全微分 dz による近似の誤差

$$\Delta z-dz=f(x,y)-f(a,b)-\{f_x(a,b)(x-a)+f_y(a,b)(y-b)\}$$

が，点 (x,y) と点 (a,b) との距離 $\sqrt{(x-a)^2+(y-b)^2}$ に比べて，十分に小さいことを意味している．

> [note]　y が一定で x が dx だけ変化したときの z の変化量は $\dfrac{\partial z}{\partial x}\,dx$ で近似され，x が一定で y が dy だけ変化したときの z の変化量は $\dfrac{\partial z}{\partial y}\,dy$ で近似される．全微分はそれらを合計したものである．

例 9.14　$z=x^2+5xy+y^3$ のとき，$\dfrac{\partial z}{\partial x}=2x+5y$, $\dfrac{\partial z}{\partial y}=5x+3y^2$ であるから，z の全微分は

$$dz=(2x+5y)\,dx+(5x+3y^2)\,dy$$

となる．

問 9.10　次の関数 z の全微分 dz を求めよ．

(1)　$z=x^2y^3$　　(2)　$z=\sin xy$　　(3)　$z=\dfrac{y}{x}$　　(4)　$z=\log(2x+3y)$

全微分による変化量の近似 ここでは，全微分を用いて，2 変数関数の変化量の近似値を計算する．

例 9.15 $z = \sqrt{x^2 + y^2}$ の全微分は

$$dz = \frac{x}{\sqrt{x^2 + y^2}}\,dx + \frac{y}{\sqrt{x^2 + y^2}}\,dy$$

である．x の値が $x = 3$ から 0.12，y の値が $y = 4$ から 0.07 だけ増加したとき，z の増加量を Δz とすると，Δz は

$$\Delta z \fallingdotseq dz = \frac{3}{\sqrt{3^2 + 4^2}} \cdot 0.12 + \frac{4}{\sqrt{3^2 + 4^2}} \cdot 0.07 = \frac{0.36 + 0.28}{5} = 0.128$$

と近似することができる．$z(3, 4) = 5$ であるから

$$z(3.12, 4.07) = z(3, 4) + \Delta z \fallingdotseq 5.128$$

となる．真の値は $z(3.12, 4.07) = 5.12828\cdots$ であり，求めた近似値の誤差は 0.0003 程度となる．

例題 9.5 面積の増加量の近似

半径 r で中心角 θ の扇形の面積 S は，$S = \dfrac{1}{2}r^2\theta$ である．半径が 10 cm から 10.02 cm に，中心角が 2 から 2.03 に増加するとき，面積はおよそどれだけ増加するか．

解 $\dfrac{\partial S}{\partial r} = r\theta,\ \dfrac{\partial S}{\partial \theta} = \dfrac{1}{2}r^2$ であるから，S の全微分は

$$dS = r\theta\,dr + \frac{1}{2}r^2\,d\theta$$

となる．したがって，S の増加量 ΔS は

$$\Delta S \fallingdotseq dS = r\theta\,dr + \frac{1}{2}r^2\,d\theta$$

となる．$r = 10,\ dr = 0.02,\ \theta = 2,\ d\theta = 0.03$ であるから，求める増加量は

$$\Delta S \fallingdotseq 10 \cdot 2 \cdot 0.02 + \frac{1}{2} \cdot 10^2 \cdot 0.03 = 1.9$$

となる．したがって，およそ 1.9 cm^2 だけ増加する．

問 9.11 底面の半径が r [cm]，高さが h [cm] の円錐の体積を V とする．半径が 3 cm から 3.05 cm に，高さが 6 cm から 6.03 cm に増加するとき，体積はおよそどれだけ増加するか．円周率を 3.14 とし，答えは小数第 2 位まで求めよ．

練習問題 9

[1] 次の関数の偏導関数を求めよ．

(1) $z = x^2 - 2xy + 3y^2$　　(2) $z = \sqrt{4 - x^2}$

(3) $z = e^{-x^2 - y^2}$　　(4) $z = \dfrac{\sin y}{\cos x}$

[2] 次の関数の第 2 次偏導関数を求めよ．

(1) $z = x^2 y - xy^2$　　(2) $z = \sin(x^2 + y^2)$

(3) $z = xe^{2xy}$　　(4) $z = x^2 \sin^{-1} y$

[3] 次の曲面上の，指定された点における接平面の方程式を求めよ．

(1) $z = x^3 - 2xy + y^3$,　$(1, 1, 0)$　　(2) $z = \sqrt{x^2 + y^2}$,　$(3, 4, 5)$

[4] 曲面 $z = f(x, y)$ 上の点 $\mathrm{P}(a, b, f(a, b))$ を通り，点 P における接平面に垂直な直線を，この曲面の**法線**という．接平面の方程式は

$$f_x(a, b)(x - a) + f_y(a, b)(y - b) - (z - f(a, b)) = 0$$

となるから，$f_x(a, b) \neq 0$, $f_y(a, b) \neq 0$ のとき，法線の方程式は

$$\frac{x - a}{f_x(a, b)} = \frac{y - b}{f_y(a, b)} = \frac{z - f(a, b)}{-1}$$

である．これを用いて，次の曲面上の，指定された点における法線の方程式を求めよ．

(1) $z = 3x + 5y + 7$,　$(2, -4, -7)$　　(2) $z = x^2 + xy - 2y^2$,　$(1, 1, 0)$

(3) $z = \dfrac{25}{x^2 + y^2}$,　$(1, 2, 5)$　　(4) $z = \sqrt{14 - x^2 - y^2}$,　$(2, -3, 1)$

[5] 次の関数の全微分を求めよ．

(1) $z = \sqrt{x^2 + 3y^2}$　　(2) $z = \dfrac{1}{x^2 - 3y^2}$　　(3) $z = \tan^{-1} \dfrac{y}{x}$

[6] $z = f(x, y)$ が偏微分可能であり，

$$x = u\cos\theta - v\sin\theta, \quad y = u\sin\theta + v\cos\theta \quad (\theta \text{ は定数})$$

であるとき，次の等式が成り立つことを証明せよ．

$$\left(\frac{\partial z}{\partial u}\right)^2 + \left(\frac{\partial z}{\partial v}\right)^2 = \left(\frac{\partial z}{\partial x}\right)^2 + \left(\frac{\partial z}{\partial y}\right)^2$$

[7] $\angle\mathrm{C}$ が直角である直角三角形 ABC において，C をはさむ 2 辺の長さを a, b，斜辺の長さを c とする．a, b に誤差がそれぞれ Δa, Δb だけあるとき，c の誤差 Δc はどのくらいか求めよ．

10 偏導関数の応用

10.1 2変数関数の極値

極値 2変数関数についても，関数の極値を考えることができる．

点 (a,b) の近くの任意の点 (x,y) で，

$$(x,y) \neq (a,b) \quad ならば \quad f(a,b) > f(x,y) \tag{10.1}$$

が成り立つとき，$f(x,y)$ は点 (a,b) で**極大**であるといい，$f(a,b)$ を**極大値**という．同様に，点 (a,b) の近くの任意の点 (x,y) で，

$$(x,y) \neq (a,b) \quad ならば \quad f(a,b) < f(x,y) \tag{10.2}$$

が成り立つとき，$f(x,y)$ は点 (a,b) で**極小**であるといい，$f(a,b)$ を**極小値**という．極大値と極小値をあわせて**極値**という．

$z = f(x,y)$ の値域に含まれる定数 k に対して，曲線 $f(x,y) = k$ を曲面 $z = f(x,y)$ の**等位線**という．断面曲線や等位線を調べることは，曲面 $z = f(x,y)$ の極値を調べる有力な方法である．等位線は地図における等高線である．

例 10.1 (1) $f(x,y) = e^{-x^2-y^2}$ は $f(0,0) = e^0 = 1$ であり，それ以外の任意の点では $-x^2-y^2 < 0$ であるから $f(x,y) < 1$ である．したがって，$(0,0)$ のとき極大値 1 をとる．$z = e^{-x^2-y^2}$ のグラフは，$z = e^{-x^2}$ のグラフを z 軸のまわりに回転して得られる曲面である（図 1）.

(2) $f(x,y) = x^2 + y^2$ は $f(0,0) = 0$ であり，それ以外の任意の点では $x^2 + y^2 > 0$ であるから $f(x,y) > 0$ である．したがって，$(0,0)$ のとき

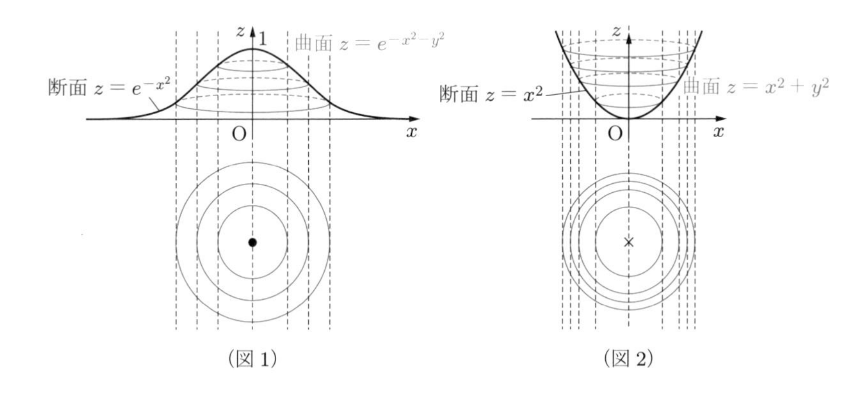

（図 1） （図 2）

極小値 0 をとる．$z = x^2 + y^2$ のグラフは，$z = x^2$ のグラフを z 軸のまわりに回転して得られる曲面である（図 2）．

$f(x,y)$ の極値を調べるためには，極値をとる点 (a,b) を求める必要がある．関数 $f(x,y)$ が点 (a,b) で極値をとるならば，点 (a,b) を通る xy 平面に垂直な平面 $y=b$ による断面曲線を考えると，関数 $z=f(x,b)$ は $x=a$ で極値をとることがわかる．同様にして，関数 $z=f(a,y)$ は $y=b$ でも極値をとることがわかる．したがって，

$$f_x(a,b) = f_y(a,b) = 0$$

が成り立つ．

10.1　極値をとるための必要条件

関数 $z=f(x,y)$ が偏微分可能でその偏導関数が連続であるとき，$z=f(x,y)$ が点 (a,b) で極値をとるならば，

$$f_x(a,b) = f_y(a,b) = 0$$

が成り立つ．

したがって，$z=f(x,y)$ の極値を求めるには，まず連立方程式 $f_x(x,y)=0$，$f_y(x,y)=0$ を解く必要がある．しかし，次の例に示すように，$f_x(a,b)=f_y(a,b)=0$ であっても，必ずしも点 (a,b) で極値をとるとは限らない．

例 10.2　関数 $f(x,y) = -x^2+y^2$ は，$f(0,0)=0$ であり，$f_x(0,0)=f_y(0,0)=0$ を満たす．曲面 $z=-x^2+y^2$ の平面 $y=0$ による断面曲線 $z=-x^2$ は $x=0$ のとき極大になるが（図 1），平面 $x=0$ による断面曲線 $z=y^2$ は $y=0$ のとき極小になる（図 2）．したがって，$z=f(x,y)$ は点 $(0,0)$ で極値をとらない．

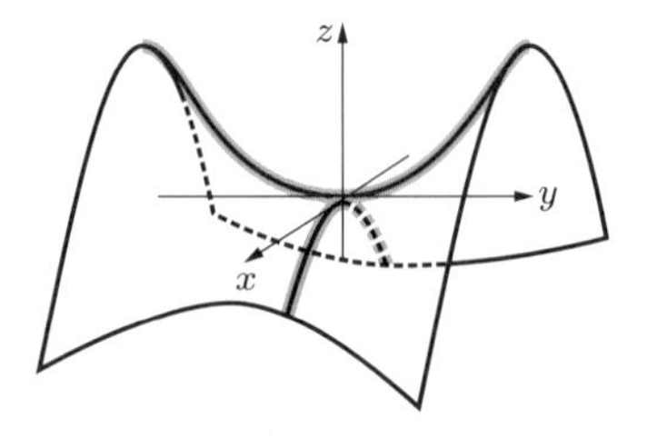

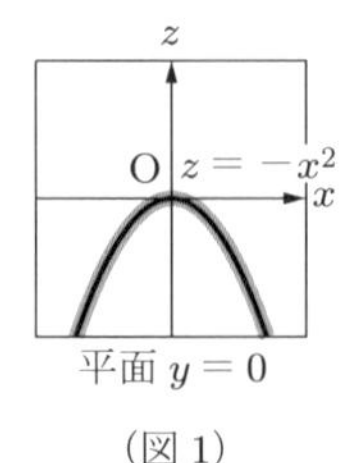

平面 $y=0$

（図 1）

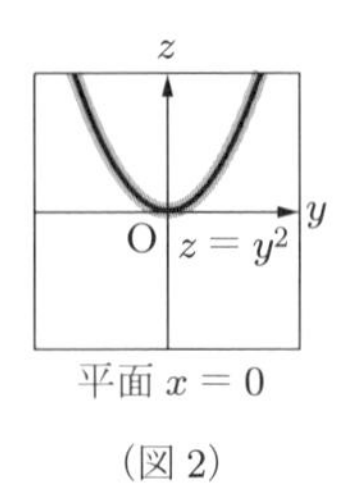

平面 $x=0$

（図 2）

曲面 $z=-x^2+y^2$ 上の点 $(0,0)$ のように，1つの断面では極小，別の断面では極大であるような点を**鞍点**(あんてん)という．

例題 10.1 極値をとりうる点

$f(x,y)=2x^3-y^3+3x^2+6y^2$ の極値をとりうる点を求めよ．

解 $f_x=6x^2+6x$, $f_y=-3y^2+12y$ であるから，極値をとりうる点では

$$\begin{cases} 6x^2+6x=0 \\ -3y^2+12y=0 \end{cases} \quad \text{因数分解して} \quad \begin{cases} 6x(x+1)=0 \\ -3y(y-4)=0 \end{cases}$$

が成り立つ．これを解くと

$$\begin{cases} x=0 \\ y=0 \end{cases}, \quad \begin{cases} x=-1 \\ y=0 \end{cases}, \quad \begin{cases} x=0 \\ y=4 \end{cases}, \quad \begin{cases} x=-1 \\ y=4 \end{cases}$$

となるから，求める点は $(0,0)$, $(-1,0)$, $(0,4)$, $(-1,4)$ である．

問 10.1 次の関数の極値をとりうる点を求めよ．

(1) $f(x,y)=x^2+3xy+5y^2-x+4y$ (2) $f(x,y)=3x^2-8xy-3y^2+2x+14y$

(3) $f(x,y)=x^3-y^3-6xy$ (4) $f(x,y)=-3x^2+6xy-2y^3+12y$

10.2 極値の判定法

この節では，断りのない限り，扱う関数は必要な回数だけ偏微分可能で，その偏導関数はすべて連続であるとする．したがって，偏微分する変数の順序はとくに考慮しなくてもよい [→定理 9.2].

極値の判定法 関数 $z=f(x,y)$ が $f_x(a,b)=f_y(a,b)=0$ を満たしているとき，$z=f(x,y)$ が点 (a,b) で極値をとるかどうかを判定する方法を考える．

点 (a,b) のまわりの $f(x,y)$ の値を調べるために，$h^2+k^2=1$ に対して，

$$z(t)=f(a+ht,b+kt) \qquad \cdots\cdots ①$$

とおく．

$z(t)$ にマクローリンの定理を適用すると，① は，適当な定数 c を用いて，

$$z(t)=z(0)+z'(0)t+\frac{z''(0)}{2}t^2+\frac{z'''(c)}{6}t^3 \quad (\text{ただし } |c|<|t|) \qquad \cdots\cdots ②$$

と変形することができる．$f_x(a,b)=f_y(a,b)=0$ であるから

$$z'(0)=f_x(a,b)h+f_y(a,b)k=0 \quad [\to 定理\ 4.5(1)]$$

であり，$z(0)=f(a,b)$，$z(t)=f(a+ht,b+kt)$ であるから，② を用いると

$$f(a+ht,b+kt)-f(a,b)=z(t)-z(0)=\frac{t^2}{2}\left(z''(0)+\frac{z'''(c)}{3}t\right) \quad \cdots\cdots ③$$

が得られる．

まず，$z''(0)$ の値を調べる．$A=f_{xx}(a,b)$，$B=f_{xy}(a,b)$，$C=f_{yy}(a,b)$ とおく．$h^2+k^2=1$ から h,k は $h=\cos\theta, k=\sin\theta$ と表すことができる．ここで，2 倍角の公式と三角関数の合成を用いると，$z''(0)$ は

$$\begin{aligned}
z''(0)&=f_{xx}(a,b)h^2+2f_{xy}(a,b)hk+f_{yy}(a,b)k^2 && [\to 定理\ 4.5(2)]\\
&=A\cos^2\theta+2B\cos\theta\sin\theta+C\sin^2\theta\\
&=\frac{1}{2}(A+C)+\frac{1}{2}(A-C)\cos 2\theta+B\sin 2\theta && [\to 2\ 倍角の公式]\\
&=\frac{1}{2}(A+C)+\sqrt{\frac{1}{4}(A-C)^2+B^2}\sin(2\theta+\alpha) && [\to 三角関数の合成]\\
&=\frac{1}{2}\left\{(A+C)+\sqrt{(A+C)^2-4(AC-B^2)}\sin(2\theta+\alpha)\right\}
\end{aligned}$$

となる．$H(a,b)=AC-B^2$ とおくと，$-1\leqq\sin(2\theta+\alpha)\leqq 1$ であるから，$z''(0)$ の最小値を m，最大値を M とすれば

$$m=\frac{1}{2}\left\{A+C-\sqrt{(A+C)^2-4H(a,b)}\right\}$$
$$M=\frac{1}{2}\left\{A+C+\sqrt{(A+C)^2-4H(a,b)}\right\}$$

が成り立つ．

ここで，$m>0$ であれば，$|t|$ $(t\neq 0)$ を十分小さくとって，任意の h,k に対して $z''(0)+\dfrac{z'''(c)}{3}t>0$ とすることができるから，③により

$$f(a+ht,b+kt)-f(a,b)>0$$

となる．したがって，$z=f(x,y)$ は (a,b) で極小値をとる．

同様に，$M<0$ であれば，$z=f(x,y)$ は (a,b) で極大値をとることを示すこと

ができる.

また, $m<0$ かつ $M>0$ であれば, $z''(0)$ の符号は正にも負にもなり, それに応じて, $f(a+ht,b+kt)-f(a,b)$ の符号も変化する. この場合, $z=f(x,y)$ は (a,b) で極値をとらない.

したがって, 極値を判定するには m, M の符号を調べればよい. その判定は, 次のように $AC-B^2$ の符号によって判定することができる.

(1) $H(a,b)=AC-B^2>0$ のとき, $AC>B^2\geqq 0$ より A,C は同符号であり, $|A+C|>\sqrt{(A+C)^2-4H(a,b)}$ をみたす.
- $A>0$ のとき $C>0$ であり, $m=A+C-\sqrt{(A+C)^2-4H(a,b)}>0$ であるから, $z=f(x,y)$ は (a,b) で極小である.
- $A<0$ のとき $C<0$ であり, $M=A+C+\sqrt{(A+C)^2-4H(a,b)}<0$ であるから, $z=f(x,y)$ は (a,b) で極大である.

(2) $H(a,b)=AC-B^2<0$ のとき, $|A+C|<\sqrt{(A+C)^2-4H(a,b)}$ であるから, $m<0, M>0$ である. したがって, $z=f(x,y)$ は (a,b) で極値をとらない.

以上をまとめると, 次の極値の判定法が成り立つ.

10.2 極値の判定法

関数 $z=f(x,y)$ が

$$f_x(a,b)=f_y(a,b)=0$$

を満たすとき, $A=f_{xx}(a,b), B=f_{xy}(a,b), C=f_{yy}(a,b)$ とおけば, 次が成り立つ.

(1) $H(a,b)=AC-B^2>0$ のとき.
- $A>0$ ならば, $z=f(x,y)$ は点 (a,b) で極小になる.
- $A<0$ ならば, $z=f(x,y)$ は点 (a,b) で極大になる.

(2) $H(a,b)=AC-B^2<0$ のとき, $z=f(x,y)$ は点 (a,b) で極値をとらない.

$H(a,b)=AC-B^2=0$ のときは, 極値をとるかどうかは関数によって異なる. 関数 $f(x,y)$ に対して, 行列式

$$H(x,y) = \begin{vmatrix} f_{xx} & f_{xy} \\ f_{yx} & f_{yy} \end{vmatrix} = f_{xx}f_{yy} - (f_{xy})^2 \tag{10.3}$$

をヘッセ行列式またはヘシアンという．定理 10.2 の極値の判定法は，$H(a,b)$ の符号と $f_{xx}(a,b)$ の符号によって，極値の判定ができることを示している．

例題 10.2　極値の判定

$f(x,y) = 2x^3 - y^3 + 3x^2 + 6y^2$ の極値を求めよ．

解　例題 10.1 で求めたように，極値をとりうる点は $(0,0)$, $(-1,0)$, $(0,4)$, $(-1,4)$ である．また，$f_{xx} = 12x + 6$, $f_{xy} = f_{yx} = 0$, $f_{yy} = -6y + 12$ から，ヘッセ行列式は，

$$H(x,y) = \begin{vmatrix} 12x+6 & 0 \\ 0 & -6y+12 \end{vmatrix}$$

である．

$(0,0)$ においては，

$$H(0,0) = \begin{vmatrix} 6 & 0 \\ 0 & 12 \end{vmatrix} = 72 > 0, \quad f_{xx}(0,0) = 6 > 0$$

である．したがって，$f(x,y)$ は $(0,0)$ で極小になり，極小値 $f(0,0) = 0$ をとる．

$(0,4)$, $(-1,0)$ においては，

$$H(0,4) = \begin{vmatrix} 6 & 0 \\ 0 & -12 \end{vmatrix} = -72 < 0, \quad H(-1,0) = \begin{vmatrix} -6 & 0 \\ 0 & 12 \end{vmatrix} = -72 < 0$$

である．したがって，$f(x,y)$ は点 $(0,4)$, $(-1,0)$ で極値をとらない．

$(-1,4)$ においては，

$$H(-1,4) = \begin{vmatrix} -6 & 0 \\ 0 & -12 \end{vmatrix} = 72 > 0, \quad f_{xx}(-1,4) = -6 < 0$$

である．したがって，$f(x,y)$ は点 $(-1,4)$ で極大になり，極大値 $f(-1,4) = 33$ をとる．

問 10.2　次の関数の極値を求めよ．問 10.1 の結果を利用してよい．

(1)　$f(x,y) = x^2 + 3xy + 5y^2 - x + 4y$　(2)　$f(x,y) = 3x^2 - 8xy - 3y^2 + 2x + 14y$

(3)　$f(x,y) = x^3 - y^3 - 6xy$　(4)　$f(x,y) = -3x^2 + 6xy - 2y^3 + 12y$

10.3 陰関数の微分法

陰関数の微分法　一般に，1 変数関数のグラフは曲線となるが，$f(x, y) = 0$ で表される曲線が 1 つの関数のグラフになるとは限らない．

たとえば，円の方程式 $x^2 + y^2 = 1$ を y について解くと $y = \pm\sqrt{1 - x^2}$ となるから，円は 1 つの関数では表せない．ただし，$b > 0$ を満たす円上の点 (a, b) のまわりでは，y は x の関数 $y = \sqrt{1 - x^2}$ で表すことができる．

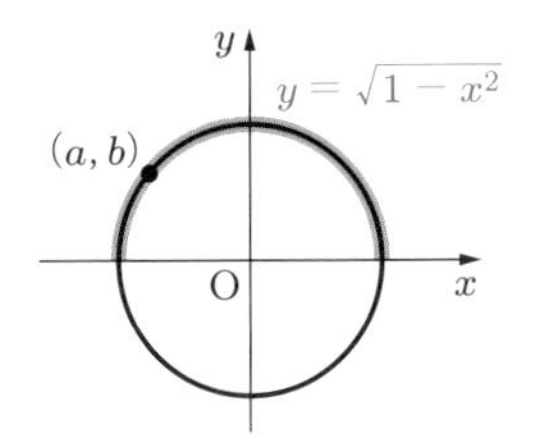

一般に，曲線 $f(x, y) = 0$ 上の点 (a, b) のまわりで，y が x の関数と考えることができるとき，その関数を $f(x, y) = 0$ から定まる**陰関数**という．$y = \sqrt{1 - x^2}$ は，$b > 0$ を満たす点 (a, b) のまわりで，$x^2 + y^2 = 1$ から定まる陰関数である．

曲線 $f(x, y) = 0$ から定まる陰関数 y に対しては，y の導関数を求めることができる．y を x の関数と考えて，$f(x, y) = 0$ の両辺を x で偏微分すると，左辺は合成関数の導関数の公式（定理 9.3）によって，

$$f_x(x, y)\frac{dx}{dx} + f_y(x, y)\frac{dy}{dx} = 0 \quad \text{すなわち} \quad f_x(x, y) + f_y(x, y)\frac{dy}{dx} = 0$$

となる．したがって，$f_y(x, y) \neq 0$ であるとき，陰関数の導関数について，

$$\frac{dy}{dx} = -\frac{f_x(x, y)}{f_y(x, y)}$$

が成り立つ．

10.3　陰関数の導関数

曲線 $f(x, y) = 0$ 上の点を (a, b) とする．$f_y(a, b) \neq 0$ ならば，点 (a, b) のまわりで陰関数 y が定まり，その導関数について，

$$\frac{dy}{dx} = -\frac{f_x(x, y)}{f_y(x, y)}$$

が成り立つ．

$\dfrac{dy}{dx}$ の点 (a,b) における値は，曲線 $f(x,y)=0$ 上の点 (a,b) における接線の傾きである．この値を $\left.\dfrac{dy}{dx}\right|_{(a,b)}$ と表す．

また，$f_x(a,b) \neq 0$ であれば，点 (a,b) のまわりで，x を y の関数と考えることができて，$\dfrac{dx}{dy} = -\dfrac{f_y(x,y)}{f_x(x,y)}$ が成り立つ．

例題 10.3　**陰関数の導関数**

円 $x^2+y^2=4$ について，次の問いに答えよ．

(1) $\dfrac{dy}{dx}$ を x と y の式で表せ．

(2) 円上の点 $\left(1,\sqrt{3}\right)$ における接線の方程式を求めよ．

解　(1) $f(x,y)=x^2+y^2-4$ とおくと，$f_x(x,y)=2x$, $f_y(x,y)=2y$ である．したがって，次のようになる．

$$\frac{dy}{dx} = -\frac{f_x(x,y)}{f_y(x,y)} = -\frac{x}{y}$$

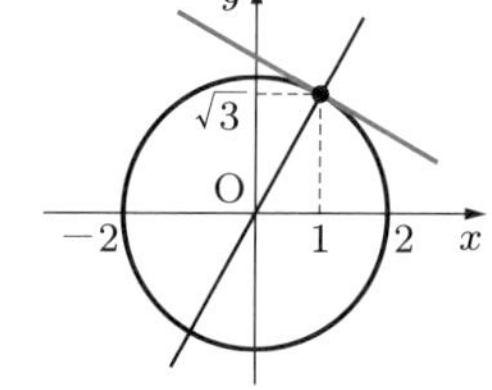

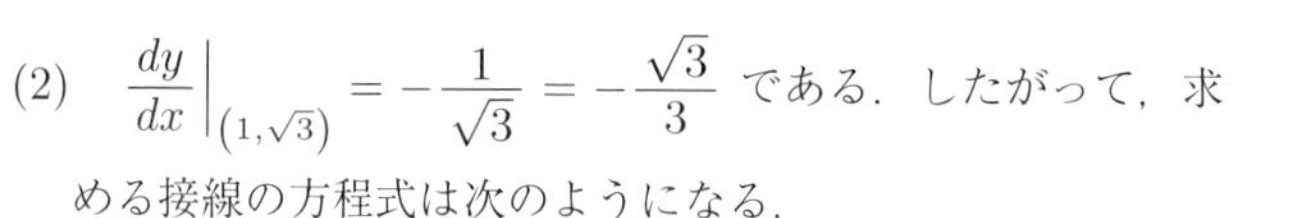

(2) $\left.\dfrac{dy}{dx}\right|_{(1,\sqrt{3})} = -\dfrac{1}{\sqrt{3}} = -\dfrac{\sqrt{3}}{3}$ である．したがって，求める接線の方程式は次のようになる．

$$y = -\frac{\sqrt{3}}{3}(x-1)+\sqrt{3} \quad よって \quad x+\sqrt{3}\,y-4=0$$

問 10.3　次の曲線について，$\dfrac{dy}{dx}$ を求めよ．また，与えられた曲線上の点における接線の方程式を求めよ．

(1) $2x^2-y^2=-1$,　$(2,-3)$　　　(2) $x^3+y^3-3xy=0$,　$(2,2)$

10.4 条件付き極値問題

条件付き極値問題　関数 $z=x+2y+3$ は，x, y の値によっていくらでも大きな値や小さな値をとることができるから，z は最大値・最小値をもたない．しかし，$x^2+y^2=1$ という条件のもとでは，z のとりうる値に制限がつき，z は最大値と最小値をもつ．

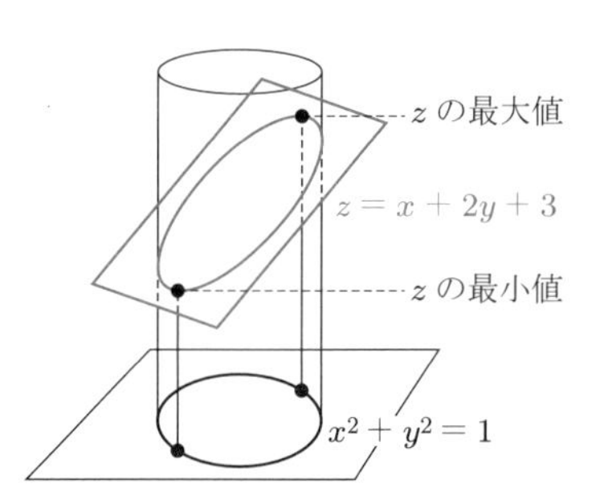

$z = x + 2y + 3$ のグラフは平面，$x^2 + y^2 = 1$ は円柱面を表しているから，z の最大値・最小値は，図のように平面と円柱面との交線上にある点の，z の値の最大値・最小値である．これらの値は，条件 $x^2 + y^2 = 1$ のもとでの $z = x + 2y + 3$ の極値である．したがって，最大，最小を求めるときには，まず極値を調べる必要がある．

このように，(x, y) が条件 $g(x, y) = 0$ を満たすときに，関数 $z = f(x, y)$ の極値を求める問題を**条件付き極値問題**という．

ラグランジュの乗数法　条件付き極値問題を解くには次のような方法がある．

いま，$g_x(x, y)$, $g_y(x, y)$ は同時に 0 にはならないものとし，曲線 $g(x, y) = 0$ 上の点が媒介変数表示によって $(x(t), y(t))$ と表されているとする．さらに，$x'(t)$ と $y'(t)$ は同時に 0 にはならないものとする．

点 $(x(t), y(t))$ は曲線 $g(x, y) = 0$ 上の点であるから，$g(x(t), y(t)) = 0$ を満たす．したがって，これを t で微分すると，合成関数の導関数の公式（定理 9.3）によって，

$$g_x(x, y)x'(t) + g_y(x, y)y'(t) = 0 \tag{10.4}$$

が成り立つ．また，$z = f(x(t), y(t))$ が極値をとる点では $z'(t) = 0$ となるから，

$$z'(t) = f_x(x, y)x'(t) + f_y(x, y)y'(t) = 0 \tag{10.5}$$

が成り立つ．式 (10.4), (10.5) は 2 つのベクトル $\begin{pmatrix} g_x(x, y) \\ g_y(x, y) \end{pmatrix}$, $\begin{pmatrix} f_x(x, y) \\ f_y(x, y) \end{pmatrix}$ がともにベクトル $\begin{pmatrix} x'(t) \\ y'(t) \end{pmatrix}$ と直交するか，または零ベクトルであることを示している．したがって，それらは互いに平行である．よって，極値をとる点では，定数 λ を用いて

$$\begin{pmatrix} f_x(x, y) \\ f_y(x, y) \end{pmatrix} = \lambda \begin{pmatrix} g_x(x, y) \\ g_y(x, y) \end{pmatrix} \tag{10.6}$$

が成り立つ．この関係と $g(x, y) = 0$ を満たす (x, y) を求めることによって，極値

をとりうる点を求めることができる．この方法を，**ラグランジュの乗数法**という．

10.4　ラグランジュの乗数法

条件 $g(x,y)=0$ のもとで関数 $f(x,y)$ が極値をとるならば，その点では，

$$\begin{cases} f_x(x,y) = \lambda g_x(x,y) \\ f_y(x,y) = \lambda g_y(x,y) \end{cases} \quad (\lambda \text{ は定数})$$

が成り立つ．

したがって，極値をとりうる点を求めるためには，次の連立方程式を解けばよい．

$$\begin{cases} f_x(x,y) = \lambda g_x(x,y) \\ f_y(x,y) = \lambda g_y(x,y) \\ g(x,y) = 0 \end{cases} \tag{10.7}$$

$F(x,y,\lambda) = f(x,y) - \lambda g(x,y)$ とおくと，上の関係式は

$$\begin{cases} F_x = 0 \\ F_y = 0 \\ F_\lambda = 0 \end{cases} \tag{10.8}$$

とかき直すことができる．3 変数以上でも同様の定理が成り立つ．

一般に，極値をとりうる点において，実際に極値をとるかどうか調べることは難しい．しかし，いろいろな条件から，最大値または最小値をもつことがわかる場合もある．条件 $g(x,y)=0$ が円や楕円のような曲線の場合には，関数 $f(x,y)$ は，極値をとりうる点で最大値・最小値をとる．その他の場合も，条件式が表す曲線 $g(x,y)=0$ や，関数 $z=f(x,y)$ の等位線をかくなどの方法によって，最大値または最小値をとるかどうかを確かめることができる．

例題 10.4　**ラグランジュの乗数法**

条件 $x^2+y^2=1$ のもとで，関数 $f(x,y)=x+2y+3$ の最大値と最小値を求めよ．

解　$g(x,y) = x^2+y^2-1$ とおく．$f_x(x,y) = 1$，$f_y(x,y) = 2$，$g_x(x,y) = 2x$，$g_y(x,y)=2y$ である．ラグランジュの乗数法によって，条件 $g(x,y)=x^2+y^2-1=0$

のもとで $f(x,y)=x+2y+3$ が極値をとる点では，連立方程式

$$\begin{cases} 1 &= \lambda\cdot 2x & \cdots\cdots ① \\ 2 &= \lambda\cdot 2y & \cdots\cdots ② \\ x^2+y^2-1 &= 0 & \cdots\cdots ③ \end{cases}$$

が成り立つ．①，② から $\lambda\neq 0$ となり，$x=\dfrac{1}{2\lambda}$, $y=\dfrac{1}{\lambda}$ となる．これを ③ に代入することによって $\lambda=\pm\dfrac{\sqrt{5}}{2}$ が得られる．したがって，極値をとりうる点は

$$\left(\pm\frac{\sqrt{5}}{5},\pm\frac{2\sqrt{5}}{5}\right)\quad(\text{複号同順})$$

である．そのときの $z=f(x,y)$ の値は，

$$x=\frac{\sqrt{5}}{5},\ y=\frac{2\sqrt{5}}{5}\ \text{のとき}\ z=\sqrt{5}+3$$

$$x=-\frac{\sqrt{5}}{5},\ y=-\frac{2\sqrt{5}}{5}\ \text{のとき}\ z=-\sqrt{5}+3$$

となる．与えられた条件 $x^2+y^2=1$ は半径 1 の円であるから，z はこれらの点で最大値と最小値をとる．したがって，

$$\text{点}\left(\frac{\sqrt{5}}{5},\frac{2\sqrt{5}}{5}\right)\text{で最大値}\ z=\sqrt{5}+3$$

$$\text{点}\left(-\frac{\sqrt{5}}{5},-\frac{2\sqrt{5}}{5}\right)\text{で最小値}\ z=-\sqrt{5}+3$$

をとる．

問 10.4　(　) 内の条件のもとで，関数 $f(x,y)$ の極値をとりうる点を求めよ．また，その点で $z=f(x,y)$ が最大または最小となるかどうか調べよ．

(1)　$f(x,y)=2x+y\quad(x^2+y^2=5)$　　(2)　$f(x,y)=xy\quad(x^2+y^2=8)$

(3)　$f(x,y)=x^2+y^2\quad(xy=1)$

練習問題 10

[1]　次の関数の極値を求めよ．

(1)　$f(x,y) = 2x^2 + 2xy + y^2 + 2x - 3$

(2)　$f(x,y) = x^3 + y^3 + 3xy + 1$

(3)　$f(x,y) = x^4 - 2x^2 + y^2 - 2y$

(4)　$f(x,y) = e^{-x^2+xy-y^2}$

(5)　$f(x,y) = \sin x \sin y \quad (-\pi < x < \pi,\ -\pi < y < \pi)$

[2]　次の関係式が成り立つとき，陰関数の導関数 $\dfrac{dy}{dx}$ を x, y の式で表せ．

(1)　$x^2 - 3xy + y^2 - 2x + y - 5 = 0$　　(2)　$\log(x^2 + y^2) + xy = 2$

[3]　次の曲線について，$\dfrac{dy}{dx}$ を求め，与えられた曲線上の点における接線の方程式を求めよ．

(1)　$x^2 + xy + y^2 = 1, \quad (1, -1)$　　(2)　$x^2y^3 = 3x - 2y, \quad (1, 1)$

(3)　$xe^y - y = 5, \quad (5, 0)$　　(4)　$\sqrt{x^2 + y^2} = xy + 1, \quad (0, 1)$

[4]　(　) 内の条件のもとで，関数 $f(x,y)$ の極値をとりうる点を求めよ．また，その点で $z = f(x,y)$ が最大または最小となるかどうか調べよ．

(1)　$f(x,y) = x^2 + y^2 \quad \left(\dfrac{x^2}{9} + \dfrac{y^2}{4} = 1\right)$

(2)　$f(x,y) = x^2 - y^2 \quad (x - 2y + 6 = 0)$

(3)　$f(x,y) = x^2 + y^2 \quad (2y = x^2 - 4)$

[5]　1個100円のキャンディと1個300円のチョコレートをあわせて，3000円分のプレゼントを購入することになった．購入する個数をそれぞれ x 個，y 個とするとき，xy を最大にすればもっとも喜ばれるという．もっとも喜ばれるためには，キャンディとチョコレートをそれぞれ何個ずつ購入すればよいか．

[6]　直線 $ax + by + c = 0$ 上の点のうち，原点からの距離が最小になる点の座標を求めよ．ただし，a と b のうちどちらかは0でないものとする．

第 5 章の章末問題

1. 関数 $f(x,y) = \dfrac{x^2 y}{x^4 + y^2}$ について，次の問いに答えよ．
   (1) 点 (x,y) を曲線 $y = x^2$ に沿って原点に近づけた場合の $f(x,y)$ の極限値を求めよ．
   (2) 点 (x,y) を x 軸に沿って原点に近づけた場合の $f(x,y)$ の極限値を求めよ．
   (3) $\displaystyle\lim_{(x,y)\to(0,0)} \frac{x^2 y}{x^4 + y^2}$ が存在するかどうかを述べよ．

2. z は 2 つの 1 変数関数 $f,\ g$ を用いて $z = f(x) + g(y)$ と表されている．また，x と y は $s,\ t$ の関数であり，$x = s - ct,\ y = s + ct$ と定義されている．ただし，c は 0 でない定数である．このとき，次の各問いに答えよ．
   (1) $\dfrac{\partial z}{\partial s}$，$\dfrac{\partial z}{\partial t}$ を c，$f'(x) = \dfrac{df}{dx}$，$g'(y) = \dfrac{dg}{dy}$ を用いて表せ．
   (2) $\dfrac{\partial^2 z}{\partial s^2} = \dfrac{1}{c^2}\dfrac{\partial^2 z}{\partial t^2}$ が成り立つことを示せ（この方程式を**波動方程式**という）．

3. $x = u^2 - v^2,\ y = 2uv$ とするとき，$z = f(x,y)$ に対して
$$(z_x)^2 + (z_y)^2 = \frac{1}{4(u^2 + v^2)}\{(z_u)^2 + (z_v)^2\}$$
が成り立つことを示せ．

4. 曲面 $z = \dfrac{1}{xy}$ 上の点 $\mathrm{P}(a,b,c)$ における接平面を S とする．ただし，$a > 0,\ b > 0$ とする．S と 3 つの座標平面で作られる四面体の体積が，点 P の座標によらず一定であることを示せ．

5. m, n を 2 以上の整数とするとき，関数 $f(x,y) = x^m + y^n$ が極値をとるかどうかを調べよ．

6. 平面上に 3 点 $\mathrm{A}(x_1, y_1),\ \mathrm{B}(x_2, y_2),\ \mathrm{C}(x_3, y_3)$ をとるとき，$\mathrm{PA}^2 + \mathrm{PB}^2 + \mathrm{PC}^2$ を最小にする点 P の座標を求めよ．

7. 体積が一定の円筒形の容器を作る．側面の材質と上面および底面の材質が異なっており，$1\,\mathrm{cm}^2$ あたりの質量（面積密度）は側面が $3\,\mathrm{g/cm^2}$，上面および底面は $5\,\mathrm{g/cm^2}$ であるという．もっとも軽く作るにはどうすればよいか述べよ．ただし，円筒形の質量は極値をとるときに最小となる．

8. 条件 $x + 4y + 9z = 3$ および $x > 0,\ y > 0,\ z > 0$ のもとで，関数 $f(x,y,z) = \dfrac{1}{x} + \dfrac{1}{y} + \dfrac{1}{z} + 1$ の極値を求めよ．

Chapter

2重積分

11 2重積分

11.1 2重積分

2重積分　関数 $f(x,y)$ は領域 D で連続であり，つねに $f(x,y) \geqq 0$ であるとする．このとき，底面が領域 D，上面が曲面 $z = f(x,y)$ で，側面が xy 平面に垂直な柱状の立体（右図）の体積 V を求める．ここで，領域はその境界を含むものとする．

領域 D を n 個の小領域 D_k に分割し，D_k の面積を ΔS_k $(k = 1, 2, \ldots, n)$ とする．各小領域 D_k 内に点 (x_k, y_k) を任意に選ぶと，高さが $f(x_k, y_k)$ で底面積が ΔS_k の柱状の立体の体積は $f(x_k, y_k)\,\Delta S_k$ である．したがって，それらの和

$$\sum_{k=1}^{n} f(x_k, y_k)\,\Delta S_k \tag{11.1}$$

は，求める立体の体積 V の近似値となる．

よって，$n \to \infty$ として分割を限りなく細かくしていくとき，この和の極限値

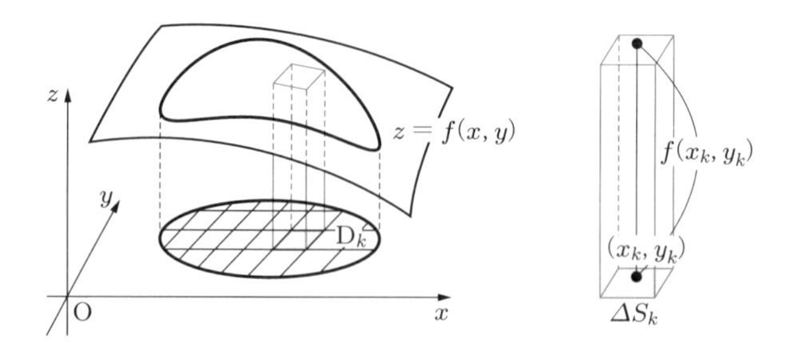

$$\lim_{n\to\infty}\sum_{k=1}^{n} f(x_k, y_k)\,\Delta S_k \tag{11.2}$$

が求める立体の体積 V である.

式 (11.2) は，必ずしも $f(x,y) \geqq 0$ でない場合でも考えることができる．一般の関数 $f(x,y)$ について，この極限値が領域 D の分割の仕方や点 (x_k, y_k) のとり方によらず，式 (11.2) の極限値が存在するとき，$f(x,y)$ は領域 D で**積分可能**であるという．このとき，式 (11.2) を，領域 D における $f(x,y)$ の **2 重積分**といい，

$$\int_{\mathrm{D}} f(x,y)\,dS$$

と表す．D を**積分領域**という．$f(x,y)$ が領域 D で連続であれば，$f(x,y)$ は D で積分可能であることが知られている.

11.1　2 重積分

領域 D における 2 重積分を，次の極限値として定める.

$$\int_{\mathrm{D}} f(x,y)\,dS = \lim_{n\to\infty}\sum_{k=1}^{n} f(x_k, y_k)\,\Delta S_k$$

ただし，$n \to \infty$ のとき，各小領域は限りなく小さくなるものとする.

2 重積分の定義から，$\displaystyle\int_{\mathrm{D}} dS$ は領域 D の面積を表す.

2 重積分では，次の性質が成り立つ.

11.2　2 重積分の性質 I

k を定数とするとき，次のことが成り立つ.

(1)　$\displaystyle\int_{\mathrm{D}} k\,f(x,y)\,dS = k\int_{\mathrm{D}} f(x,y)\,dS$

(2)　$\displaystyle\int_{\mathrm{D}} \{f(x,y) \pm g(x,y)\}\,dS = \int_{\mathrm{D}} f(x,y)\,dS \pm \int_{\mathrm{D}} g(x,y)\,dS$　（複号同順）

この性質を 2 重積分の線形性という．さらに，次の性質が成り立つ.

11.3　2重積分の性質 II

(1)　領域 D が，境界線以外に共通部分をもたない 2 つの領域 D_1, D_2 に分割されるとき，次のことが成り立つ．

$$\int_{\mathrm{D}} f(x,y)\,dS = \int_{\mathrm{D}_1} f(x,y)\,dS + \int_{\mathrm{D}_2} f(x,y)\,dS$$

(2)　領域 D で $f(x,y) \geqq 0$ であれば，$\displaystyle\int_{\mathrm{D}} f(x,y)dS \geqq 0$ である．

(3)　2 つの領域 $\mathrm{D}, \widetilde{\mathrm{D}}$ $(\mathrm{D} \subset \widetilde{\mathrm{D}})$ において，$\widetilde{\mathrm{D}}$ で $f(x,y) \geqq 0$ ならば，$\displaystyle\int_{\mathrm{D}} f(x,y)dS \leqq \int_{\widetilde{\mathrm{D}}} f(x,y)dS$ が成り立つ．

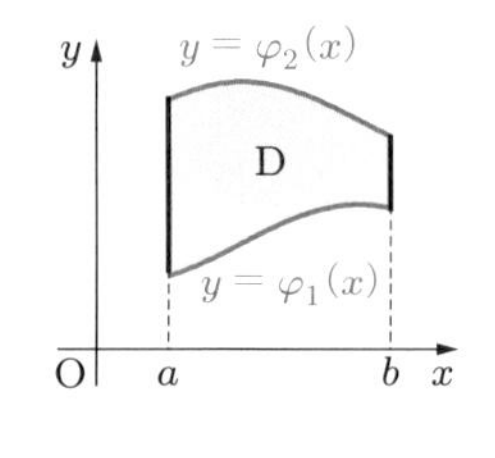

累次積分　積分領域 D が，連立不等式

$$a \leqq x \leqq b, \quad \varphi_1(x) \leqq y \leqq \varphi_2(x)$$

で表される領域（右図）の場合に，2 重積分を求める．

$f(x,y) \geqq 0$ であるとき，2 重積分 $\displaystyle\int_{\mathrm{D}} f(x,y)\,dS$ は，底面が領域 D，上面が曲面 $z = f(x,y)$ で，側面が xy 平面に垂直な柱状の立体の体積である（下図）．立体の体積は，断面積を積分することによって求めることができるから［→定理 7.2］，これを利用して 2 重積分を計算する．すなわち，$a \leqq x \leqq b$ に対して，この立体を，$(x,0,0)$ を通り x 軸に垂直な平面で切断したときの断面積を $A(x)$ とすると，求める 2 重積分は

$$\int_{\mathrm{D}} f(x,y)\,dS = \int_a^b A(x)\,dx \tag{11.3}$$

として計算できる．断面積 $A(x)$ は，x を定数とみなした曲線 $z = f(x,y)$ を y 軸

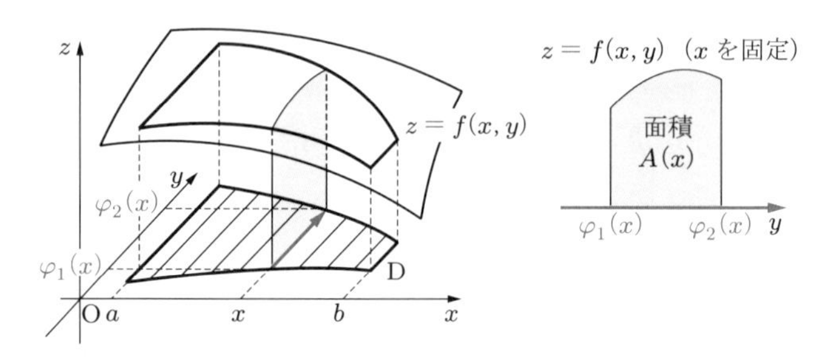

方向に $y=\varphi_1(x)$ から $y=\varphi_2(x)$ まで積分することによって求められるから，

$$A(x)=\int_{\varphi_1(x)}^{\varphi_2(x)} f(x,y)\,dy$$

となる．したがって，

$$\int_{\mathrm{D}} f(x,y)\,dS=\int_a^b A(x)\,dx=\int_a^b\left\{\int_{\varphi_1(x)}^{\varphi_2(x)} f(x,y)\,dy\right\}dx$$

が成り立つ．最後の式を，領域 D 上の $f(x,y)$ の**累次積分**という．

領域 D が $c \leqq y \leqq d,\ \psi_1(y) \leqq x \leqq \psi_2(y)$ で表されるときも同じようにして，

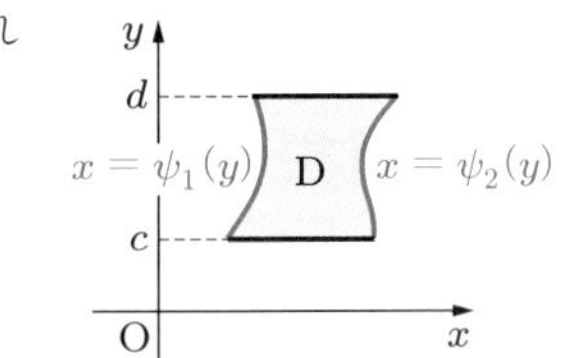

$$\int_{\mathrm{D}} f(x,y)\,dS=\int_c^d\left\{\int_{\psi_1(y)}^{\psi_2(y)} f(x,y)\,dx\right\}dy$$

が成り立つ．これらの式は，必ずしも $f(x,y) \geqq 0$ でない場合でも成り立つ．

このように，2重積分は変数 x, y による積分を続けて計算することで求めることができる．このことから，以後，領域 D における2重積分を

$$\iint_{\mathrm{D}} f(x,y)\,dxdy$$

と表す．

以上をまとめると，2重積分は次のようにして計算することができる．

11.4 累次積分による2重積分の計算

関数 $f(x,y)$ は領域 D で連続であるとする．

(1) $\mathrm{D}=\{(x,y)|\ a \leqq x \leqq b,\ \varphi_1(x) \leqq y \leqq \varphi_2(x)\}$ のとき

$$\iint_{\mathrm{D}} f(x,y)\,dxdy=\int_a^b\left\{\int_{\varphi_1(x)}^{\varphi_2(x)} f(x,y)\,dy\right\}dx$$

(2) $\mathrm{D}=\{(x,y)|\ c \leqq y \leqq d,\ \psi_1(y) \leqq x \leqq \psi_2(y)\}$ のとき

$$\iint_{\mathrm{D}} f(x,y)\,dxdy=\int_c^d\left\{\int_{\psi_1(y)}^{\psi_2(y)} f(x,y)\,dx\right\}dy$$

領域が長方形 $\mathrm{D} = \{(x,y)|a \leqq x \leqq b,\ c \leqq y \leqq d\}$ の場合には，次のように2通りの方法で計算することができる．

$$\iint_{\mathrm{D}} f(x,y)\,dxdy = \int_a^b \left\{ \int_c^d f(x,y)\,dy \right\} dx = \int_c^d \left\{ \int_a^b f(x,y)\,dx \right\} dy$$

例題 11.1　長方形の領域における2重積分の計算

次の2重積分を求めよ．

$$\iint_{\mathrm{D}} (x^2 y + 2x)\,dxdy, \quad \mathrm{D} = \{(x,y)\,|\,0 \leqq x \leqq 2,\ 1 \leqq y \leqq 2\}$$

解　先に y 軸方向に $y=1$ から $y=2$ まで積分し，次に x 軸方向に $x=0$ から $x=2$ まで積分すると，次のようになる．

$$\begin{aligned}
\iint_{\mathrm{D}} (x^2 y + 2x)\,dxdy &= \int_0^2 \left\{ \int_1^2 (x^2 y + 2x)\,dy \right\} dx \\
&= \int_0^2 \left\{ x^2 \left[\frac{y^2}{2} \right]_1^2 + 2x \left[y \right]_1^2 \right\} dx \\
&= \int_0^2 \left(\frac{3}{2} x^2 + 2x \right) dx \\
&= \frac{3}{2} \left[\frac{x^3}{3} \right]_0^2 + 2 \left[\frac{x^2}{2} \right]_0^2 = 4 + 4 = 8
\end{aligned}$$

［この2重積分は，先に x 軸方向に積分して，

$$\int_1^2 \left\{ \int_0^2 (x^2 y + 2x)\,dx \right\} dy$$

により計算してもよい．］

問 11.1　次の2重積分を求めよ．

(1) $\displaystyle\iint_{\mathrm{D}} (x^2 + y^2)\,dxdy, \quad \mathrm{D} = \{(x,y)|\ 0 \leqq x \leqq 1,\ 1 \leqq y \leqq 2\}$

(2) $\displaystyle\iint_{\mathrm{D}} e^{x+2y}\,dxdy, \quad \mathrm{D} = \{(x,y)|\ 0 \leqq x \leqq 2,\ 0 \leqq y \leqq 1\}$

(3) $\displaystyle\iint_{\mathrm{D}} \sin(x+y)\,dxdy, \quad \mathrm{D} = \left\{(x,y)|\ 0 \leqq x \leqq \frac{\pi}{2},\ 0 \leqq y \leqq \frac{\pi}{2}\right\}$

領域が長方形でない場合には，与えられた積分領域の形に応じて，まずどちらの軸方向に積分するかを決める．

（図 1）　$\mathrm{D}=\{(x,y)\,|\,a \leqq x \leqq b,\ \varphi_1(x) \leqq y \leqq \varphi_2(x)\}$ のとき，先に y 軸方向に積分．

（図 2）　$\mathrm{D}=\{(x,y)\,|\,c \leqq y \leqq d,\ \psi_1(y) \leqq x \leqq \psi_2(y)\}$ のとき，先に x 軸方向に積分．

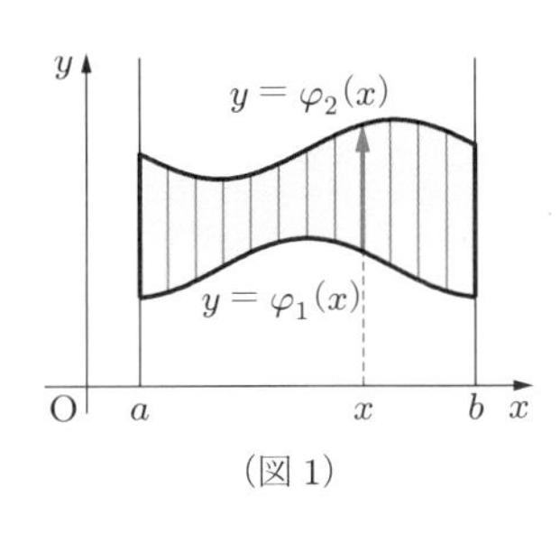

（図 1）

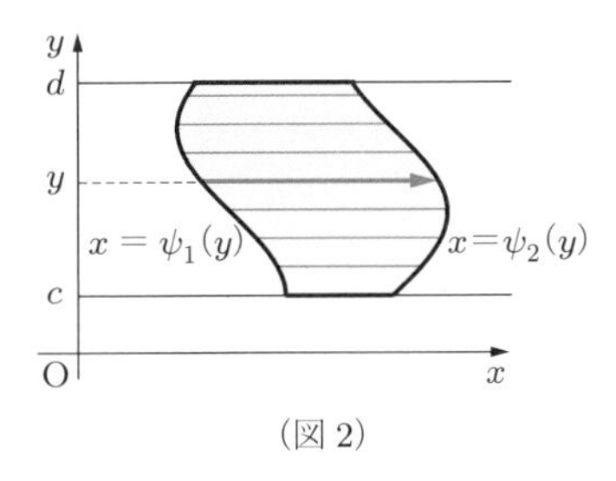

（図 2）

例題 11.2　**累次積分による 2 重積分の計算**

積分領域を図示し，次の 2 重積分を求めよ．

(1)　$\displaystyle\iint_{\mathrm{D}} (y-x)^2\,dxdy,\quad \mathrm{D}=\{(x,y)\,|\,1 \leqq x \leqq 2,\ x \leqq y \leqq 2x\}$

(2)　$\displaystyle\iint_{\mathrm{D}} y\,dxdy,\quad \mathrm{D}=\left\{(x,y)\,\middle|\,0 \leqq y \leqq \frac{\pi}{2},\ 0 \leqq x \leqq \cos y\right\}$

解　(1)　与えられた領域 D は，$1 \leqq x \leqq 2$ の範囲で 2 直線 $y=x$ と $y=2x$ に挟まれた部分であるから，右図のようになる．したがって，先に y 軸方向に積分する．

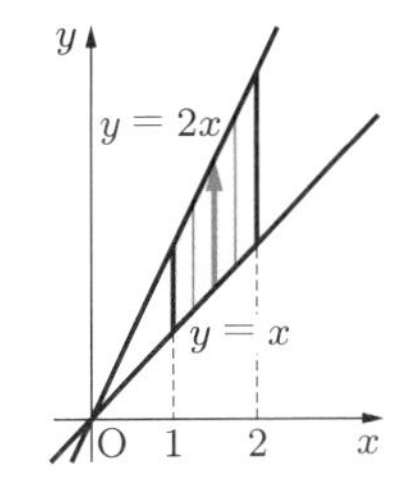

$$\iint_{\mathrm{D}} (y-x)^2 dxdy = \int_1^2 \left\{\int_x^{2x} (y-x)^2\,dy\right\} dx$$

$$= \int_1^2 \left[\ \frac{(y-x)^3}{3}\ \right]_x^{2x} dx$$

$$= \int_1^2 \frac{1}{3}x^3\,dx = \frac{1}{3}\left[\ \frac{x^4}{4}\ \right]_1^2 = \frac{5}{4}$$

(2)　与えられた領域 D は，$0 \leqq y \leqq \dfrac{\pi}{2}$ の範囲で $x=0$（y 軸）と $x=\cos y$ に挟まれた部分であるから，右図のようになる．したがって，先に x 軸方向に積分する．

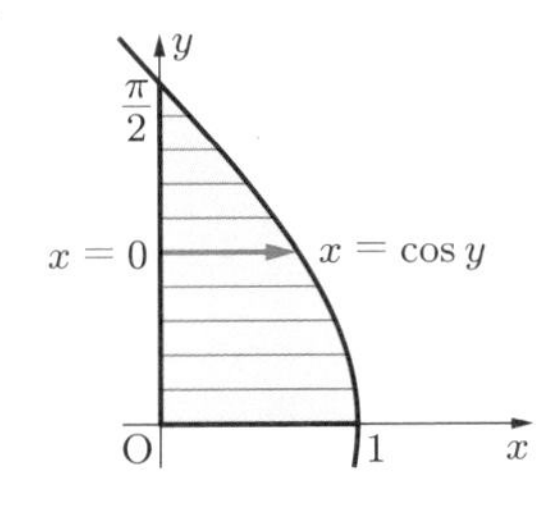

$$\iint_{\mathrm{D}} y\,dxdy = \int_0^{\frac{\pi}{2}} \left\{\int_0^{\cos y} y\,dx\right\} dy$$

$$= \int_0^{\frac{\pi}{2}} y\left[\ x\ \right]_0^{\cos y} dy$$

$$= \int_0^{\frac{\pi}{2}} y \cos y \, dy$$

$$= \Big[\, y \sin y \, \Big]_0^{\frac{\pi}{2}} - \int_0^{\frac{\pi}{2}} \sin y \, dy$$

$$= \frac{\pi}{2} - \Big[-\cos y \, \Big]_0^{\frac{\pi}{2}} = \frac{\pi}{2} - 1$$

この例題のように，2 重積分の計算では，積分する変数の順序に気をつける必要がある．

問 11.2　積分領域を図示し，次の 2 重積分を求めよ．

(1) $\displaystyle\iint_{\mathrm{D}} xy \, dxdy, \quad \mathrm{D} = \{(x, y) \mid 0 \leqq x \leqq 1, \ -1 \leqq y \leqq x^2\}$

(2) $\displaystyle\iint_{\mathrm{D}} x \, dxdy, \quad \mathrm{D} = \{(x, y) \mid 0 \leqq y \leqq \pi, \ 0 \leqq x \leqq \sin y\}$

(3) $\displaystyle\iint_{\mathrm{D}} \frac{x}{x^2 + y^2} \, dxdy, \quad \mathrm{D} = \{(x, y) \mid 1 \leqq x \leqq 2, \ 0 \leqq y \leqq x\}$

(4) $\displaystyle\iint_{\mathrm{D}} \sqrt{x + y} \, dxdy, \quad \mathrm{D} = \{(x, y) \mid 0 \leqq y \leqq 1, \ 0 \leqq x \leqq y\}$

積分順序の変更　図 1 の領域 D における $f(x, y)$ の 2 重積分を，累次積分に直すことを考える．

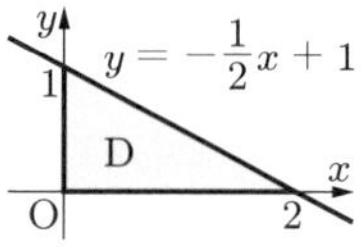

(図 1)

与えられた領域は $\mathrm{D} = \left\{ (x, y) \mid 0 \leqq x \leqq 2, \ 0 \leqq y \leqq -\dfrac{1}{2}x + 1 \right\}$ と表すことができるから，

$$\iint_{\mathrm{D}} f(x, y) \, dxdy = \int_0^2 \left\{ \int_0^{-\frac{1}{2}x+1} f(x, y) \, dy \right\} dx$$

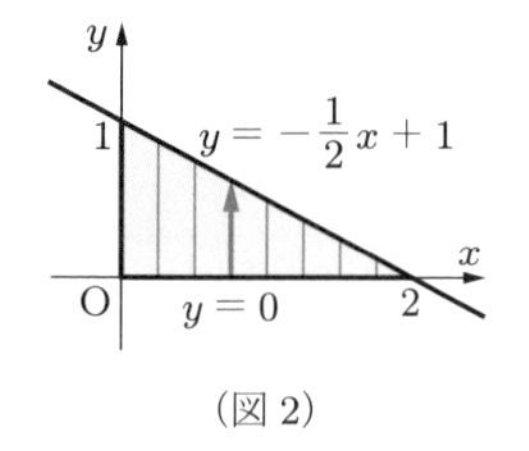

(図 2)

である（図 2）．一方，$y = -\dfrac{1}{2}x + 1$ を x について解くと $x = -2y + 2$ となるから，D は

$$\mathrm{D} = \{(x, y) \mid 0 \leqq y \leqq 1, \ 0 \leqq x \leqq -2y + 2\}$$

と表すこともできる．このとき，与えられた 2 重積分は

$$\iint_{\mathrm{D}} f(x, y) \, dxdy = \int_0^1 \left\{ \int_0^{-2y+2} f(x, y) \, dx \right\} dy$$

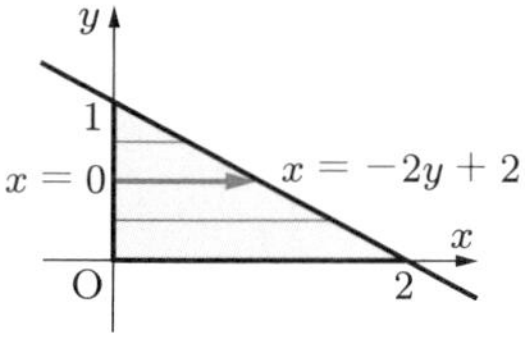

となる（図 3）．

(図 3)

したがって，

$$\int_0^2 \left\{ \int_0^{-\frac{1}{2}x+1} f(x,y)\,dy \right\} dx = \int_0^1 \left\{ \int_0^{-2y+2} f(x,y)\,dx \right\} dy$$

が成り立つ．左辺の累次積分を右辺の累次積分にすること，またはその逆の操作を**積分順序の変更**という．

問11.3 次の累次積分の積分順序を変更せよ．

(1) $\displaystyle\int_0^1 \left\{ \int_{x^2}^{x} f(x,y)\,dy \right\} dx$　　(2) $\displaystyle\int_1^e \left\{ \int_0^{\log y} f(x,y)\,dx \right\} dy$

11.2 変数変換

線形変換による2重積分の計算　$z = f(x,y)$ の2重積分 $\displaystyle\iint_{\mathrm{D}} f(x,y)\,dxdy$ を計算するとき，変数 x, y を別の変数に変換すると計算が簡単になる場合がある．いま，x, y が変数 u, v と定数 a, b, c, d により，線形変換

$$\begin{cases} x = au + bv \\ y = cu + dv \end{cases} \quad \text{または} \quad \begin{pmatrix} x \\ y \end{pmatrix} = \begin{pmatrix} a & b \\ c & d \end{pmatrix} \begin{pmatrix} u \\ v \end{pmatrix} \tag{11.4}$$

によって表されるとする．このように，独立変数 x, y を他の変数を用いて表すことを**変数変換**という．

ここで改めて，$x(u,v) = au + bv$, $y(u,v) = cu + dv$ とする．この線形変換では，uv 平面の長方形は xy 平面の平行四辺形に変換される．

いま，xy 平面上の平行四辺形の領域 D に対応する，uv 平面上の領域 D$'$ が長方形であるとき，D$'$ を辺の長さが Δu, Δv の小長方形の領域 D'_k $(k = 1, 2, \ldots, n)$ に分割する．D'_k は，ベクトル

$$\begin{pmatrix} \Delta u \\ 0 \end{pmatrix}, \quad \begin{pmatrix} 0 \\ \Delta v \end{pmatrix}$$

が作る長方形である．このとき，式 (11.4) の線形変換によって小領域 D'_k は，領域 D のベクトル

$$\begin{pmatrix} a & b \\ c & d \end{pmatrix} \begin{pmatrix} \Delta u \\ 0 \end{pmatrix} = \begin{pmatrix} a\Delta u \\ c\Delta u \end{pmatrix}, \quad \begin{pmatrix} a & b \\ c & d \end{pmatrix} \begin{pmatrix} 0 \\ \Delta v \end{pmatrix} = \begin{pmatrix} b\Delta v \\ d\Delta v \end{pmatrix}$$

が作る平行四辺形の小領域 D_k に対応する．

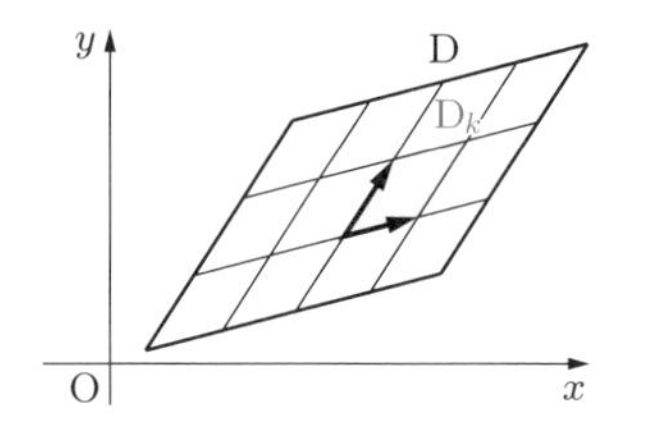

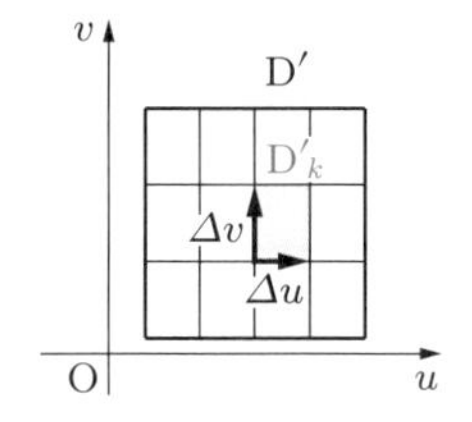

小領域 D'_k の面積を $\Delta S'_k$ とし，小領域 D_k の面積を ΔS_k とする．$\Delta S'_k = \Delta u \Delta v$ であり，ΔS_k は行列式 $\begin{vmatrix} a\Delta u & b\Delta v \\ c\Delta u & d\Delta v \end{vmatrix}$ の絶対値であるから，

$$(\Delta S_k)^2 = \begin{vmatrix} a\Delta u & b\Delta v \\ c\Delta u & d\Delta v \end{vmatrix}^2 = \begin{vmatrix} a & b \\ c & d \end{vmatrix}^2 (\Delta u \Delta v)^2 = \begin{vmatrix} a & b \\ c & d \end{vmatrix}^2 (\Delta S'_k)^2$$

が成り立つ．したがって，$J = \begin{vmatrix} a & b \\ c & d \end{vmatrix}$ とするとき，

$$\Delta S_k = |\,J\,| \Delta S'_k \tag{11.5}$$

が成り立つ．ここで，D'_k 内に任意の点 (u_k, v_k) をとり，式 (11.4) の線形変換によって $(u_k,\ v_k)$ に対応する，D_k 内の点 $(x\,(u_k, v_k)\,, y\,(u_k, v_k))$ を (x_k, y_k) とすれば，2 重積分の定義により，

$$\begin{aligned}
\int_{D} f(x,y)\,dS &= \lim_{n\to\infty} \sum_{k=1}^{n} f(x_k, y_k)\,\Delta S_k \\
&= \lim_{n\to\infty} \sum_{k=1}^{n} f(x(u_k, v_k), y(u_k, v_k))|\,J\,|\,\Delta S'_k \\
&= \int_{D'} f(x(u,v), y(u,v))|\,J\,|\,dS'
\end{aligned}$$

となる．

行列式 J を，式 (11.4) で定まる線形変換の**ヤコビ行列式**または**ヤコビアン**という．この値の絶対値 $|\,J\,|$ は，線形変換に伴う面積の拡大率を表す．式 (11.5) を簡単に

$$dS = |\,J\,|\,dS' \quad \text{または} \quad dxdy = |\,J\,|\,dudv$$

と表すこともある．

例題 11.3 線形変換と 2 重積分

次の 2 重積分を求めよ.

$$\iint_{\mathrm{D}} (x+y)\,dxdy, \quad \mathrm{D} = \{(x,y)\,|\,-1 \leqq x+2y \leqq 1,\ 0 \leqq x-y \leqq 2\}$$

解 $u = x+2y,\ v = x-y$ とおき,これを x, y について解けば,

$$x = \frac{1}{3}u + \frac{2}{3}v, \quad y = \frac{1}{3}u - \frac{1}{3}v \qquad \cdots\cdots ①$$

となる.また,積分領域は

$$\mathrm{D}' = \{(u,v)\,|\,-1 \leqq u \leqq 1,\ 0 \leqq v \leqq 2\}$$

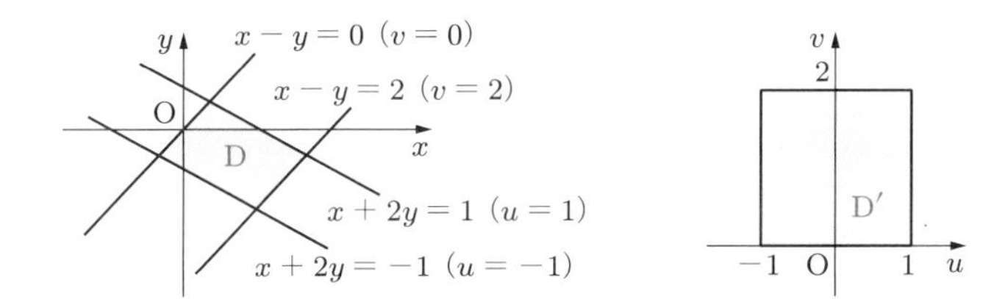

となる.したがって,線形変換①のヤコビ行列式および面積の関係式は

$$J = \begin{vmatrix} \dfrac{1}{3} & \dfrac{2}{3} \\ \dfrac{1}{3} & -\dfrac{1}{3} \end{vmatrix} = \quad \frac{1}{3} \quad \text{よって} \quad dxdy - \frac{1}{3}\,dudv$$

である.①から $x+y = \dfrac{2}{3}u + \dfrac{1}{3}v$ となるから,求める 2 重積分は次のようになる.

$$\begin{aligned}
\iint_{\mathrm{D}} (x+y)\,dxdy &= \iint_{\mathrm{D}'} \left(\frac{2}{3}u + \frac{1}{3}v\right) \frac{1}{3}\,dudv \\
&= \frac{1}{9} \int_0^2 \left\{ \int_{-1}^1 (2u+v)\ du \right\} dv \\
&= \frac{1}{9} \int_0^2 \left\{ \Big[\ u^2\ \Big]_{-1}^1 + v\Big[\ u\ \Big]_{-1}^1 \right\} dv \\
&= \frac{1}{9} \int_0^2 2v\,dv = \frac{1}{9} \Big[\ v^2\ \Big]_0^2 = \frac{4}{9}
\end{aligned}$$

問11.4 次の 2 重積分を求めよ.

$$\iint_{\mathrm{D}} (x+y)\,dxdy, \quad \mathrm{D} = \{(x,y)\,|\,0 \leqq x+2y \leqq 1,\ 0 \leqq 2x-y \leqq 1\}$$

一般の変数変換　線形変換 $x = au + bv$, $y = cu + dv$ では,

$$\frac{\partial x}{\partial u} = a, \quad \frac{\partial x}{\partial v} = b, \quad \frac{\partial y}{\partial u} = c, \quad \frac{\partial y}{\partial v} = d$$

であるから，ヤコビ行列式 $J = \begin{vmatrix} a & b \\ c & d \end{vmatrix}$ は,

$$J = \begin{vmatrix} \dfrac{\partial x}{\partial u} & \dfrac{\partial x}{\partial v} \\ \dfrac{\partial y}{\partial u} & \dfrac{\partial y}{\partial v} \end{vmatrix} \tag{11.6}$$

とかくことができる.

一般の変数変換 $x = x(u,v)$, $y = y(u,v)$ に対しても，式 (11.6) の行列式 J を**ヤコビ行列式**または**ヤコビアン**という．この場合も，$|J|$ が小領域の面積の拡大率となっている．すなわち,

$$dS = |J|\,dS' \quad \text{または} \quad dxdy = |J|\,dudv \tag{11.7}$$

が成り立つことが知られている.

以上をまとめると，変数変換 $x = x(u,v)$, $y = y(u,v)$ を行ったとき，2 重積分について次のことが成り立つ.

11.5　変数変換と 2 重積分

変数変換 $x = x(u,v), y = y(u,v)$ によって xy 平面の領域 D が uv 平面の領域 D$'$ に対応しているとする．この変数変換のヤコビ行列式を J とするとき，D 上の 2 重積分と D$'$ 上の 2 重積分について,

$$\iint_{\mathrm{D}} f(x,y)\,dxdy = \iint_{\mathrm{D}'} f(x(u,v), y(u,v))\,|J|\,dudv$$

が成り立つ.

極座標への変換　積分領域が扇形などの場合には，極座標への変換によって 2 重積分を計算するのは有力な方法である.

例 11.1　極座標への変換 $x = r\cos\theta$, $y = r\sin\theta$ では,

$$\frac{\partial x}{\partial r} = \cos\theta, \quad \frac{\partial x}{\partial \theta} = -r\sin\theta, \quad \frac{\partial y}{\partial r} = \sin\theta, \quad \frac{\partial y}{\partial \theta} = r\cos\theta$$

となるから，ヤコビ行列式は

$$J = \begin{vmatrix} \cos\theta & -r\sin\theta \\ \sin\theta & r\cos\theta \end{vmatrix} = r\cos^2\theta - (-r\sin^2\theta) = r \tag{11.8}$$

となる．

定理 11.5 によって，極座標への変換について，次のことが成り立つ．

11.6　極座標による 2 重積分の計算

極座標への変換 $x = r\cos\theta,\ y = r\sin\theta$ によって，xy 平面の領域 D が $r\theta$ 平面の領域 D$'$ に対応するとき，

$$\iint_{\mathrm{D}} f(x, y)\, dxdy = \iint_{\mathrm{D}'} f(r\cos\theta, r\sin\theta)\, r\, drd\theta$$

が成り立つ．

いま，2 重積分

$$\iint_{\mathrm{D}} x\, dxdy, \quad \mathrm{D} = \left\{ (x, y) \,|\, 1 \leqq x^2 + y^2 \leqq 4,\ y \geqq \frac{1}{\sqrt{3}}x,\ x \geqq 0 \right\}$$

を，極座標への変換 $x = r\cos\theta,\ y = r\sin\theta$ を行うことによって求める．この積分の積分領域は，図 1 の扇形の一部分（青色の部分）である．

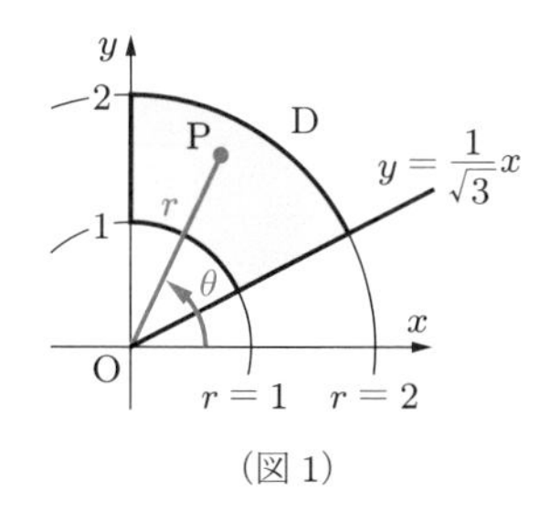

（図 1）

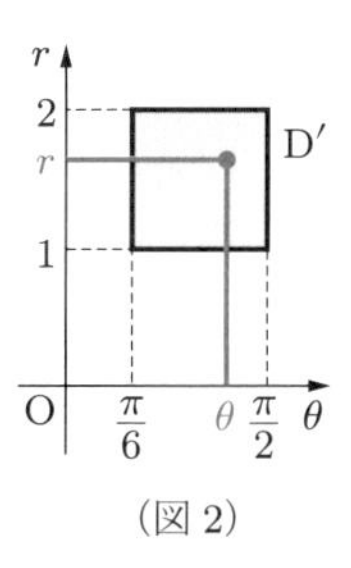

（図 2）

領域 D 内に任意の点 P をとれば，その極座標 (r, θ) は $1 \leqq r \leqq 2,\ \dfrac{\pi}{6} \leqq \theta \leqq \dfrac{\pi}{2}$ を満たす．すなわち，D に対応する $r\theta$ 平面上の領域は，

$$\mathrm{D}' = \left\{ (r, \theta) \,|\, 1 \leqq r \leqq 2,\ \frac{\pi}{6} \leqq \theta \leqq \frac{\pi}{2} \right\}$$

となる（図 2）．極座標への変換のヤコビ行列式は $J = r$ であるから［→例 11.1］，

$$dxdy = r\,drd\theta \tag{11.9}$$

が成り立つ．$x = r\cos\theta$ であるから，与えられた2重積分は，次のようにして計算することができる．

$$\begin{aligned}\iint_{\mathrm{D}} x\,dxdy &= \iint_{\mathrm{D}'} r\cos\theta\cdot r\,drd\theta\\ &= \int_{\frac{\pi}{6}}^{\frac{\pi}{2}}\left\{\int_1^2 r^2\cos\theta\,dr\right\}d\theta\\ &= \int_{\frac{\pi}{6}}^{\frac{\pi}{2}}\left[\ \frac{r^3}{3}\ \right]_1^2\cos\theta d\theta\\ &= \frac{7}{3}\int_{\frac{\pi}{6}}^{\frac{\pi}{2}}\cos\theta\,d\theta = \frac{7}{3}\left[\ \sin\theta\ \right]_{\frac{\pi}{6}}^{\frac{\pi}{2}} = \frac{7}{6}\end{aligned}$$

例題 11.4　極座標による2重積分の計算

次の2重積分を求めよ．

$$\iint_{\mathrm{D}} x^2y\,dxdy,\quad \mathrm{D} = \{(x,y)\,|\,1 \leqq x^2+y^2 \leqq 4,\ y \geqq 0\}$$

解　$x = r\cos\theta,\ y = r\sin\theta$ とおくと，xy 平面上の領域 D は，$r\theta$ 平面上の領域

$$\mathrm{D}' = \{(r,\theta)\,|\,1 \leqq r \leqq 2,\ 0 \leqq \theta \leqq \pi\}$$

に対応する．

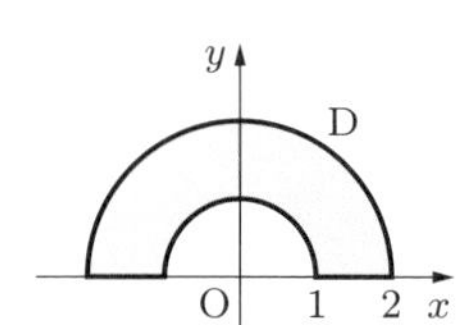

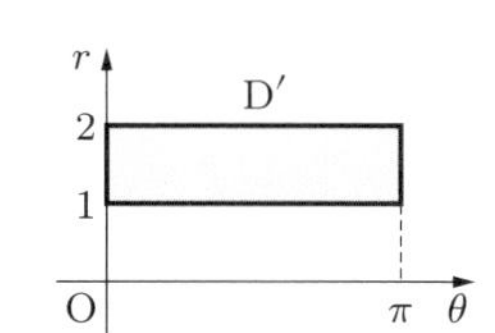

したがって，求める2重積分は次のようになる．

$$\begin{aligned}\iint_{\mathrm{D}} x^2y\,dxdy &= \iint_{\mathrm{D}'} (r\cos\theta)^2\cdot r\sin\theta\cdot r\,drd\theta\\ &= \int_0^{\pi}\left\{\int_1^2 r^4\cos^2\theta\sin\theta\,dr\right\}d\theta\\ &= \int_0^{\pi}\left[\ \frac{1}{5}r^5\ \right]_1^2\cos^2\theta\sin\theta\,d\theta\\ &= \frac{31}{5}\int_0^{\pi}\cos^2\theta\sin\theta\,d\theta\end{aligned}$$

$$= \frac{31}{5} \int_0^{\pi} \left(1 - \sin^2\theta\right) \sin\theta d\theta$$

$$= \frac{31}{5} \cdot 2 \int_0^{\frac{\pi}{2}} \left(\sin\theta - \sin^3\theta\right) d\theta$$

$$= \frac{62}{5}\left(1 - \frac{2}{3} \cdot 1\right) = \frac{62}{15}$$

問 11.5　極座標を用いて，次の 2 重積分を求めよ．

(1) $\displaystyle\iint_{\mathrm{D}} x^2\,dxdy,\quad \mathrm{D} = \{(x,y)\,|\,x^2 + y^2 \leqq 1,\ y \geqq 0\}$

(2) $\displaystyle\iint_{\mathrm{D}} xy\,dxdy,\quad \mathrm{D} = \{(x,y)\,|\,1 \leqq x^2 + y^2 \leqq 4,\ x \geqq 0,\ y \geqq 0\}$

11.3　2 重積分の応用

立体の体積　$f(x,y) \geqq 0$ のとき，底面が領域 D，上面が曲面 $z = f(x,y)$ で，側面が z 軸に平行な柱状の立体の体積は，2 重積分 $\displaystyle\iint_{\mathrm{D}} f(x,y)\,dxdy$ によって計算することができる．また，2 重積分を利用すると，領域 D における曲面 $z = f(x,y)$ の面積を計算することもできる（詳細は付録第 Λ5 節を参照）．

例題 11.5　**球の体積**

半径 a の球の体積を 2 重積分によって求めよ．

解　原点を中心とした半径 a の球面の $z \geqq 0$ の部分（上半球面）の方程式は，$z = \sqrt{a^2 - x^2 - y^2}$ である．球の対称性から，求める体積は $x \geqq 0$, $y \geqq 0$, $z \geqq 0$ の部分の体積の 8 倍である．したがって，積分領域 D を

$$\mathrm{D} = \{(x,y)\,|\,x^2 + y^2 \leqq a^2,\ x \geqq 0,\ y \geqq 0\}$$

とすれば，球の体積 V は，

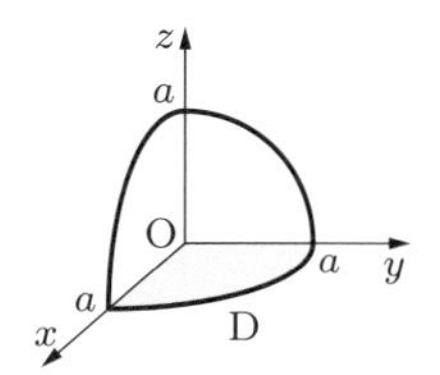

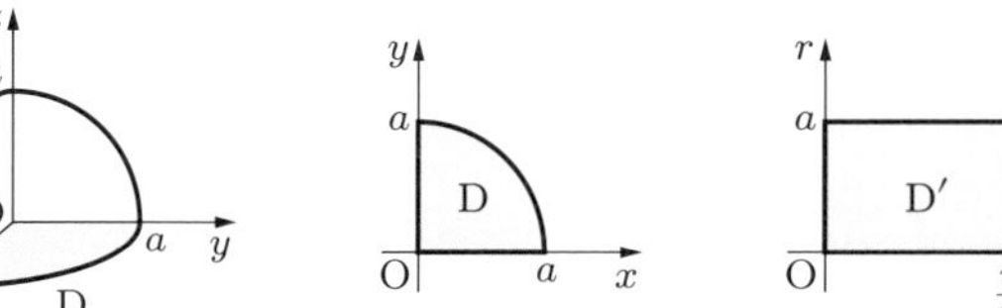

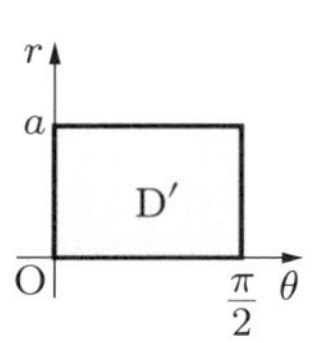

$$V = 8\iint_{\mathrm{D}} \sqrt{a^2 - x^2 - y^2}\,dxdy$$

と表すことができる．$x = r\cos\theta,\ y = r\sin\theta$ とおくと，xy 平面上の領域 D に対応する $r\theta$ 平面上の領域は，長方形

$$\mathrm{D}' = \left\{(r, \theta)\,|\,0 \leqq r \leqq a,\ 0 \leqq \theta \leqq \frac{\pi}{2}\right\}$$

である．したがって，

$$\iint_{\mathrm{D}} \sqrt{a^2 - x^2 - y^2}\,dxdy = \int_0^{\frac{\pi}{2}} \left\{\int_0^a \sqrt{a^2 - r^2}\cdot r\,dr\right\} d\theta$$

となる．{　}の中の積分で，$t = a^2 - r^2$ とおくと $dt = -2r\,dr$ であるから，

$$\int_0^a \sqrt{a^2 - r^2}\cdot r\,dr = \int_{a^2}^0 \sqrt{t}\left(-\frac{1}{2}\right)dt = \frac{1}{2}\int_0^{a^2} \sqrt{t}\,dt$$

となる．よって，

$$\begin{aligned} V &= 4\int_0^{\frac{\pi}{2}} \left\{\int_0^{a^2} \sqrt{t}\,dt\right\} d\theta \\ &= 4\int_0^{\frac{\pi}{2}} \frac{2}{3}\left[\,t^{\frac{3}{2}}\,\right]_0^{a^2} d\theta \\ &= \frac{8}{3}a^3 \int_0^{\frac{\pi}{2}} d\theta = \frac{4}{3}\pi a^3 \end{aligned}$$

となる．

問11.6　平面 $\dfrac{x}{a} + \dfrac{y}{b} + \dfrac{z}{c} = 1$ と xy 平面，yz 平面，zx 平面で囲まれる立体の体積を求めよ．ただし，a, b, c は正の定数とする．

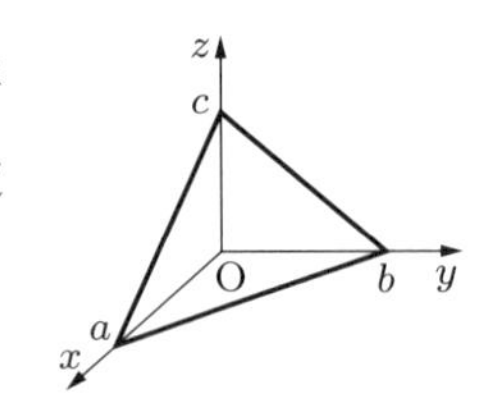

問11.7　xy 平面上の円 $x^2 + y^2 = a^2$ を底面とする直円柱の $z \geqq 0$ の部分のうち，2つの平面 $z = 0,\ z = y$ で切り取られる立体の体積を求めよ．

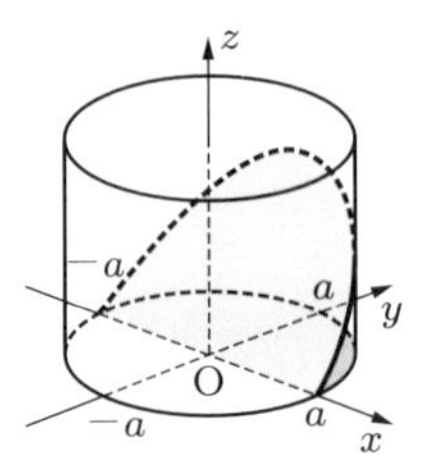

広義積分への応用　2 重積分を用いて，応用上重要な広義積分 $\displaystyle\int_0^{\infty} e^{-x^2}dx$ を求めることができる．まず，そのために必要となる次の 2 重積分を求めておく．

正の数 a に対して，xy 平面上の領域を $\mathrm{D}_a=\{(x,y)\,|\,x^2+y^2 \leqq a^2,\, x\geqq 0,\, y\geqq 0\}$ とする．このとき，

$$\iint_{\mathrm{D}_a} e^{-x^2-y^2}\,dxdy = \frac{\pi}{4}\left(1-e^{-a^2}\right) \tag{11.10}$$

であることを示す．$x=r\cos\theta,\, y=r\sin\theta$ とおくと，領域 D_a は $r\theta$ 平面上の領域

$$\mathrm{D}'_a=\left\{(r,\theta)\,|\,0\leqq r\leqq a,\ 0\leqq\theta\leqq\frac{\pi}{2}\right\}$$

に対応する．また，$x^2+y^2=r^2$ であるから，

$$\begin{aligned}
\iint_{\mathrm{D}_a} e^{-x^2-y^2}\,dxdy &= \iint_{\mathrm{D}'_a} e^{-r^2}r\,drd\theta \\
&= \int_0^{\frac{\pi}{2}}\left\{\int_0^a e^{-r^2}r\,dr\right\}d\theta \\
&= -\frac{1}{2}\int_0^{\frac{\pi}{2}}\left[e^{-r^2}\right]_0^a d\theta \quad \left[\left(e^{-r^2}\right)'=e^{-r^2}\cdot(-2r)\right] \\
&= -\frac{1}{2}\left(e^{-a^2}-1\right)\int_0^{\frac{\pi}{2}}d\theta = \frac{\pi}{4}\left(1-e^{-a^2}\right)
\end{aligned}$$

となり，式 (11.10) が成り立つことがわかる．

この結果を使って，統計学でよく用いられる次の広義積分を求めることができる．

例題 11.6　広義積分の計算

次の式が成り立つことを証明せよ．

$$\int_0^{\infty} e^{-x^2}\,dx = \frac{\sqrt{\pi}}{2}$$

証明　正の数 a に対して，

$$I(a)=\int_0^a e^{-x^2}\,dx$$

とすると，$\displaystyle\lim_{a\to\infty} I(a)$ が求める値である．ここで，

$$\mathrm{E}_a=\{(x,y)\,|\,0\leqq x\leqq a,\ 0\leqq y\leqq a\}$$

とおく．定積分が積分変数によらないことに注意すると，$\{I(a)\}^2$ は

$$\{I(a)\}^2 = \int_0^a e^{-x^2}\,dx \int_0^a e^{-y^2}\,dy$$
$$= \int_0^a e^{-x^2} \left\{ \int_0^a e^{-y^2}\,dy \right\} dx$$
$$= \int_0^a \left\{ \int_0^a e^{-x^2-y^2}\,dy \right\} dx = \iint_{\mathrm{E}_a} e^{-x^2-y^2}\,dxdy$$

となり，E_a における $z = e^{-x^2-y^2}$ の2重積分として表すことができる．また，正の数 R に対して，$\mathrm{D}_R = \left\{(x, y) \,|\, x \geqq 0,\ y \geqq 0,\ x^2 + y^2 \leqq R^2\right\}$ とすると，

$$\mathrm{D}_a \subset \mathrm{E}_a \subset \mathrm{D}_{\sqrt{2}a}$$

が成り立つ．

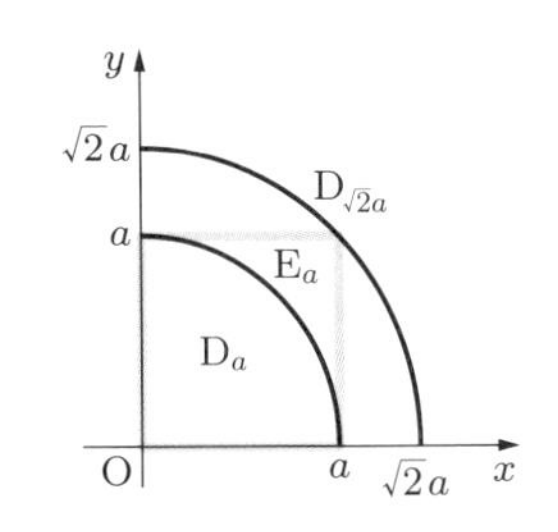

$e^{-x^2-y^2} > 0$ であるから，不等式

$$\iint_{\mathrm{D}_a} e^{-x^2-y^2}\,dxdy \leqq \iint_{\mathrm{E}_a} e^{-x^2-y^2}\,dxdy$$
$$\leqq \iint_{\mathrm{D}_{\sqrt{2}a}} e^{-x^2-y^2}\,dxdy$$

が成り立つ [→定理 11.3(3)]．ここで，$\displaystyle\iint_{\mathrm{D}_a} e^{-x^2-y^2}\,dxdy = \frac{\pi}{4}(1 - e^{-a^2})$ であるから，両側の2重積分がわかり，

$$\frac{\pi}{4}\left(1 - e^{-a^2}\right) \leqq \{I(a)\}^2 \leqq \frac{\pi}{4}\left(1 - e^{-2a^2}\right)$$

となる．$a \to \infty$ のとき $e^{-a^2} \to 0,\ e^{-2a^2} \to 0$ であり，$I(a) > 0$ であるから，

$$\frac{\pi}{4} \leqq \lim_{a\to\infty} \{I(a)\}^2 \leqq \frac{\pi}{4} \quad \text{よって} \quad \lim_{a\to\infty} I(a) = \int_0^\infty e^{-x^2}\,dx = \frac{\sqrt{\pi}}{2}$$

が得られる．

証明終

線分の重心　図1のように，重さのない線分上の点 $\mathrm{A}_1, \mathrm{A}_2, \mathrm{A}_3$ に，それぞれ質量 m_1, m_2, m_3 [kg] のおもりが置かれているとする．

線分上の点 G が，

$$m_1 l_1 + m_2 l_2 = m_3 l_3 \qquad \cdots\cdots ①$$

(ただし，$l_1 = \mathrm{A}_1\mathrm{G},\ l_2 = \mathrm{A}_2\mathrm{G},\ l_3 = \mathrm{A}_3\mathrm{G}$)

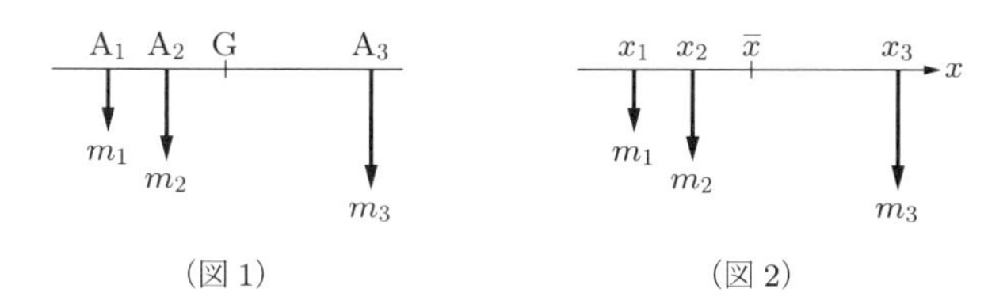

（図 1）　（図 2）

を満たすとき，この点 G で線分は釣り合う．図 2 のようにおもりの位置が座標で表されている場合には，①の右辺を移項することによって，点 G の座標は

$$m_1(\overline{x} - x_1) + m_2(\overline{x} - x_2) + m_3(\overline{x} - x_3) = 0$$

を満たす $\overline{x}$ として求めることができる．

一般に，線分上の点 $\mathrm{A}_1(x_1), \mathrm{A}_2(x_2), \ldots, \mathrm{A}_n(x_n)$ にそれぞれ質量 $m_1, m_2, \ldots, m_n$ が与えられているとき，

$$\sum_{k=1}^{n}(\overline{x} - x_k)m_k = 0 \quad \text{よって} \quad \overline{x}\sum_{k=1}^{n} m_k = \sum_{k=1}^{n} x_k m_k \tag{11.11}$$

を満たす点 $\mathrm{G}(\overline{x})$ を，この線分の**重心**という．

平面上の領域の重心　xy 平面上の領域 D を，均一な密度 ρ [kg/m^2] の板と考え，その重心 G の座標 $(\overline{x}, \overline{y})$ を考える．領域 D を小領域 D_k $(k = 1, 2, \ldots, n)$ に分割し，その面積を ΔS_k [m^2] とする．いま，各小領域 D_k の質量 $m_k = \rho\Delta S_k$ [kg] が D_k 内の 1 点 (x_k, y_k) に集まっていると考えたとき，x 軸方向の釣り合いを考えることによって，重心の x 座標は，

$$\sum_{k=1}^{n}(\overline{x} - x_k)\rho\Delta S_k = 0 \quad \text{よって} \quad \overline{x}\sum_{k=1}^{n} \Delta S_k = \sum_{k=1}^{n} x_k \Delta S_k$$

を満たすと考えられる．この式で，$n \to \infty$ として分割を細かくすれば，

$$\overline{x}\int_{\mathrm{D}} dS = \int_{\mathrm{D}} x\,dS$$

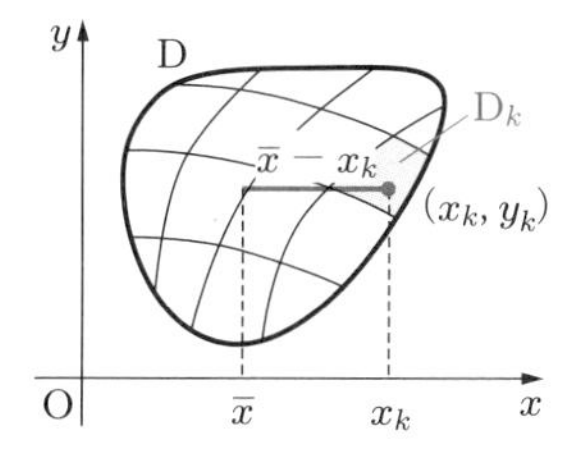

が得られる．y 座標 $\overline{y}$ も同様である．したがって，重心の座標 $(\overline{x}, \overline{y})$ は，

$$\overline{x} = \frac{1}{A}\int_{\mathrm{D}} x\,dS, \quad \overline{y} = \frac{1}{A}\int_{\mathrm{D}} y\,dS \quad \left(\text{ただし}, A = \int_{\mathrm{D}} dS\right) \tag{11.12}$$

となる．ここで，A は領域 D の面積である．

例題 11.7　重心の座標

a を正の定数とするとき，半円 $\mathrm{D} = \left\{(x, y) \mid x^2 + y^2 \leqq a^2,\ x \geqq 0\right\}$ の重心の座標を求めよ．

解　与えられた図形は x 軸について対称であるから，$\overline{y} = 0$ である．この領域の面積は $\dfrac{\pi a^2}{2}$ であるから，重心の x 座標 $\overline{x}$ は

$$\overline{x} = \frac{2}{\pi a^2}\iint_{\mathrm{D}} x\,dxdy$$

である．極座標 $x = r\cos\theta,\ y = r\sin\theta$ に変換すれば，領域 D′ は

$$\mathrm{D}' = \left\{(r, \theta) \mid 0 \leqq r \leqq a,\ -\frac{\pi}{2} \leqq \theta \leqq \frac{\pi}{2}\right\}$$

となるから，

$$\begin{aligned}
\overline{x} &= \frac{2}{\pi a^2}\int_{-\frac{\pi}{2}}^{\frac{\pi}{2}} \left\{\int_0^a r\cos\theta \cdot r\,dr\right\} d\theta \\
&= \frac{2}{\pi a^2}\int_{-\frac{\pi}{2}}^{\frac{\pi}{2}} \frac{1}{3}\Big[\, r^3 \,\Big]_0^a \cos\theta\,d\theta = \frac{2}{\pi a^2}\frac{a^3}{3}\Big[\, \sin\theta \,\Big]_{-\frac{\pi}{2}}^{\frac{\pi}{2}} = \frac{4a}{3\pi}
\end{aligned}$$

となる．したがって，求める重心の座標は $\left(\dfrac{4a}{3\pi}, 0\right)$ である．

問 11.8　a を正の定数とするとき，4 分円 $\mathrm{D} = \left\{(x, y) \mid x^2 + y^2 \leqq a^2,\ x \geqq 0,\ y \geqq 0\right\}$ の重心の座標を求めよ．

練習問題 11

[1] 次の累次積分を求めよ.

(1) $\displaystyle\int_0^1 \left\{ \int_0^{\sqrt{1-y^2}} (x+y)\,dx \right\} dy$　　(2) $\displaystyle\int_1^2 \left\{ \int_0^{e^x} xy\,dy \right\} dx$

[2] 次の 2 重積分を求めよ.

(1) $\displaystyle\iint_{\mathrm{D}} \left(\frac{2x^2}{y^2} + 2y \right) dxdy,\quad \mathrm{D} = \{(x,y)\,|\,1 \leqq x \leqq 2,\ 1 \leqq y \leqq x\}$

(2) $\displaystyle\iint_{\mathrm{D}} \frac{y}{1+x^2}\,dxdy,\quad \mathrm{D} = \left\{(x,y)\,|\,0 \leqq x \leqq 4,\ 0 \leqq y \leqq \sqrt{x}\right\}$

[3] 次の累次積分の積分順序を変更せよ.

(1) $\displaystyle\int_0^4 \left\{ \int_{\sqrt{y}}^2 f(x,y)\,dx \right\} dy$　　(2) $\displaystyle\int_0^1 \left\{ \int_x^{3-2x} f(x,y)\,dy \right\} dx$

[4] 積分順序を変更することによって，累次積分 $\displaystyle\int_0^1 \left\{ \int_x^1 e^{y^2}\,dy \right\} dx$ を求めよ.

[5] 線形変換を用いて，次の 2 重積分を求めよ.

$$\iint_{\mathrm{D}} x^2\,dxdy,\quad \mathrm{D} = \{(x,y)\,|\,0 \leqq x+2y \leqq 2,\ 0 \leqq x-2y \leqq 2\}$$

[6] 極座標を用いて，次の 2 重積分を求めよ.

(1) $\displaystyle\iint_{\mathrm{D}} y\,dxdy,\quad \mathrm{D} = \left\{(x,y)\,|\,x^2+y^2 \leqq 4,\ y \geqq 0\right\}$

(2) $\displaystyle\iint_{\mathrm{D}} \sqrt{x^2+y^2}\,dxdy,\quad \mathrm{D} = \left\{(x,y)\,|\,x^2+y^2 \leqq 8,\ 0 \leqq y \leqq x\right\}$

(3) $\displaystyle\iint_{\mathrm{D}} x\,dxdy,\quad \mathrm{D} = \left\{(x,y)\,|\,x^2+y^2 \leqq 1,\ x \geqq 0,\ y \geqq x\right\}$

[7] a を正の定数とするとき，次の曲面や平面で囲まれた立体の体積を求めよ.

(1) 回転放物面 $z = x^2+y^2$，円柱 $x^2+y^2 = a^2$ および平面 $z=0$

(2) 2 つの円柱 $x^2+y^2=a^2$, $x^2+z^2=a^2$

[8] a, b を正の定数とするとき，原点 O，点 $(a,0)$，点 $(0,b)$ を頂点とする三角形の重心の座標を，2 重積分を用いて求めよ.

[9] $0<a<b$ を定数とする．不等式 $a^2 \leqq x^2+y^2 \leqq b^2$, $y \geqq 0$ を満たす領域を D とするとき，次の問いに答えよ.

(1) D の重心の座標を求めよ.

(2) $b=2a$ のとき，D の重心は領域 D の外側にあることを示せ.

いくつかの公式の証明

A1 正弦関数の極限値

ここでは定理 3.16 の証明を行う.

A1.1 (3.16) 正弦関数の極限値

$$\lim_{\theta \to 0} \frac{\sin\theta}{\theta} = 1$$

証明 はじめに, $0 < \theta < \dfrac{\pi}{2}$ のとき, $\sin\theta < \theta \leqq \tan\theta$ が成り立つことを証明する.

図 1 のように, 原点 O を中心とする単位円上に 2 点 $\mathrm{A}(1, 0)$, $\mathrm{B}(\cos\theta, \sin\theta)$ をとり, 点 B から線分 OA に下ろした垂線と x 軸との交点を H, 点 A を通り y 軸に平行な単位円の接線と直線 OB の交点を C とする. すると,

(図 1)

$$\sin\theta = \mathrm{BH} < \mathrm{AB} < 弧\,\mathrm{AB} = \theta$$

であることから, 不等式 $\sin\theta < \theta$ が成り立つ.

区間 $[0, \theta]$ を n 個の小区間に分割した点 θ_k と分割された小区間の幅 $\Delta\theta_k$ を, それぞれ

$$0 = \theta_0 < \theta_1 < \theta_2 < \cdots < \theta_n = \theta, \quad \Delta\theta_k = \theta_k - \theta_{k-1} \quad (k = 1, 2, \ldots, n)$$

とする. 図 2 のように, $k = 0, 1, 2, \ldots, n$ に対して, θ_k に対応する単位円上の点を P_k, 直線 OP_k と線分 AC との交点を Q_k とする. さらに, 図 3 のように, 中心が原点で, 点 Q_{k-1} を通る円と直線 OP_k との交点を R_k とする. $\mathrm{P}_{k-1}\mathrm{P}_k < \mathrm{Q}_{k-1}\mathrm{R}_k$ であり, $\angle \mathrm{Q}_{k-1}\mathrm{R}_k\mathrm{Q}_k$ は鈍角であるから, $\mathrm{Q}_{k-1}\mathrm{R}_k < \mathrm{Q}_{k-1}\mathrm{Q}_k$ である. したがって, $\mathrm{P}_{k-1}\mathrm{P}_k < \mathrm{Q}_{k-1}\mathrm{Q}_k$ であるから

$$\sum_{k=1}^{n} \mathrm{P}_{k-1}\mathrm{P}_k < \sum_{k=1}^{n} \mathrm{Q}_{k-1}\mathrm{Q}_k = \mathrm{AC} = \tan\theta$$

となる. $\Delta\theta_k$ の最大値を δ とし, $\delta \to 0$ とすれば, 曲線の長さの定義から

$$\theta = 弧\,\mathrm{AB} = \lim_{\delta \to 0} \sum_{k=1}^{n} \mathrm{P}_{k-1}\mathrm{P}_k \leqq \tan\theta$$

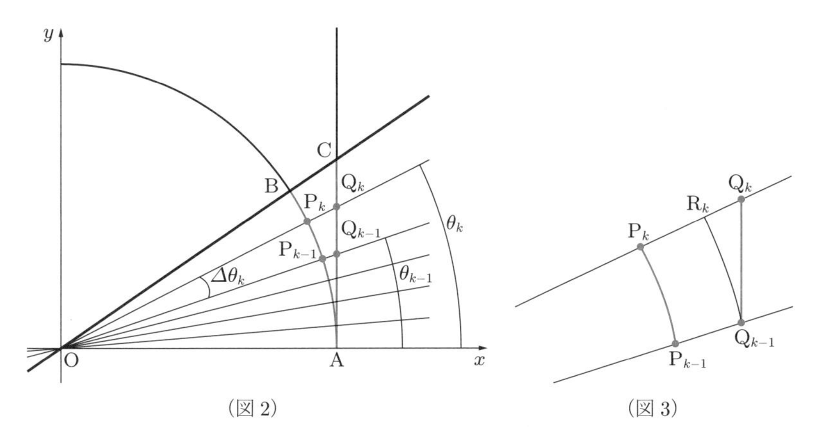

（図 2）　　（図 3）

が成り立つ．

したがって，$0 < \theta < \dfrac{\pi}{2}$ のときに，不等式 $\sin\theta < \theta \leqq \tan\theta$ が成り立つことが証明された．

$0 < \theta < \dfrac{\pi}{2}$ のとき，$\sin\theta < \theta \leqq \tan\theta$ の各辺を $\sin\theta > 0$ で割ると，$1 < \dfrac{\theta}{\sin\theta} \leqq \dfrac{1}{\cos\theta}$ となる．さらに，これらの逆数をとることにより，

$$\cos\theta \leqq \frac{\sin\theta}{\theta} < 1$$

が成り立つ．$-\dfrac{\pi}{2} < \theta < 0$ のとき，$\cos(-\theta) = \cos\theta$, $\dfrac{\sin(-\theta)}{-\theta} = \dfrac{\sin\theta}{\theta}$ であるから，この不等式は $-\dfrac{\pi}{2} < \theta < 0$ のときも成り立つ．

$\theta \to 0$ のとき $\cos\theta \to 1$ であるから，はさみうちの原理によって

$$\lim_{\theta\to 0}\frac{\sin\theta}{\theta} = 1$$

となる．　証明終

[note]　高校の教科書などでは，扇形の面積を利用して不等式 $\sin\theta < \theta < \tan\theta$ を証明しているが，厳密には扇形の面積を定義する際にこの不等式が必要となる．そのため，ここでは面積を使わない方法で証明した．

A2　平均値の定理

平均値の定理　関数 $y = f(x)$ は区間 $[a, b]$ で連続であるとする．このとき，次の**最大値・最小値の原理**が成り立つ．

A2.1　最大値・最小値の原理

閉区間 $[a, b]$ で連続な関数 $y = f(x)$ は，その区間で最大値と最小値をとる．

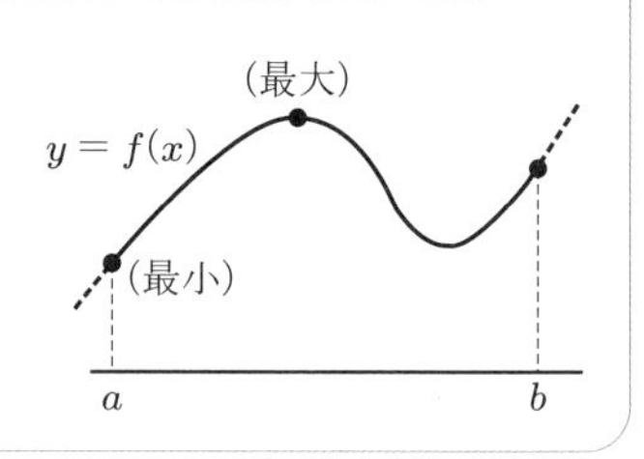

最大値・最小値の原理を用いて，次の**ロルの定理**を証明する．

A2.2　ロルの定理

関数 $f(x)$ は閉区間 $[a, b]$ で連続，開区間 (a, b) で微分可能であるとする．$f(a) = f(b)$ であれば，

$$f'(c) = 0 \quad (a < c < b)$$

を満たす c が少なくとも 1 つ存在する．

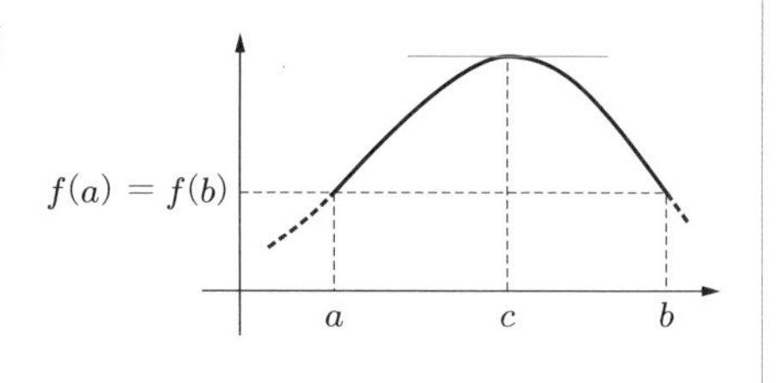

証明　$y = f(x)$ が定数関数であれば，区間 (a, b) に含まれるすべての c で $f'(c) = 0$ を満たす．次に，$f(x)$ が定数関数でないとする．微分可能であれば連続であるから，最大値・最小値の原理により，$f(x)$ は $a < x < b$ で最大値または最小値をとる．いま，$x = c$ で最大値をとるものとすれば，十分小さな h に対して $f(c + h) \leqq f(c)$ であるから，

$$\text{(i)}\ h > 0\ のとき \quad \frac{f(c + h) - f(c)}{h} \leqq 0,$$

$$\text{(ii)}\ h < 0\ のとき \quad \frac{f(c + h) - f(c)}{h} \geqq 0$$

である．(i)から $h \to +0$ とすると $f'(c) \leqq 0$，(ii)から $h \to -0$ とすると $f'(c) \geqq 0$ となるので，$f'(c) = 0$ が成り立つ．$x = c$ で最小値をとる場合も同様に証明できる．証明終

ロルの定理を，必ずしも $f(a) = f(b)$ ではない場合に一般化したものが，次の**平均値の定理**である．

A2.3 平均値の定理

関数 $f(x)$ は閉区間 $[a, b]$ で連続，開区間 (a, b) で微分可能であるとする．このとき，

$$f'(c) = \frac{f(b) - f(a)}{b - a} \quad (a < c < b)$$

を満たす c が少なくとも 1 つ存在する．

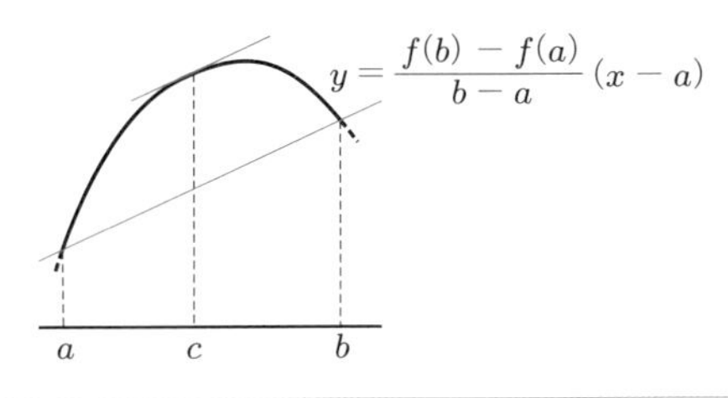

証明　$y = f(x)$ のグラフ上の 2 点 $(a, f(a))$，$(b, f(b))$ を通る直線の方程式は $y = \frac{f(b) - f(a)}{b - a}(x - a) + f(a)$ である．これと $y = f(x)$ の差を考えて，関数 $F(x)$ を

$$F(x) = f(x) - f(a) - \frac{f(b) - f(a)}{b - a}(x - a)$$

とおく．$F(x)$ は (a, b) で微分可能である．さらに，

$$F(a) = f(a) - f(a) - \frac{f(a) - f(a)}{b - a}(a - a) = 0,$$

$$F(b) = f(b) - f(a) - \frac{f(b) - f(a)}{b - a}(b - a) = 0$$

であるから，$F(a) = F(b)$ が成り立つ．$F'(x) = f'(x) - \frac{f(b) - f(a)}{b - a}$ であるから，ロルの定理によって $F'(c) = 0$，すなわち，

$$f'(c) = \frac{f(b) - f(a)}{b - a} \quad (a < c < b)$$

を満たす c が少なくとも 1 つ存在する．　証明終

コーシーの平均値の定理　微分可能な関数のグラフ上の 2 点 A, B に対して，平均値の定理によって，直線 AB と平行な接線をもつ点 C が A, B の間に少なくとも 1 つ存在する（図 1）.

いま，このグラフが媒介変数表示で $\boldsymbol{p}(t) = \begin{pmatrix} f(t) \\ g(t) \end{pmatrix}$ と表されていて，点 A, B の位置ベクトルをそれぞれ $\boldsymbol{a} = \begin{pmatrix} f(a) \\ g(a) \end{pmatrix}$, $\boldsymbol{b} = \begin{pmatrix} f(b) \\ g(b) \end{pmatrix}$ とするとき，点 C におけるグラフの接線ベクトルを $\boldsymbol{v}$ とすれば，

$$\overrightarrow{\mathrm{AB}} = \boldsymbol{b} - \boldsymbol{a} = \begin{pmatrix} f(b) - f(a) \\ g(b) - g(a) \end{pmatrix}, \quad \boldsymbol{v} = \begin{pmatrix} f'(c) \\ g'(c) \end{pmatrix}$$

となる（図 2）.

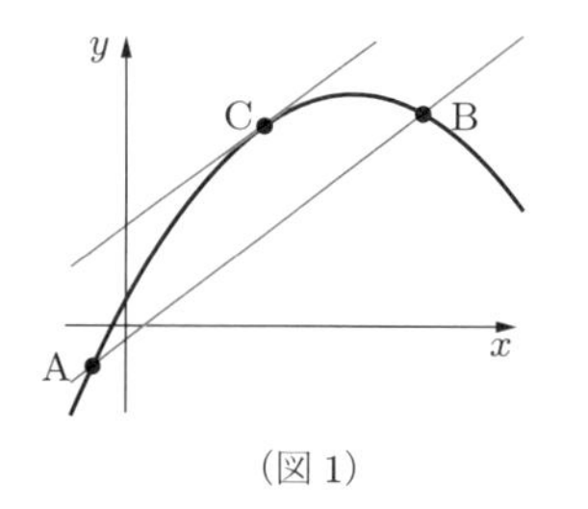

（図 1）

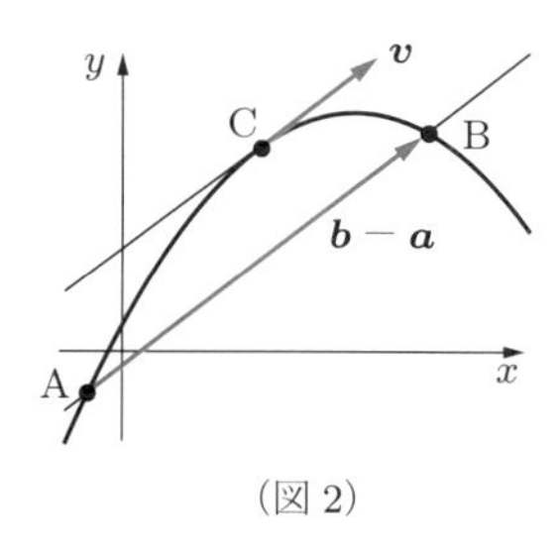

（図 2）

$a < t < b$ において $g'(t) \neq 0$ であれば，$g(t)$ はこの区間で単調増加または単調減少であるから，$g(b) - g(a) \neq 0$，$g'(c) \neq 0$ である．このとき，$\boldsymbol{b} - \boldsymbol{a}$ と $\boldsymbol{v} \neq 0$ が平行であるための条件は

$$\frac{f(b) - f(a)}{g(b) - g(a)} = \frac{f'(c)}{g'(c)}$$

である．したがって，t を x に置き換えると，次の定理が成り立つ.

A2.4　コーシーの平均値の定理

関数 $f(x)$, $g(x)$ は閉区間 $[a, b]$ で連続，開区間 (a, b) で微分可能であるとする．$a < x < b$ のとき $g'(x) \neq 0$ であるならば，

$$\frac{f(b) - f(a)}{g(b) - g(a)} = \frac{f'(c)}{g'(c)} \quad (a < c < b)$$

を満たす c が少なくとも 1 つ存在する.

ロピタルの定理の証明 コーシーの平均値の定理を用いて，ロピタルの定理（定理 4.5）を証明する．

証明 $f(a) = g(a) = 0$ であるから，コーシーの平均値の定理を用いて，

$$\frac{f(x)}{g(x)} = \frac{f(x) - f(a)}{g(x) - g(a)} = \frac{f'(c)}{g'(c)}$$

となる c が a と x の間に存在する．$x \to a$ のとき $c \to a$ であるから，

$$\lim_{x \to a} \frac{f(x)}{g(x)} = \lim_{c \to a} \frac{f'(c)}{g'(c)} = \lim_{x \to a} \frac{f'(x)}{g'(x)}$$

が成り立つ． **証明終**

A3 アステロイドとカージオイド

アステロイドとカージオイドは，ともに，固定された円に沿って別の円が滑らずに回転するとき，回転する円上の点が描く曲線である．

アステロイド 原点を中心とした半径 a の円の内側を，半径 $\frac{a}{4}$ の円 C が滑らずに回転するとき，円 C 上の点 P が描く曲線がアステロイドである（図 1）．点 $(a, 0)$ を出発し，円 C の中心 Q が t だけ回転したとき，中心 $\mathrm{Q}(t)$ の座標は

$$x = \frac{3a}{4}\cos t, \quad y = \frac{3a}{4}\sin t$$

である．円 C は $-4t$ だけ回転するから，点 $\mathrm{P}(t)$ の座標は

$$x = \frac{3a}{4}\cos t + \frac{a}{4}\cos(-3t), \quad y = \frac{3a}{4}\sin t + \frac{a}{4}\sin(-3t)$$

を満たす（図 2）．

$\cos(-3t) = \cos 3t, \sin(-3t) = -\sin 3t$ であるから，3 倍角の公式を用いてこれを変形

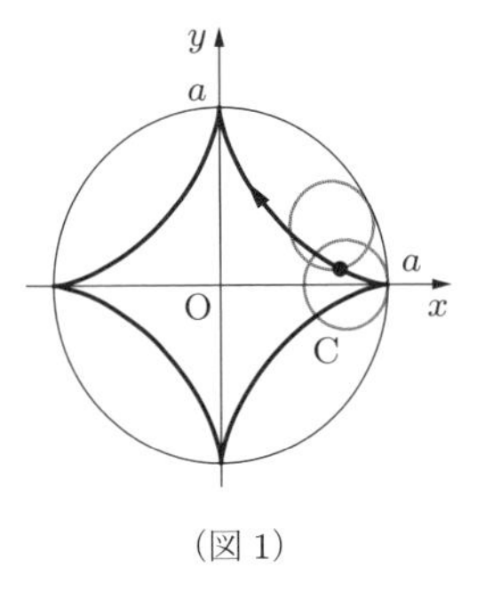

（図 1）

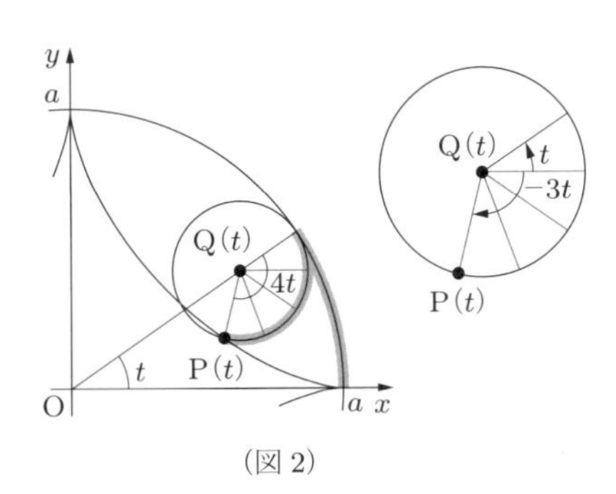

（図 2）

すれば,

$$x = \frac{3a}{4}\cos t + \frac{a}{4}\cos 3t = \frac{3a}{4}\cos t + \frac{a}{4}\left(4\cos^3 t - 3\cos t\right) = a\cos^3 t$$

$$y = \frac{3a}{4}\sin t - \frac{a}{4}\sin 3t = \frac{3a}{4}\sin t - \frac{a}{4}\left(3\sin t - 4\sin^3 t\right) = a\sin^3 t$$

が得られる．したがって，アステロイドの媒介変数表示は

$$\begin{cases} x = a\cos^3 t \\ y = a\sin^3 t \end{cases}$$

である．

カージオイド　極座標平面で $\mathrm{A}(a, 0)$ を中心とした半径 a の円の外側を，同じ半径の円 C が滑らずに回転するとき，円 C 上の点 P が描く曲線がカージオイドである（図 1）．点 P が，点 $(4a, 0)$ を出発し，$\angle\mathrm{XAQ} = \theta$ となる位置まで移動したとき，図 1 に示した角 α, β, γ はすべて θ に等しい．$\mathrm{OA} = \mathrm{PQ} = a$ であるから，四角形 OPQA は $\mathrm{OP} \mathbin{/\!/} \mathrm{AQ}$ の等脚台形となり，$\angle\mathrm{XOP} = \theta$ となる．そこで，点 A, Q から線分 OP に下ろした垂線と OP との交点をそれぞれ B, R とすれば,

$$\mathrm{OP} = \mathrm{OB} + \mathrm{BR} + \mathrm{RP} = a\cos\theta + 2a + a\cos\theta = 2a(1 + \cos\theta)$$

となる（図 2）．したがって，カージオイドの極方程式は

$$r = 2a(1 + \cos\theta)$$

である．

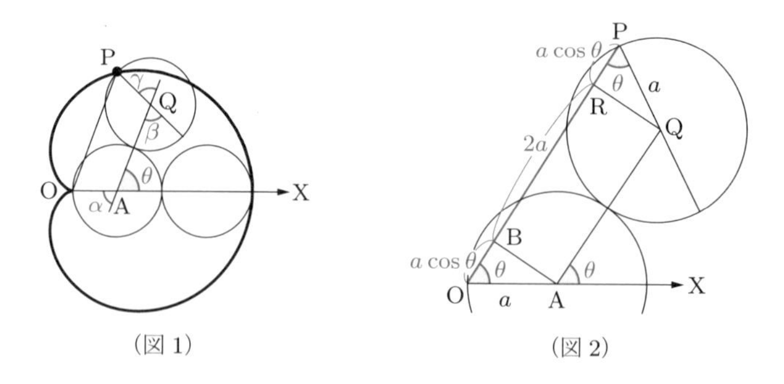

（図 1）　　（図 2）

A4 テイラーの定理

ここでは次の定理を証明する．

A4.1　テイラーの定理

関数 $f(x)$ は a を含む開区間で何回でも微分可能であるとする．このとき，この区間に含まれる任意の b $(a \neq b)$ に対して，

$$f(b) = f(a) + \frac{f'(a)}{1!}(b-a) + \frac{f''(a)}{2!}(b-a)^2 + \cdots + \frac{f^{(n)}(a)}{n!}(b-a)^n + \frac{f^{(n+1)}(c)}{(n+1)!}(b-a)^{n+1}$$

を満たす c が a と b の間に存在する．

定理 8.3 で示したものは，上記の b を x にかえたものである．

証明　自然数 n について，定数 k が

$$f(b) = f(a) + \frac{f'(a)}{1!}(b-a) + \frac{f''(a)}{2!}(b-a)^2 + \cdots + \frac{f^{(n)}(a)}{n!}(b-a)^n + k(b-a)^{n+1} \quad \cdots\cdots ①$$

を満たすものとする．このとき，

$$k = \frac{f^{(n+1)}(c)}{(n+1)!} \quad (a < c < b \text{ または } b < c < a)$$

となる定数 c が存在することを示せばよい．ここで，①の右辺の定数 a を x にかえた関数を $F(x)$ とする．すなわち，

$$F(x) = f(x) + \frac{f'(x)}{1!}(b-x) + \frac{f''(x)}{2!}(b-x)^2 + \cdots + \frac{f^{(n)}(x)}{n!}(b-x)^n + k(b-x)^{n+1} \quad \cdots\cdots ②$$

とおく．①から $F(a) = f(b)$ であり，また，②に $x = b$ を代入することによって $F(b) = f(b)$ となる．したがって，$F(x)$ は

$$F(a) = F(b)$$

を満たすから，平均値の定理によって，

$$F'(c) = 0 \quad (a < c < b \text{ または } b < c < a)$$

となる定数 c が存在する．②から $F'(x)$ を計算すると，

$$\begin{aligned}F'(x) &= f'(x) + \frac{f''(x)}{1!}(b-x) - f'(x) + \frac{f'''(x)}{2!}(b-x)^2 - \frac{f''(x)}{1!}(b-x)\\ &\qquad + \cdots + \frac{f^{(n+1)}(x)}{n!}(b-x)^n - \frac{f^{(n)}(x)}{(n-1)!}(b-x)^{n-1} - k(n+1)(b-x)^n\\ &= \frac{f^{(n+1)}(x)}{n!}(b-x)^n - k(n+1)(b-x)^n\end{aligned}$$

となる．$x = c$ とすれば，$F'(c) = 0$ であるから

$$k = \frac{f^{(n+1)}(c)}{(n+1)!} \quad (a < c < b \text{ または } b < c < a)$$

が得られる．　証明終

A5　曲面積

(x, y) 平面の領域 D で定義された曲面 $z = f(x, y)$ の表面積を考える．ただし，$f(x, y)$ は D で偏微分可能で偏導関数 f_x, f_y は D で連続であるものとする．

2 重積分の定義と同様に，最初に領域 D を分割する．いま，D の x 座標は $[a, b]$ に含まれ，y 座標は $[c, d]$ に含まれるものとする．区間 $[a, b], [c, d]$ を分割して分点をそれぞれ x_i, y_k とする．点 (x_i, y_k) は D に含まれるもののみを考える．点 (x_i, y_k) を $\mathrm{P}_{i,k}$ と表し，対応する曲面上の点 $(x_i, y_k, f(x_i, y_k))$ を $\mathrm{Q}_{i,k}$ と表す．そして，三角形 $\mathrm{P}_{i,k}\mathrm{P}_{i+1,k}\mathrm{P}_{i+1,k}$ に対応する曲面上の面積を，三角形 $\mathrm{Q}_{i,k}\mathrm{Q}_{i+1,k}\mathrm{Q}_{i+1,k}$ の面積で近似する．

最初に，三角形 $\mathrm{Q}_{i,k}\mathrm{Q}_{i+1,k}\mathrm{Q}_{i+1,k}$ を含む平面の方程式を求める．平均値の定理から

$$f(x_{i+1}, y_k) - f(x_i, y_k) = f_x(\xi_i, y_k)(x_{i+1} - x_i) \quad (x_i \leqq \xi_i \leqq x_{i+1})$$

$$f(x_i, y_{k+1}) - f(x_i, y_k) = f_y(x_i, \eta_k)(y_{k+1} - y_k) \quad (y_k \leqq \eta_k \leqq y_{k+1})$$

が成り立つような ξ_i, η_k が存在する．3 点 $\mathrm{Q}_{i,k}$, $\mathrm{Q}_{i,k+1}$, $\mathrm{Q}_{i+1,k}$ を通る平面は，

$$f_x(\xi_i, y_k)(x - x_i) + f_y(x_i, \eta_k)(y - y_k) - (z - f(x_i, y_k)) = 0$$

であり，三角形 $\mathrm{Q}_{i,k}\mathrm{Q}_{i,k+1}\mathrm{Q}_{i+1,k}$ はこの平面 α 上にある．

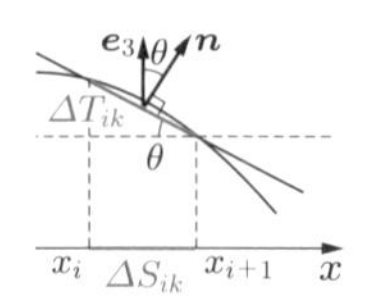

次に，三角形 $\mathrm{Q}_{i,k}\mathrm{Q}_{i,k+1}\mathrm{Q}_{i+1,k}$ の面積 ΔT_{ik} と xy 平面上にある三角形 $\mathrm{P}_{i,k}\mathrm{P}_{i,k+1}\mathrm{P}_{i+1,k}$ の面積 ΔS_{ik} の関係を調べる．平面 α と xy 平面とのなす角を θ とすると，その角はそれぞれの平面の法線ベクトルのなす角と一致する．α の法線ベクトルを $\boldsymbol{n}$ とすると，${}^t\boldsymbol{n} = (-f_x(\xi_i, y_k), -f_y(x_i, \eta_k), 1)$ をとれる．xy 平面の法線ベクトルを基本ベクトル $\boldsymbol{e}_3$ にとると，

$$\cos\theta = \frac{\boldsymbol{n}\cdot\boldsymbol{e}_3}{|\boldsymbol{n}||\boldsymbol{e}_3|} = \frac{1}{\sqrt{f_x(\xi_i, y_k)^2 + f_y(x_i, \eta_k)^2 + 1}}$$

である．$\Delta T_{ik}\cos\theta = \Delta S_{ik}$ となるから，

$$\Delta T_{ik} = \frac{\Delta S_{ik}}{\cos\theta} = \sqrt{f_x(\xi_i, y_k)^2 + f_y(x_i, \eta_k)^2 + 1}\,\Delta S_{ik}$$

である．ΔT_{ik} の総和は，求める表面積の近似と考えられる．区間 $[a,b], [c,d]$ の分割を限りなく細かくしていくことで，曲面 $z = f(x,y)$ の領域 D における表面積は

$$\int_{\mathrm{D}} \sqrt{1 + f_x(x,y)^2 + f_y(x,y)^2}\, dS$$

で表される．これは，曲線の長さと類似の式になっている．

例 A5.1 原点を中心とする半径 R の上半球 $z = \sqrt{R^2 - x^2 - y^2}$ の表面積は，$\mathrm{D} = \{(x,y)\,|\,x^2 + y^2 \leqq R^2\}$ として極座標に変換すると，次のように計算できる．

$$\iint_{\mathrm{D}} \sqrt{1 + \frac{x^2 + y^2}{R^2 - x^2 - y^2}}\, dxdy = \int_0^R \left(\int_0^{2\pi} \sqrt{\frac{R^2}{R^2 - r^2}}\, r d\theta \right) dr$$

$$= 2\pi R \int_0^R \frac{r}{\sqrt{R^2 - r^2}}\, dr = 2\pi R \left[-\sqrt{R^2 - r^2} \right]_0^R = 2\pi R^2$$

問・練習問題の解答

第1章

第1節の問

1.1 (1) 5050　(2) 210　(3) 275　(4) 63

1.2 (1) 2046　(2) -182　(3) $\dfrac{182}{243}$　(4) $\dfrac{15(2+\sqrt{2})}{8}$

1.3 (1) $5+8+11+14+17=55$　(2) $3+6+12+24+48=93$
(3) $15+24+35=74$

1.4 (1) $\displaystyle\sum_{k=1}^{11} 2^{11-k}$　(2) $\displaystyle\sum_{k=1}^{99} \frac{k}{k+1}$

1.5 (1) $\dfrac{n(n-1)}{2}$　(2) 2485　(3) 1196

1.6 (1) $\dfrac{n(5n-9)}{2}$　(2) $\dfrac{n(n+1)(2n+5)}{2}$　(3) 2915

1.7 (1) $\dfrac{5}{4}$　(2) -2　(3) $\dfrac{3}{5}$

1.8 (1) $-\infty$ に発散　(2) ∞ に発散　(3) 振動

1.9 (1) ∞ に発散　(2) 0 に収束　(3) 0 に収束

1.10 (1) 1 に収束　(2) 0 に収束　(3) $-\infty$ に発散

1.11 (1) 発散する．　(2) 収束する．和は $\dfrac{1}{2}$

1.12 (1) 収束する．和は $\dfrac{27}{2}$　(2) 収束する．和は $\dfrac{10}{3}$　(3) 発散する．

1.13 (1) 収束する．和は $\dfrac{19}{4}$　(2) 収束する．和は $\dfrac{13}{3}$

1.14 (1) $a_1=2,\ a_2=4,\ a_3=10,\ a_4=28,\ a_5=82$
(2) $a_1=1,\ a_2=-1,\ a_3=3,\ a_4=-5,\ a_5=11$

1.15 (i) $n=1$ のとき，左辺 $=1$，右辺 $=1$ となって，与えられた命題は成り立つ．
(ii) $n=k$ のときに成り立つと仮定すると，

$$1+2+3+\cdots+k=\frac{1}{2}k(k+1)$$

である．この式の両辺に $(k+1)$ を加えると，

$$1+2+3+\cdots+k+(k+1)=\frac{1}{2}k(k+1)+(k+1)$$

となる．右辺を変形すると，

$$1+2+3+\cdots+(k+1)=\frac{1}{2}(k+1)\{(k+1)+1\}$$

となって，$n=k+1$ のときも成り立つ．(i), (ii)より，数学的帰納法によって，すべての自然数について，命題が成り立つ．

練習問題 1

[1] (1) $a_n = 2n+1$　(2) 21　(3) 120

[2] (1) $a_n = (-2)^{n-1}$　(2) -512　(3) -341

[3] (1) $\displaystyle\sum_{k=1}^{9} k(k+1) = 330$　(2) $\displaystyle\sum_{k=1}^{8} k(k+1)(k+2) = 1980$

[4] 展開式 $(k+1)^4 - k^4 = 4k^3 + 6k^2 + 4k + 1$ を，$k=1$ から $k=n$ まで加えると

$$
\begin{aligned}
(n+1)^4 - 1^4 &= 4\sum_{k=1}^{n} k^3 + 6\sum_{k=1}^{n} k^2 + 4\sum_{k=1}^{n} k + \sum_{k=1}^{n} 1 \\
&= 4\cdot\sum_{k=1}^{n} k^3 + 6\cdot\frac{n(n+1)(2n+1)}{6} + 4\cdot\frac{n(n+1)}{2} + n
\end{aligned}
$$

よって，$\displaystyle\sum_{k=1}^{n} k^3 = \frac{1}{4}\left\{(n+1)^4 - 1 - n(n+1)(2n+1) - 2n(n+1) - n\right\} = \frac{n^2(n+1)^2}{4}$

[5] (1) 0　(2) $\dfrac{1}{3}$

[6] (1) 発散する　(2) 収束する．和は $\dfrac{25}{4}$

[7] $-\dfrac{1}{2} < x < \dfrac{1}{2}$ のとき収束し，その和は $\dfrac{1}{1+2x}$

[8] (1) (i) $n=1$ のとき，左辺 $=1$，右辺 $=1$ となって，与えられた公式は成り立つ．
(ii) $n=k$ のときに成り立つと仮定すると，

$$1^2 + 2^2 + 3^2 + \cdots + k^2 = \frac{k(k+1)(2k+1)}{6}$$

である．この等式の両辺に $(k+1)^2$ を加えると，

$$
\begin{aligned}
&1^2 + 2^2 + 3^2 + \cdots + k^2 + (k+1)^2 \\
&\quad = \frac{k(k+1)(2k+1)}{6} + (k+1)^2 = \frac{(k+1)(2k^2+k+6k+6)}{6} \\
&\quad = \frac{(k+1)(k+2)(2k+3)}{6} = \frac{(k+1)\{(k+1)+1\}\{2(k+1)+1\}}{6}
\end{aligned}
$$

となって，$n=k+1$ のときも成り立つ．(i), (ii)より，数学的帰納法によって，すべての自然数 n について，公式が成り立つ．

(2) (i) $n=1$ のとき，左辺 $=1$，右辺 $=1$ となって，与えられた公式は成り立つ．
(ii) $n=k$ のときに成り立つと仮定すると，

$$1^3 + 2^3 + 3^3 + \cdots + k^3 = \frac{k^2(k+1)^2}{4}$$

である．この等式の両辺に $(k+1)^3$ を加えると，

$$
\begin{aligned}
&1^3 + 2^3 + 3^3 + \cdots + k^3 + (k+1)^3 \\
&\quad = \frac{k^2(k+1)^2}{4} + (k+1)^3 = \frac{(k+1)^2}{4}\left\{k^2 + 4(k+1)\right\}
\end{aligned}
$$

$$= \frac{(k+1)^2(k+2)^2}{4} = \frac{(k+1)^2\{(k+1)+1\}^2}{4}$$

となって，$n = k+1$ のときも成り立つ．(i), (ii)より，数学的帰納法によって，すべての自然数 n について，公式が成り立つ．

第2節の問

2.1 (1) 5　(2) 3

2.2 (1) $\dfrac{3}{2}$　(2) -3　(3) 0　(4) 0

2.3 (1) $-\infty$ に発散　(2) ∞ に発散　(3) 0 に収束　(4) 発散

2.4 (1) -1 に収束　(2) ∞ に発散　(3) 存在しない

2.5 $a = -5$

練習問題2

[1] (1) $-\dfrac{1}{16}$　(2) $\dfrac{1}{2}$

[2] (1) $\dfrac{3}{2}$ に収束　(2) $-\infty$ に発散　(3) 0 に収束
(4) 0 に収束　(5) 1 に収束　(6) 2 に収束

[3] (1) 1 に収束　(2) 2 に収束　(3) $-\infty$ に発散
(4) $-\infty$ に発散　(5) ∞ に発散　(6) ∞ に発散

[4] (1) 1　(2) 0　(3) -2
(4) 1 に収束　(5) 0 に収束　(6) 存在しない

[5] (1) 4　(2) 1

[6] (1) $x \neq 0$ のとき $-1 \leqq \sin\dfrac{1}{x} \leqq 1$，$x^2 > 0$ であるから，$-x^2 \leqq x^2 \sin\dfrac{1}{x} \leqq x^2$ となる．
$\displaystyle\lim_{x\to 0}(-x^2) = \lim_{x\to 0} x^2 = 0$ であるから，$\displaystyle\lim_{x\to 0} x^2 \sin\frac{1}{x} = 0$ が成り立つ．
(2) $-1 \leqq \cos x \leqq 1$，$x^2+1 > 0$ であるから，$-\dfrac{1}{x^2+1} \leqq \dfrac{\cos x}{x^2+1} \leqq \dfrac{1}{x^2+1}$ となる．
$\displaystyle\lim_{x\to\infty}\left(-\frac{1}{x^2+1}\right) = \lim_{x\to\infty}\frac{1}{x^2+1} = 0$ であるから，$\displaystyle\lim_{x\to\infty}\frac{\cos x}{x^2+1} = 0$ が成り立つ．

第2章

第3節の問

3.1 (1) 3　(2) $-\dfrac{1}{2(2+h)}$ $\left[\dfrac{1}{h}\left(\dfrac{1}{2+h} - \dfrac{1}{2}\right)\right.$ でも可$\left.\right]$　(3) $\dfrac{\sqrt{a+h}-\sqrt{a}}{h}$

3.2 (1) 9　(2) 3

3.3 (1) $y = x$, $\Delta x = h$ に対し，$\displaystyle\lim_{\Delta x\to 0}\frac{\Delta y}{\Delta x} = \lim_{h\to 0}\frac{(x+h)-x}{h} = \lim_{h\to 0} 1 = 1$
(2) $y = x^3$, $\Delta x = h$ に対し，$\displaystyle\lim_{\Delta x\to 0}\frac{\Delta y}{\Delta x} = \lim_{h\to 0}\frac{(x+h)^3-x^3}{h} = \lim_{h\to 0}(3x^2+3xh+h^2) = 3x^2$

3.4 (1) $y' = 3x^2 - 8x$　(2) $y' = -8x^3 + 3$　(3) $y' = \dfrac{4x^3-2x}{5}$

3.5 (1) $\dfrac{ds}{dt} = -\dfrac{2}{3}t + 6$　(2) $\dfrac{dV}{dh} = \pi r^2$　(3) $\dfrac{dV}{dr} = 4\pi r^2$

3.6 (1) $f'(-1) = 6$　(2) $f'(-1) = 9$

3.7 (1) $y' = 5 - \dfrac{3}{x^2}$　(2) $y' = -\dfrac{2}{x^2} - \dfrac{3}{2\sqrt{x}}$

3.8 (1) $y' = 4x^3 - 3x^2 - 2x + 5$　(2) $y' = \dfrac{9x+1}{2\sqrt{x}}$

3.9 (1) $y' = -\dfrac{5}{(5x+4)^2}$　(2) $y' = -\dfrac{6x}{(x^2-1)^2}$

(3) $y' = -\dfrac{3(x^2-7)}{(x^2+7)^2}$　(4) $y' = \dfrac{x^2+8x+3}{(x^2+x+1)^2}$

3.10 (1) $y' = -\dfrac{3}{x^4}$　(2) $y' = -\dfrac{2}{x^5}$

3.11 (1) $y = 2^u$, $u = 3x+2$　(2) $y = \dfrac{1}{u}$, $u = 3x+5$

3.12 (1) $y' = 15(3x-1)^4$　(2) $y' = 24x(x^2+5)^3$　(3) $y' = \dfrac{5x}{\sqrt{x^2+1}}$

3.13 (1) $y' = \dfrac{1}{4\sqrt[4]{x^3}}$　(2) $y' = \dfrac{1}{2\sqrt[6]{(3x+2)^5}}$

(3) $y' = \dfrac{6x-1}{5\sqrt[5]{x^4}}$　(4) $y' = \dfrac{x+1}{2x\sqrt{x}}$

3.14 (1) $y' = \dfrac{2x}{1+x^2}$　(2) $y' = \dfrac{2x}{x^2-4}$　(3) $y' = \dfrac{1}{(2x+5)(x+3)}$

(4) $y' = 2x\log x + x$　(5) $y' = \dfrac{1-\log x}{x^2}$　(6) $y' = \dfrac{3(\log x)^2}{x}$

3.15 (1) $y' = \dfrac{3}{4\sqrt[4]{x}}$　(2) $y' = \dfrac{8}{3}\sqrt[3]{x^5}$

3.16 (1) $y' = 3e^{3x+2}$　(2) $y' = -3e^x(1-e^x)^2$　(3) $y' = \dfrac{e^x}{(1+e^x)^2}$

(4) $y' = (-x^2+2x-2)e^{-x}$　(5) $y' = -\dfrac{e^{-2x}}{\sqrt{1+e^{-2x}}}$　(6) $y' = \dfrac{e^x - e^{-x}}{e^x + e^{-x}}$

3.17 対数微分法による．$\log a^x = x\log a$ であるから，両辺を x で微分すると $\dfrac{(a^x)'}{a^x} = \log a$．したがって，$(a^x)' = a^x \log a$ である．

3.18 (1) $y' = -6\sin 2x$　(2) $y' = 3\sin^2 x\cos x$　(3) $y' = -\dfrac{2\cos 2x}{(1+\sin 2x)^2}$

(4) $y' = \dfrac{2\tan x}{\cos^2 x}$　(5) $y' = e^{\sin x}\cos x$　(6) $y' = -\dfrac{\sin x}{1+\cos x}$

3.19 (1) $\dfrac{\pi}{6}$　(2) $-\dfrac{\pi}{2}$　(3) $\dfrac{3\pi}{4}$　(4) $\dfrac{\pi}{2}$　(5) $\dfrac{\pi}{6}$　(6) $-\dfrac{\pi}{4}$

3.20 $y = \cos^{-1} x$ $(-1 < x < 1)$ とすると，$x = \cos y$ $(0 < y < \pi)$ である．y の範囲から $\sin y > 0$．したがって，

$$\frac{dy}{dx} = \frac{1}{\dfrac{dx}{dy}} = \frac{1}{-\sin y} = -\frac{1}{\sqrt{1-\cos^2 y}} = -\frac{1}{\sqrt{1-x^2}}$$

3.21 (1) $y' = \dfrac{1}{\sqrt{4-x^2}}$　(2) $y' = \dfrac{3}{x^2+9}$

(3) $y' = \dfrac{2(1+\sin^{-1} x)}{\sqrt{1-x^2}}$　(4) $y' = 2x\tan^{-1} x + 1$

3.22 (1) $\left(\sin^{-1}\dfrac{x}{a}\right)' = \dfrac{1}{\sqrt{1-\left(\dfrac{x}{a}\right)^2}} \cdot \dfrac{1}{a} = \dfrac{1}{\sqrt{a^2-x^2}}$

(2) $\left(\dfrac{1}{a}\tan^{-1}\dfrac{x}{a}\right)' = \dfrac{1}{a}\cdot\dfrac{1}{1+\left(\dfrac{x}{a}\right)^2}\cdot\dfrac{1}{a} = \dfrac{1}{x^2+a^2}$

練習問題 3

[1] (1) $y' = \displaystyle\lim_{h\to 0}\frac{(x+h)^4-x^4}{h} = \lim_{h\to 0}\left(4x^3+6x^2h+4xh^2+h^3\right) = 4x^3$

(2) $y' = \displaystyle\lim_{h\to 0}\frac{\{2(x+h)^2+3(x+h)+1\}-(2x^2+3x+1)}{h}$

$\quad = \displaystyle\lim_{h\to 0}(4x+3+2h) = 4x+3$

[2] (1) $y' = x^2-x+1$　(2) $y' = \dfrac{2x+3}{5}$　(3) $y' = 3x^2(4x+1)$

[3] (1) $y' = -\dfrac{3}{(3x+2)^2}$　(2) $y' = \dfrac{-5x^2-8x+15}{(x^2+3)^2}$

(3) $y' = \dfrac{2x}{3\sqrt[3]{(1+x^2)^2}}$　(4) $y' = -\dfrac{1}{5\sqrt{(2x+1)^3}}$

(5) $y' = \dfrac{1}{\sqrt{(x^2+1)^3}}$　(6) $y' = \dfrac{-(2x-1)\sin x-2\cos x}{(2x-1)^2}$

(7) $y' = \dfrac{3x^2}{x^3+1}$　(8) $y' = e^x(\sin 3x+3\cos 3x)$

(9) $y' = \dfrac{\tan^{-1}x}{\cos^2 x}+\dfrac{\tan x}{x^2+1}$

[4] (1) $\dfrac{dh}{dt} = gt+v_0$　(2) $\dfrac{dE}{dr} = \dfrac{GMm}{r^2}$

(3) $\dfrac{dI}{dR} = \dfrac{2r}{(R+r)^2}$　(4) $\dfrac{dT}{dl} = \dfrac{\pi}{\sqrt{gl}}$

[5] (1) 左辺 $= \dfrac{\left(x+\sqrt{x^2+A}\right)'}{x+\sqrt{x^2+A}}$

$= \dfrac{1}{x+\sqrt{x^2+A}}\left(1+\dfrac{2x}{2\sqrt{x^2+A}}\right)$

$= \dfrac{1}{x+\sqrt{x^2+A}}\,\dfrac{\sqrt{x^2+A}+x}{\sqrt{x^2+A}}$

$= \dfrac{1}{\sqrt{x^2+A}} =$ 右辺

(2) 左辺 $= \left\{\dfrac{1}{2a}(\log|x-a|-\log|x+a|)\right\}'$

$= \dfrac{1}{2a}\left(\dfrac{1}{x-a}-\dfrac{1}{x+a}\right)$

$= \dfrac{1}{x^2-a^2} =$ 右辺

(3) 左辺 $= \dfrac{1}{2}\left\{\sqrt{a^2-x^2}+x\cdot\dfrac{-2x}{2\sqrt{a^2-x^2}}+a^2\cdot\dfrac{1}{\sqrt{a^2-x^2}}\right\}$

$= \sqrt{a^2-x^2} =$ 右辺

(4) 左辺 $= \dfrac{1}{2}\left\{\sqrt{x^2+A} + x \cdot \dfrac{2x}{2\sqrt{x^2+A}} + A \cdot \dfrac{1}{\sqrt{x^2+A}}\right\}$

$= 2\sqrt{x^2+A} =$ 右辺

[6] (1) 左辺 $= \dfrac{e^{2x}+2+e^{-2x}}{4} - \dfrac{e^{2x}-2+e^{-2x}}{4} = 1 =$ 右辺

(2) 左辺 $= \left(\dfrac{e^x-e^{-x}}{2}\right)' = \dfrac{e^x+e^{-x}}{2} = \cosh x =$ 右辺

(3) 左辺 $= \left(\dfrac{e^x+e^{-x}}{2}\right)' = \dfrac{e^x-e^{-x}}{2} = \sinh x =$ 右辺

(4) 左辺 $= \left(\dfrac{\sinh x}{\cosh x}\right)' = \dfrac{\cosh^2 x - \sinh^2 x}{\cosh^2 x} = \dfrac{1}{\cosh^2 x} =$ 右辺

$[e^x e^{-x} = 1, (e^{-x})' = -e^{-x}]$

第4節の問

4.1 (1) $y = -3x - 2$　　(2) $y = 3x - 9$

4.2 (1) $x = -1$ のとき極大値 $y = 2$, $x = 1$ のとき極小値 $y = -2$

x	$\cdots$	-1	$\cdots$	1	$\cdots$
y'	$+$	0	$-$	0	$+$
y	↗	2	↘	-2	↗
		(極大)		(極小)	

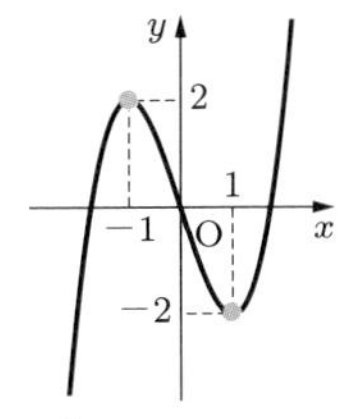

(2) $x = 0$ のとき極大値 $y = 2$, $x = \pm 2$ のとき極小値 $y = 0$

x	$\cdots$	-2	$\cdots$	0	$\cdots$	2	$\cdots$
y'	$-$	0	$+$	0	$-$	0	$+$
y	↘	0	↗	2	↘	0	↗
		(極小)		(極大)		(極小)	

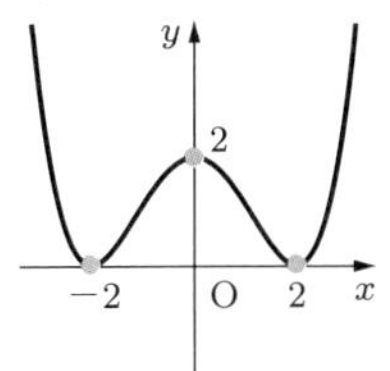

(3) $x = 0$ のとき極大値 $y = 1$

x	$\cdots$	0	$\cdots$
y'	$+$	0	$-$
y	↗	1	↘

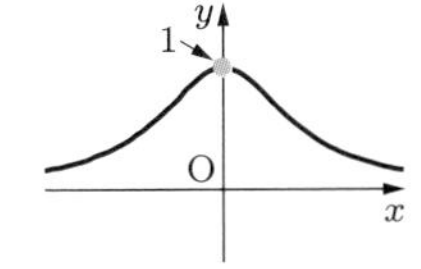

$\left[\lim_{x \to \pm\infty} \dfrac{3}{x^2+3} = 0\right]$

4.3 (1) $x = \pm 2$ のとき最大値 $y = 4\sqrt{2}$, $x = 0, \pm\sqrt{6}$ のとき最小値 $y = 0$

$\left[y' = -\dfrac{3x(x-2)(x+2)}{\sqrt{6-x^2}}\right]$

(2) $x = 0$ のとき最大値 $y = 1$, $x = \dfrac{3\pi}{4}$ のとき最小値 $y = -\dfrac{\sqrt{2}}{2}e^{-\frac{3\pi}{4}}$

$\left[y' = -e^{-x}(\cos x + \sin x)\right]$

4.4 $x = \sqrt{3}, y = \sqrt{6}$ のとき, 最大値 $z = 6\sqrt{3}$

4.5　(1) -5　(2) 0　(3) $\dfrac{1}{2}$　(4) $\dfrac{1}{6}$　(5) 0　(6) 0

4.6　(1) $y'' = 12x + 10$　(2) $y'' = 8(2 - x^2)^2(7x^2 - 2)$
(3) $y'' = 12x(1 - x)$　(4) $y'' = 2(\cos^2 x - \sin^2 x)$
(5) $y'' = 2e^{-x^2}(2x^2 - 1)$　(6) $y'' = -\dfrac{2x}{(x^2 + 1)^2}$

4.7　(1) $x = 1$ のとき極大値 $y = \dfrac{1}{e}$

$\displaystyle\lim_{x \to -\infty} xe^{-x} = -\infty,\ \lim_{x \to \infty} xe^{-x} = 0$

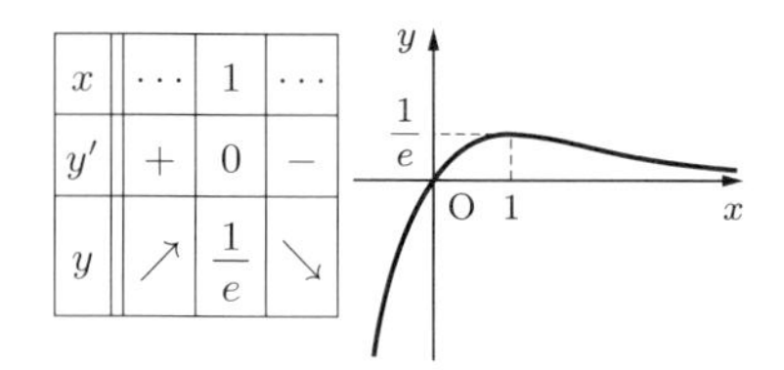

x	$\cdots$	1	$\cdots$
y'	$+$	0	$-$
y	$\nearrow$	$\dfrac{1}{e}$	$\searrow$

(2) $x = e$ のとき極大値 $y = \dfrac{1}{e}$

$\displaystyle\lim_{x \to +0} \frac{\log x}{x} = -\infty,\ \lim_{x \to \infty} \frac{\log x}{x} = 0$

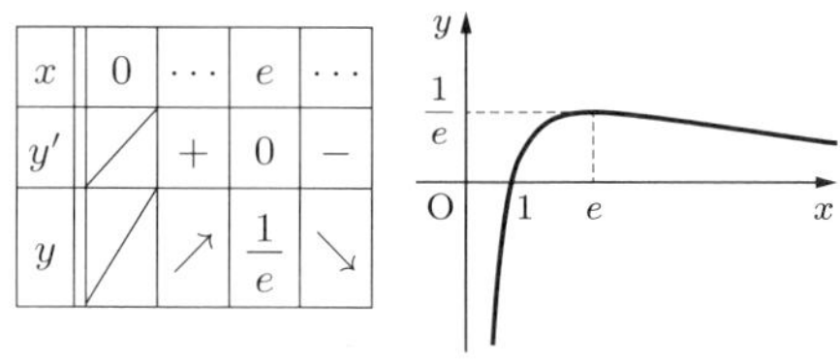

x	0	$\cdots$	e	$\cdots$
y'	／	$+$	0	$-$
y	／	$\nearrow$	$\dfrac{1}{e}$	$\searrow$

4.8　(1) $dy = 2x\,dx$　(2) $dy = 6(3x + 1)\,dx$

4.9　Δy の近似値，y の近似値の順に示す．
(1) 0.12，2.12　(2) -0.02，0.98　(3) 0.01，1.01

4.10　(1) およそ $94.2\,\mathrm{m}^2$　(2) およそ 2%

4.11　(1) $v(t) = -9t^2 + 18t\,[\mathrm{m/s}]$, $\alpha(t) = -18t + 18\,[\mathrm{m/s^2}]$
(2) 2 秒後，$x = 12\,[\mathrm{m}]$　(3) 3 秒後，$v = -27\,[\mathrm{m/s}]$

4.12　$20.1\,\mathrm{cm^2/s}$　$\left[\text{表面積を } S\text{，半径を } r \text{ とすると，} S = 4\pi r^2,\ \dfrac{dS}{dt} = 8\pi r\dfrac{dr}{dt}\right]$

4.13　図に P(0) を ● で，動く方向を矢印で示す．

(1) 直線 $\dfrac{x - 1}{2} = \dfrac{y - 2}{-3}$ または $3x + 2y - 7 = 0$

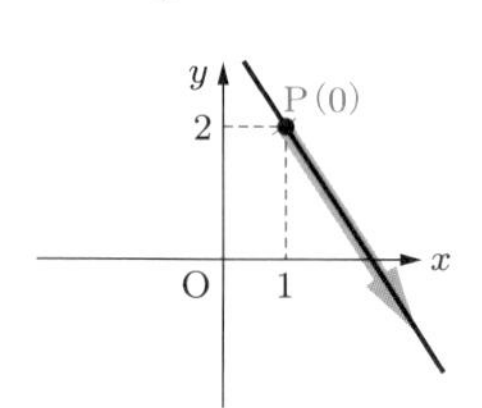

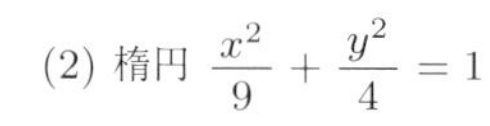

(2) 楕円 $\dfrac{x^2}{9} + \dfrac{y^2}{4} = 1$

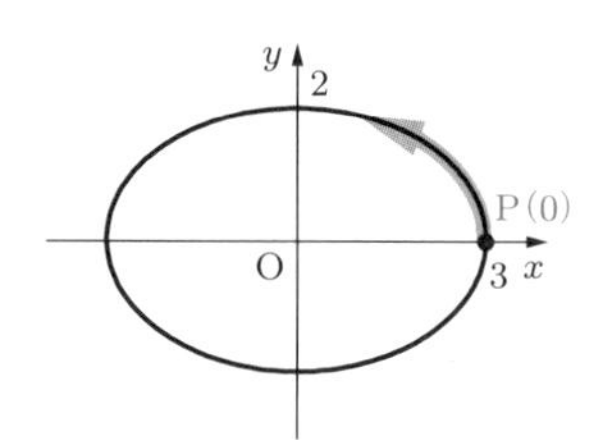

(3) 放物線 $y^2 = 4x$

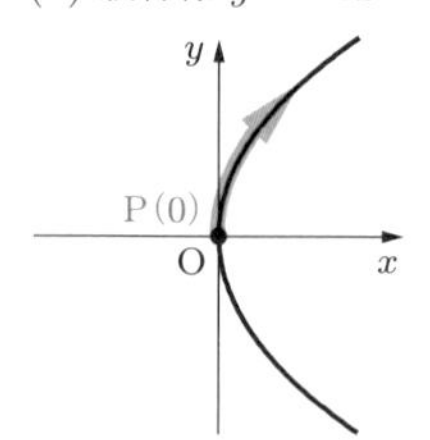

4.14

t	x	y
-1.0	-1.000	1.00
-0.8	-0.512	0.64
-0.6	-0.216	0.36
-0.4	-0.064	0.16
-0.2	-0.008	0.04
0.0	0.000	0.00
0.2	0.008	0.04
0.4	0.064	0.16
0.6	0.216	0.36
0.8	0.512	0.64
1.0	1.000	1.00

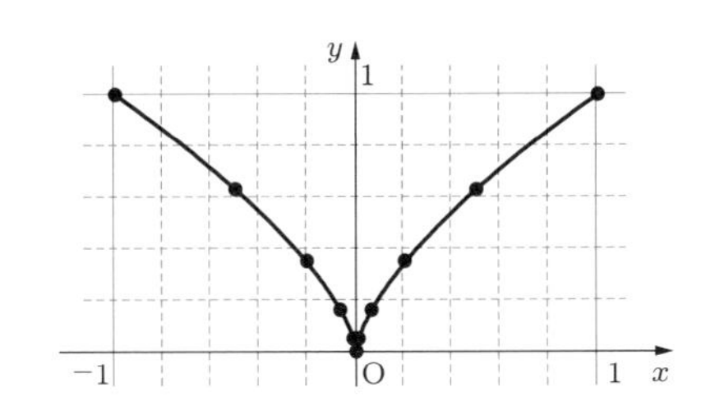

4.15 参考として，曲線とその接線ベクトル（青で表示）を示す．

(1) $\boldsymbol{v}(1) = \begin{pmatrix} 3 \\ 2 \end{pmatrix}$

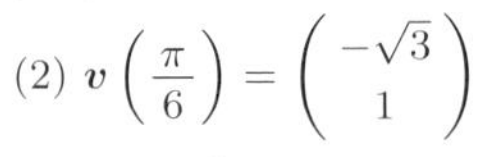

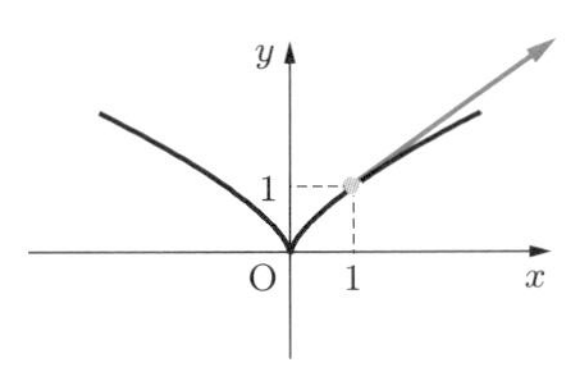

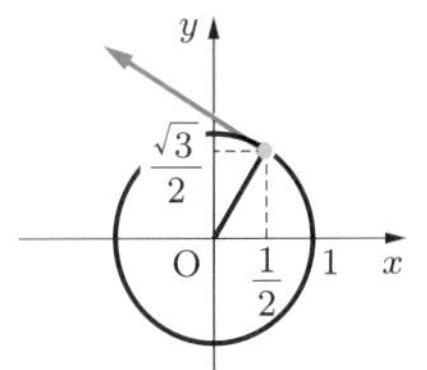

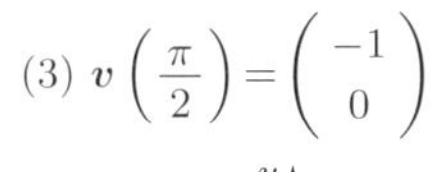

(4) $\boldsymbol{v}(0) = \begin{pmatrix} 2 \\ 0 \end{pmatrix}$

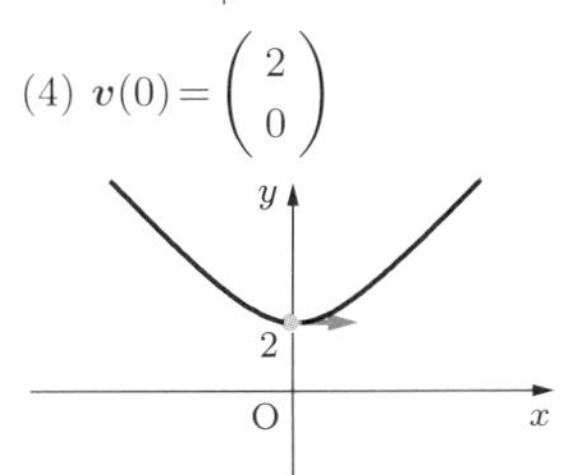

4.16 (1) $\dfrac{dy}{dx} = -\dfrac{3}{2}$　　(2) $\dfrac{dy}{dx} = -\dfrac{2\cos 2t}{\sin t}$

練習問題 4

[1] (1) $y = -4x + 3$　　(2) $y = 2x + 4$

[2] (1) $x = -3$ のとき極大値 $y = 0$,
$x = -1$ のとき極小値 $y = -2$

(2) $x = 3$ のとき極大値 $y = 17$

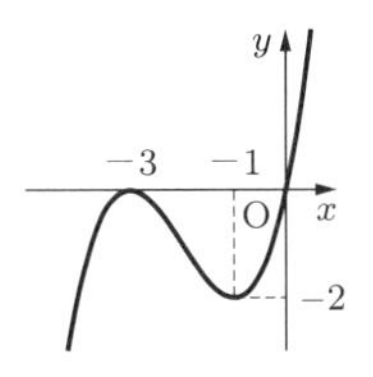

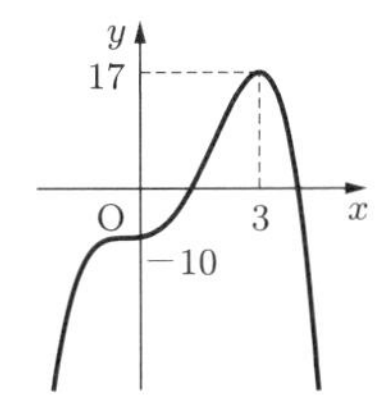

[3] (1) $x = 2$ のとき最大値 $y = \dfrac{4}{e^2}$，$x = 0$ のとき最小値 $y = 0$

(2) $x=\dfrac{5\pi}{3}$ のとき最大値 $y=\dfrac{5\pi}{6}+\dfrac{\sqrt{3}}{2}$，$x=\dfrac{\pi}{3}$ のとき最小値 $y=\dfrac{\pi}{6}-\dfrac{\sqrt{3}}{2}$

[4] (1) $y''=\dfrac{10}{9\sqrt[3]{x}}$　(2) $y''=-25\sin 5x$　(3) $y''=-2e^{-x}\cos x$

(4) $y''=\dfrac{x}{\sqrt{(1-x^2)^3}}$　(5) $y''=e^{-x}(x^2-4x+2)$　(6) $y''=\dfrac{2(1-\log x)}{x^2}$

[5] 極値は ●，変曲点は ● でグラフに示す．

(1) $x=-\dfrac{1}{\sqrt{2}}$ のとき極小値 $y=-\dfrac{1}{\sqrt{2e}}$，$x=\dfrac{1}{\sqrt{2}}$ のとき極大値 $y=\dfrac{1}{\sqrt{2e}}$，変曲点 $(0,0)$，$\left(\pm\sqrt{\dfrac{3}{2}},\pm\sqrt{\dfrac{3}{2}}e^{-\frac{3}{2}}\right)$，漸近線 x 軸

x	$\cdots$	$-\sqrt{\frac{3}{2}}$	$\cdots$	$-\frac{1}{\sqrt{2}}$	$\cdots$	0	$\cdots$	$\frac{1}{\sqrt{2}}$	$\cdots$	$\sqrt{\frac{3}{2}}$	$\cdots$
y'	$-$	$-$	$-$	0	$+$	$+$	$+$	0	$-$	$-$	$-$
y''	$-$	0	$+$	$+$	$+$	0	$-$	$-$	$-$	0	$+$
y	↘	$-\sqrt{\frac{3}{2}}e^{-\frac{3}{2}}$	↘	$-\frac{1}{\sqrt{2e}}$	↗	0	↗	$\frac{1}{\sqrt{2e}}$	↘	$\sqrt{\frac{3}{2}}e^{-\frac{3}{2}}$	↘
		(変曲点)		(極小)		(変曲点)		(極大)		(変曲点)	

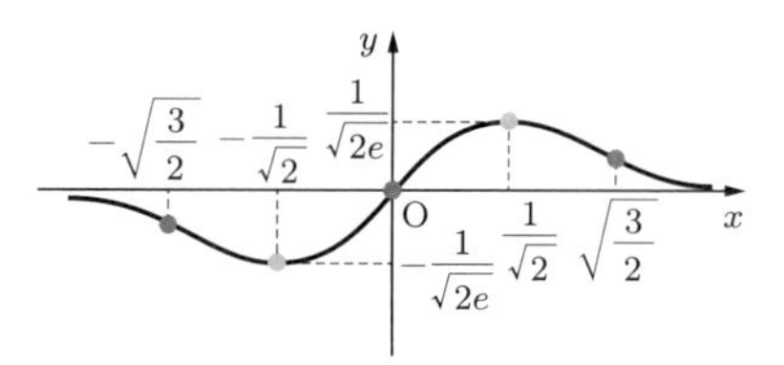

(2) 極値はない．変曲点 $(0,1)$，漸近線 $y=0$，$y=2$

x	$\cdots$	0	$\cdots$
y'	$+$	$+$	$+$
y''	$+$	0	$-$
y	↗	1	↗
		(変曲点)	

(3) $x=0$ のとき極小値 $y=0$，変曲点 $(\pm1,\log 2)$

x	$\cdots$	-1	$\cdots$	0	$\cdots$	1	$\cdots$
y'	$-$	$-$	$-$	0	$+$	$+$	$+$
y''	$-$	0	$+$	$+$	$+$	0	$-$
y	↘	$\log 2$	↘	0	↗	$\log 2$	↗
		(変曲点)		(極小)		(変曲点)	

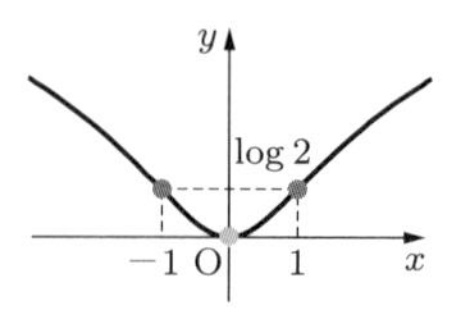

[6] (1) 3　(2) 1　(3) $\dfrac{1}{2}$　(4) 0

[7] $r=20\,[\mathrm{cm}]$ のとき最大値 $V=8000\pi\,[\mathrm{cm}^3]$　$\left[\text{円柱の高さを } h \text{ とすると } \dfrac{60-h}{r}=\dfrac{60}{30}\right]$

[8] およそ 2 cm

[体積 V，辺の長さ x として $V=x^3$．$dV=3x^2dx$，$\Delta V=0.06$ から dx を求める．]

[9] (1) $t = \dfrac{v_0 \sin\theta}{g}$　　(2) $x = \dfrac{v_0^2 \sin 2\theta}{g}$, $\theta = \dfrac{\pi}{4}$

第 2 章の章末問題

1. (1) $y' = 4(2x+1)(3x+2)^3 + (2x+1)^2 \cdot 9(3x+2)^2$
$= (2x+1)(3x+2)^2\{4(3x+2)+9(2x+1)\} = (2x+1)(3x+2)^2(30x+17)$

(2) $y' = \dfrac{9(3x+2)^2(2x+1)^2 - 4(3x+2)^3(2x+1)}{(2x+1)^4}$
$= \dfrac{(3x+2)^2\{9(2x+1)-4(3x+2)\}}{(2x+1)^3} = \dfrac{(6x+1)(3x+2)^2}{(2x+1)^3}$

(3) $y' = \dfrac{1}{2}\left(\dfrac{2x-1}{2x+1}\right)^{-\frac{1}{2}}\left(\dfrac{2x-1}{2x+1}\right)'$
$= \dfrac{1}{2}\sqrt{\dfrac{2x+1}{2x-1}} \cdot \dfrac{2(2x+1)-(2x-1)\cdot 2}{(2x+1)^2} = \dfrac{2}{\sqrt{(2x-1)(2x+1)^3}}$

(4) $y' = \dfrac{\left(\tan\dfrac{x}{2}\right)'}{\tan\dfrac{x}{2}} = \dfrac{1}{\cos^2\dfrac{x}{2}\tan\dfrac{x}{2}} \cdot \dfrac{1}{2} = \dfrac{1}{2\cos\dfrac{x}{2}\sin\dfrac{x}{2}} = \dfrac{1}{\sin x}$

(5) $y' = (2\sin x\cos x)\cos^3 x + \sin^2 x(-3\cos^2 x\sin x) = \sin x\cos^2 x(2\cos^2 x - 3\sin^2 x)$

(6) $y' = \dfrac{1\cdot\sqrt{a^2-x^2} - x\cdot\dfrac{-2x}{2\sqrt{a^2-x^2}}}{a^2-x^2} - \dfrac{1}{\sqrt{a^2-x^2}}$
$= \dfrac{(a^2-x^2)+x^2}{\sqrt{(a^2-x^2)^3}} - \dfrac{1}{\sqrt{a^2-x^2}} = \dfrac{a^2-(a^2-x^2)}{\sqrt{(a^2-x^2)^3}} = \dfrac{x^2}{\sqrt{(a^2-x^2)^3}}$

(7) $y' = 1\cdot\tan^{-1}x + \dfrac{x}{1+x^2} - \dfrac{1}{2}\cdot\dfrac{2x}{1+x^2} = \tan^{-1}x$

2. (1) 与式 $= \displaystyle\lim_{x\to 0}\frac{(\tan^{-1}x)'}{x'} = \lim_{x\to 0}\frac{1}{1+x^2} = 1$

(2) 与式 $= \displaystyle\lim_{x\to 0}\frac{(e^x - e^{-x})'}{(\sin x)'} = \lim_{x\to 0}\frac{e^x + e^{-x}}{\cos x} = 2$

(3) 与式 $= \displaystyle\lim_{x\to\infty}\frac{(\log(x^2+1))'}{(x+1)'} = \lim_{x\to\infty}\frac{2x}{x^2+1} = \lim_{x\to\infty}\frac{(2x)'}{(x^2+1)'} = \lim_{x\to\infty}\frac{1}{x} = 0$

3. 放物線上の点を $\mathrm{P}(x, x^2)$ とすると,

$$\mathrm{AP} = \sqrt{(x-6)^2+(x^2-3)^2} = \sqrt{x^4-5x^2-12x+45}$$

である. AP が最小になるのは, 根号内が最小になるときである. $y = x^4 - 5x^2 - 12x + 45$ とおくと,

$$y' = 4x^3 - 10x - 12 = 2(x-2)(2x^2+4x+3)$$

であり,

$$2x^2+4x+3 = 2(x+1)^2+1 > 0$$

であるから, $y' = 0$ となるのは $x = 2$ のときである. 増減表は次のとおりである.

x	$\cdots$	2	$\cdots$
y'	$-$	0	$+$
y	$\searrow$	17	$\nearrow$

（最小）

したがって，点 P の座標が $(2,4)$ のとき，AP は最小値 $\sqrt{17}$ をとる．

4. (1) 半径を r とすると $r^2+x^2=a^2$ であるから，$r=\sqrt{a^2-x^2}$ $(0<x<a)$ である．

(2) 体積 V は，$V=\dfrac{1}{3}\pi x(a^2-x^2)$ と表される．$\dfrac{dV}{dx}=\dfrac{\pi}{3}(a^2-3x^2)$ であるから，$0<x<a$ の範囲の増減表は

x	0	$\cdots$	$\dfrac{\sqrt{3}}{3}a$	$\cdots$	a
V'		$+$	0	$-$	
V		$\nearrow$	最大	$\searrow$	

となる．したがって，$x=\dfrac{\sqrt{3}}{3}a$ のときに V は最大値 $\dfrac{2\sqrt{3}}{27}\pi a^3$ をとる．

5. (1) 水の深さが x [cm] であるとき，水の表面は半径 x [cm] の円であるから，$S=\pi x^2$, $V=\dfrac{1}{3}\pi x^3$ となる．

(2) $V=4t$ であるから，$\dfrac{dV}{dt}=4$ である．

(3) $\dfrac{dS}{dt}=\dfrac{dS}{dx}\dfrac{dx}{dt}=2\pi x\cdot\dfrac{dx}{dt}$ である．一方，$\dfrac{dV}{dt}=\pi x^2\dfrac{dx}{dt}$ であり，$\dfrac{dV}{dt}=4$ であるから，$\pi x^2\dfrac{dx}{dt}=4$ である．したがって，$\dfrac{dx}{dt}=\dfrac{4}{\pi x^2}$ となり，$\dfrac{dS}{dt}=2\pi x\cdot\dfrac{4}{\pi x^2}=\dfrac{8}{x}$ である．水面の高さと半径は同じであるから，$x=6$ のときの面積の広がる速度は $\dfrac{dS}{dt}=\dfrac{8}{6}=\dfrac{4}{3}$ [cm^2/s] である．

6. 赤道の長さは $L=2\pi R$ であるから，増加量は $\Delta L \fallingdotseq dL=2\pi dR$ である．$dR=1$ であるから，赤道の長さはおよそ 2π [m] 増加する．

　同様にすると，地球の表面積は $S=4\pi R^2$ であるから，表面積はおよそ $8\pi R$ [m^2] 増加する．地球の体積は $V=\dfrac{4}{3}\pi R^3$ であるから，体積はおよそ $4\pi R^2$ [m^3] だけ増加する．

7. $f(x)=e^x-1-x$ とおいて，$x\geqq 0$ のときつねに $f(x)\geqq 0$ であることを示す．そのためには，$x\geqq 0$ のときの $f(x)$ の最小値が 0 以上であればよい．$f'(x)=e^x-1$ であり，$x\geqq 0$ のとき $e^x\geqq 1$ であるから，$x\geqq 0$ のときの増減表は右のようになる．

　増減表より，$x\geqq 0$ のときつねに $f(x)\geqq 0$ であるので，$e^x\geqq 1+x$ が成り立っている．

x	0	$\cdots$
$f'(x)$		$+$
$f(x)$	0	$\nearrow$

（最小）

第3章

第5節の問

5.1 (1) $\dfrac{1}{6}x^6+C$　(2) $-\dfrac{1}{2x^2}+C$　(3) $\dfrac{2}{3}\sqrt{x^3}+C$　(4) $2\log|x|+C$

5.2 (1) $\dfrac{1}{3}x^3-\dfrac{3}{2}x^2+3\log|x|+C$　(2) $\sin x+\dfrac{4}{3}\sqrt{x^3}+C$

(3) $-\dfrac{1}{\tan x}-x+C$

5.3 (1) $\dfrac{1}{6}(2x+1)^3+C$　(2) $\dfrac{2}{9}\sqrt{(3x-1)^3}+C$　(3) $\dfrac{1}{5}\log|5x+2|+C$

(4) $\dfrac{1}{2}e^{2x}+C$　(5) $\cos(1-x)+C$　(6) $3\sin\dfrac{x}{3}+C$

5.4 (1) $\sin^{-1}\dfrac{x}{2}+C$　(2) $\dfrac{1}{2}\tan^{-1}\dfrac{x}{2}+C$

(3) $\dfrac{\sqrt{3}}{6}\log\left|\dfrac{x-\sqrt{3}}{x+\sqrt{3}}\right|+C$　(4) $\log\left(x+\sqrt{x^2+1}\right)+C$

(5) $\dfrac{1}{2}\left(x\sqrt{x^2-6}-6\log\left|x+\sqrt{x^2-6}\right|\right)+C$

(6) $\dfrac{1}{4}\left(2x\sqrt{9-4x^2}+9\sin^{-1}\dfrac{2x}{3}\right)+C$

5.5 (1) $\dfrac{1}{24}(x^3+1)^8+C$　(2) $\dfrac{1}{2}(\log x)^2+C$　(3) $-\dfrac{1}{3}\sqrt{(1-x^2)^3}+C$

(4) $\tan^{-1}(\sin x)+C$　(5) $\sin^{-1}\dfrac{e^x}{2}+C$　(6) $-\dfrac{1}{2}e^{-x^2}+C$

5.6 (1) $\dfrac{1}{3}\log|x^3+1|+C$　(2) $\dfrac{1}{2}\log|x^2+2x-3|+C$

(3) $\log|\sin x|+C$　(4) $\log(e^x+e^{-x})+C$

5.7 (1) $\log\left|\dfrac{x-2}{x-1}\right|+C$　(2) $\log\dfrac{x^2+1}{|x-1|}+C$

5.8 (1) $-e^{-x}(x+1)+C$　(2) $\dfrac{1}{3}x\sin 3x+\dfrac{1}{9}\cos 3x+C$

5.9 (1) $\dfrac{x^2}{4}(2\log x-1)+C$　(2) $x\tan^{-1}x-\dfrac{1}{2}\log(1+x^2)+C$

5.10 (1) $\dfrac{1-2x^2}{4}\cos 2x+\dfrac{x}{2}\sin 2x+C$　(2) $x\{(\log x)^2-2\log x+2\}+C$

5.11 (1) $\dfrac{e^{4x}}{25}(4\cos 3x+3\sin 3x)+C$　(2) $-\dfrac{e^{-x}}{17}(\sin 4x+4\cos 4x)+C$

練習問題5

[1] (1) $\dfrac{9}{4}x^4-6x^2+4\log|x|+C$　(2) $\dfrac{3}{10}\sqrt[3]{(2x+1)^5}+C$

(3) $\dfrac{1}{3}e^{3x}+3e^x-3e^{-x}-\dfrac{1}{3}e^{-3x}+C$　[$(e^x+e^{-x})^3$ を展開する]

(4) $2\sin 2x+\dfrac{5}{3}\cos 3x+C$

[2] (1) $\dfrac{1}{2}(1+\sin x)^2+C$　[$\sin x+\dfrac{1}{2}\sin^2 x+C$, $\sin x-\dfrac{1}{2}\cos^2 x+C$, $\sin x-\dfrac{1}{4}\cos 2x+C$ も可]

(2) $-\dfrac{1}{2\sqrt{x^4+2}}+C$

(3) $\dfrac{1}{4}(\log x)^4+C$　(4) $\log\dfrac{|x+3|^3}{(x-2)^2}+C$

(5) $\dfrac{1}{6}\log(x^6+2x^3+3)+C$　(6) $\dfrac{1}{2}\log(1+\sin 2x)+C$

[3] (1) $\dfrac{1}{2}x+\dfrac{1}{4}\sin 2x+C$　[$\cos^2 x=\dfrac{1}{2}(1+\cos 2x)$]

(2) $\sin x-\dfrac{1}{3}\sin^3 x+C$　[$\cos^3 x=\cos x(1-\sin^2 x)$, $\sin x=t$ とおく.]

[4] (1) $a=-3,\ b=1,\ c=1$　(2) $\log|(x-1)(x+1)|+\dfrac{3}{x-1}+C$

[5] (1) $-e^{-x}(x^2+2x+2)+C$　(2) $\dfrac{1}{2}(x^2+1)\tan^{-1}x-\dfrac{x}{2}+C$

(3) $\dfrac{x^4}{16}(4\log x-1)+C$　(4) $\dfrac{x^2}{4}\{2(\log x)^2-2\log x+1\}+C$

[6] 与えられた積分を I とおく.

(1) $I=\dfrac{1}{a}e^{ax}\sin bx-\displaystyle\int\frac{1}{a}e^{ax}b\cos bx\,dx$

$$=\frac{e^{ax}}{a}\sin bx-\frac{b}{a}\left\{\frac{1}{a}e^{ax}\cos bx-\int\frac{1}{a}e^{ax}(-b\sin bx)\,dx\right\}$$

$$=\frac{e^{ax}}{a^2}(a\sin bx-b\cos bx)-\frac{b^2}{a^2}I$$

よって,

$$\frac{a^2+b^2}{a^2}I=\frac{e^{ax}}{a^2}(a\sin bx-b\cos bx)+C$$

となり, 両辺に $\dfrac{a^2}{a^2+b^2}$ をかければ目的の式が得られる.

(2) $I=\dfrac{1}{a}e^{ax}\cos bx-\displaystyle\int\frac{1}{a}e^{ax}(-b\sin bx)\,dx$

$$=\frac{e^{ax}}{a}\cos bx+\frac{b}{a}\left\{\frac{1}{a}e^{ax}\sin bx-\int\frac{1}{a}e^{ax}b\cos x\,dx\right\}$$

$$=\frac{e^{ax}}{a^2}(a\cos bx+b\sin bx)-\frac{b^2}{a^2}I$$

よって,

$$\frac{a^2+b^2}{a^2}I=\frac{e^{ax}}{a^2}(a\cos bx+b\sin bx)+C$$

となり, 両辺に $\dfrac{a^2}{a^2+b^2}$ をかければ目的の式が得られる.

第6節の問

6.1 (1) $\dfrac{2}{5}$　(2) 1　(3) 2　(4) 7　(5) 0

6.2 (1) 9　(2) $\dfrac{4}{3}$

6.3 (1) 0　(2) $\dfrac{1-e^2}{e}$　(3) $-\dfrac{16}{3}$

6.4 (1) 78　(2) $\dfrac{4}{3}$　(3) $\dfrac{7}{6}$　(4) $\dfrac{e-1}{e}+\log 2$

6.5 (1) 10　(2) $\dfrac{e^3-1}{e^2}$　(3) $\dfrac{1}{4}$　(4) $\log\dfrac{e+1}{2}$　(5) $\dfrac{1}{3}\log\dfrac{9}{2}$　(6) $\dfrac{e-1}{2}$

6.6 (1) $\dfrac{\pi a^2}{2}$　(2) $\dfrac{\pi}{6}$

6.7 (1) $\dfrac{e-2}{e}$　(2) $\dfrac{\pi-2}{18}$

6.8 (1) $\dfrac{e^2+1}{4}$　(2) $\dfrac{2e^3(4e^6-1)}{9}$

6.9 (1) 10　(2) $\sqrt{2}$　(3) 0　(4) π

6.10 (1) $\dfrac{35\pi}{256}$　(2) $\dfrac{128}{315}$　(3) $\dfrac{16}{15}$　(4) $\dfrac{4}{3}$

練習問題 6

[1] (1) $\dfrac{17}{6}$　(2) $\dfrac{3}{2}+\log 2$　(3) $\dfrac{e^4-1}{2e}$

[2] (1) 7　(2) $\log 2$　(3) $\dfrac{1}{5}$

[3] (1) $\dfrac{e^2+1}{4e}$　(2) $-\dfrac{3\pi}{2}$　(3) $\dfrac{3e^4+1}{16}$　(4) $e-2$

(5) $\dfrac{1}{2}\left(e^{\frac{\pi}{2}}+1\right)$　(6) $\dfrac{\sqrt{3}\pi}{3}-\log 2$　[(4), (5) は部分積分を 2 回行う]

[4] (1) 36　(2) 1　(3) 18　[偶関数]　(4) 8　[奇関数]

[5] $\displaystyle\int_0^2 \frac{1}{(4+x^2)^2}\,dx = \int_0^{\frac{\pi}{4}} \frac{1}{(4+4\tan^2\theta)^2}\cdot\frac{2}{\cos^2\theta}\,d\theta = \frac{1}{8}\int_0^{\frac{\pi}{4}} \cos^2\theta\,d\theta = \frac{\pi+2}{64}$

[6] (1) 0　(2) $\dfrac{3\pi}{8}$　(3) $-\dfrac{8}{15}$　(4) $\dfrac{\pi}{8}$

[(1)〜(3)：グラフをかいてみよ．(4)：$\sin^4 x\cos^2 x = \sin^4 x(1-\sin^2 x)$]

第 7 節の問

7.1 (1) $e+\dfrac{1}{e}-2$　(2) $\dfrac{9}{2}$　(3) $\dfrac{1}{2}$

7.2 $\dfrac{\pi}{4}$ [m^3]　[断面積は $\sin^2 x$ である]

7.3 (1) 8π　(2) $\dfrac{\pi^2}{2}$　(3) $\dfrac{(e^2-1)\pi}{2}$

7.4 (1) $v(t)=19.6-9.8t$ [m/s]　(2) $x(t)=24.5+19.6t-4.9t^2$ [m]

(3) 2 秒後，44.1 m　(4) 5 秒後

7.5 (1) $\dfrac{32}{3}$　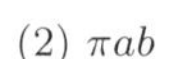 (2) πab

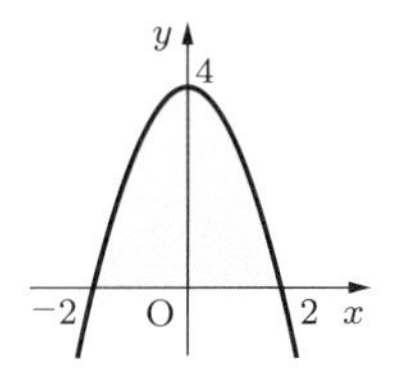

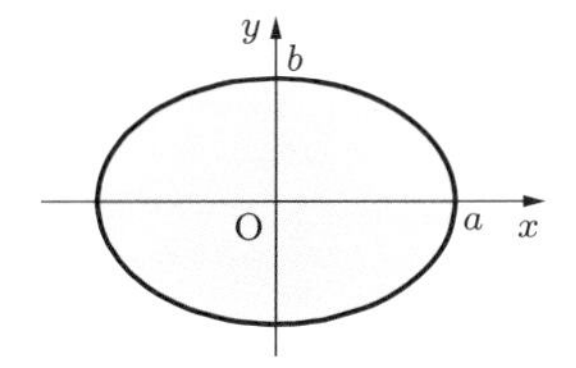

7.6 (1) $2\pi a$　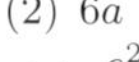 (2) $6a$

7.7 (1) $\dfrac{1}{2}\left\{4\sqrt{17}+\log\left(4+\sqrt{17}\right)\right\}$　(2) $\dfrac{e^2+1}{4}$　$\left[1+(y')^2=\dfrac{1}{4}\left(x+\dfrac{1}{x}\right)^2\right]$

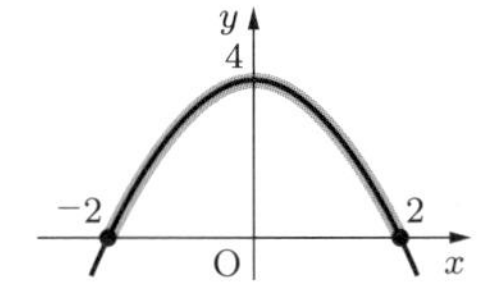

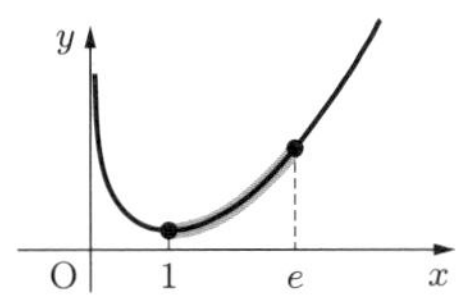

7.8　(1) $\left(\dfrac{1}{2}, \dfrac{\sqrt{3}}{2}\right)$　(2) $(-3, 0)$　(3) $\left(\sqrt{2}, -\sqrt{2}\right)$

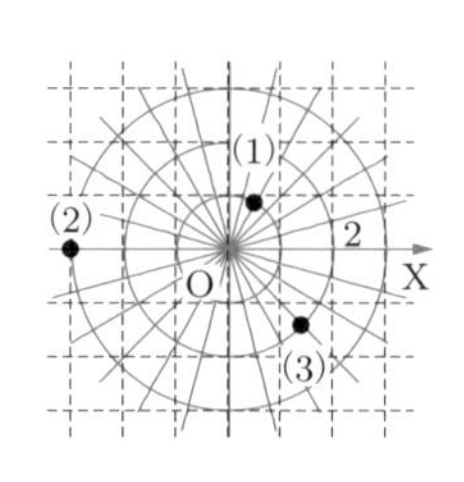

7.9　(1) $\left(2\sqrt{2}, \dfrac{5\pi}{4}\right)$　(2) $\left(1, \dfrac{3\pi}{2}\right)$　(3) $\left(2\sqrt{3}, \dfrac{5\pi}{6}\right)$

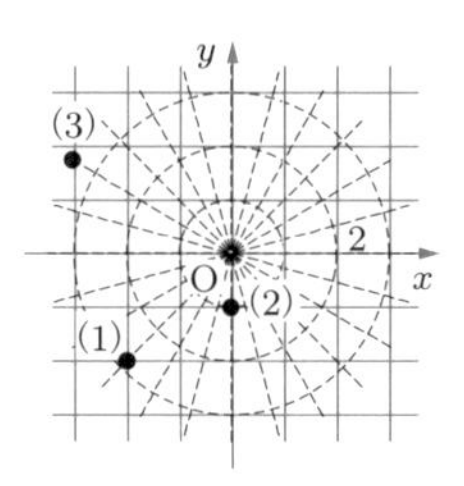

7.10　(1) $r = \dfrac{6}{\cos\theta + \sin\theta}$　$\left(-\dfrac{\pi}{4} < \theta < \dfrac{3\pi}{4}\right)$

(2) $r = -10\cos\theta$　$\left(\dfrac{\pi}{2} \leqq \theta \leqq \dfrac{3\pi}{2}\right)$

7.11　(1)　(2)

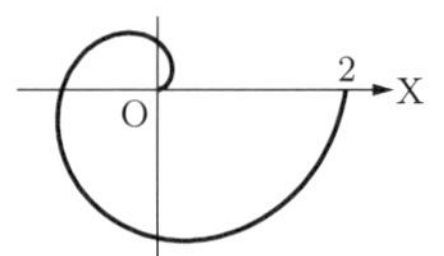

7.12　(1) $\dfrac{4\pi^3 a^2}{3}$　(2) $6\pi a^2$　(3) $\dfrac{\pi}{6} + \dfrac{\sqrt{3}}{4}$　(4) 2

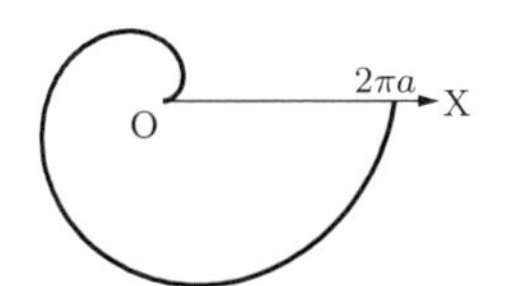

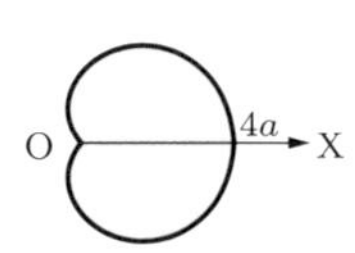

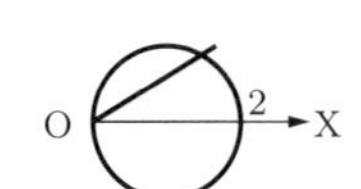

7.13　(1) $\sqrt{5}(e^{\frac{\pi}{2}} - 1)$　(2) 3π

7.14　(1) 0.700　(2) 0.696

7.15　およそ $784\,\mathrm{m}^2$

7.16　(1) $\dfrac{3}{2}$　(2) 存在しない　(3) $\dfrac{\pi}{2}$

7.17　(1) 1　(2) $\dfrac{\pi}{4}$

練習問題 7

[1]　(1) $\dfrac{32}{3}$　(2) $\dfrac{e+2}{2e}$　(3) $\sqrt{3} - \dfrac{\pi}{3}$

[2]　(1) $\pi \displaystyle\int_0^{\pi} \sin^2 x\,dx = \dfrac{\pi^2}{2}$　(2) $\pi \displaystyle\int_0^4 2^2\,dx - \pi \int_0^4 \sqrt{x}^2\,dx = 8\pi$

(3) $\pi \int_0^1 x^2\,dx - \pi \int_0^1 x^4\,dx = \dfrac{2\pi}{15}$

[3]　(1) $v(t) = -r\omega \sin \omega t$　　(2) $x(t) = r \cos \omega t$

[4]　(1) $x = 2(t - \sin t)$ と置換すると

$S = \int_0^{2\pi} 4(1 - \cos t)^2\,dt = 12\pi$

(2) $S = \dfrac{1}{2} \int_{\frac{\pi}{4}}^{\frac{5}{4}\pi} 4\theta d\theta = \dfrac{3\pi^2}{2}$

(1)

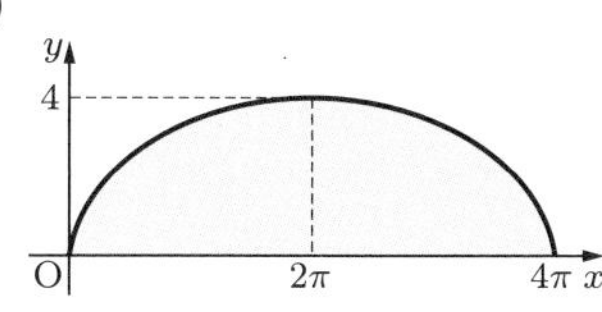

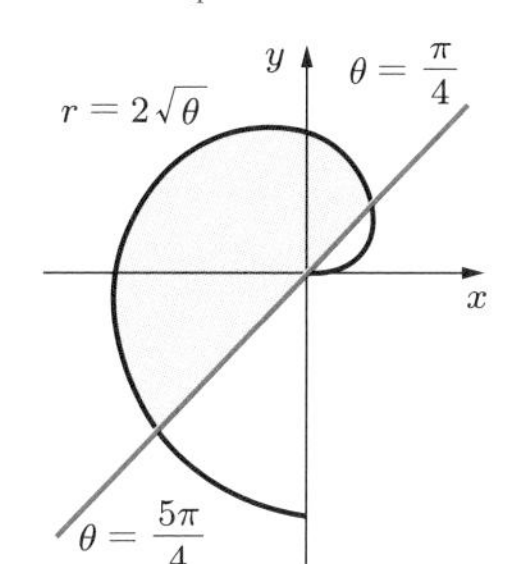

[5]　$\sqrt{2}\pi a$

[6]　(1) 存在しない　　(2) $\dfrac{1}{2}$　　(3) 存在しない

[7]　0.427

[8]　1.16　$\left[\left[0, \dfrac{\pi}{2}\right] \text{を 5 等分すると,}\ \Delta x = \dfrac{\pi}{10} \fallingdotseq 0.314 \right]$

第 3 章の章末問題

1.　$\cos^2 \dfrac{x}{2} = \dfrac{1}{1 + \tan^2 \dfrac{x}{2}} = \dfrac{1}{1 + t^2}$ であることから,

$$\sin x = \sin\left(2 \cdot \frac{x}{2}\right) = 2 \sin \frac{x}{2} \cos \frac{x}{2} = 2 \tan \frac{x}{2} \cos^2 \frac{x}{2} = \frac{2t}{1 + t^2}$$
$$\cos x = \cos\left(2 \cdot \frac{x}{2}\right) = 2 \cos^2 \frac{x}{2} - 1 = \frac{2}{1 + t^2} - 1 = \frac{1 - t^2}{1 + t^2}$$
$$\tan x = \frac{\sin x}{\cos x} = \frac{2t}{1 - t^2}$$

である．また,

$$dt = \left(\tan \frac{x}{2}\right)' dx = \frac{1}{\cos^2 \dfrac{x}{2}} \cdot \frac{1}{2} dx = \left(1 + \tan^2 \frac{x}{2}\right) \cdot \frac{1}{2} dx$$

であるから，$dx = \dfrac{2}{1 + t^2} dt$ である．したがって,

$$\int \frac{1}{1 + \sin x}\,dx = \int \frac{2}{(1 + t)^2}\,dt = -\frac{2}{1 + t} + C = -\frac{2}{1 + \tan \dfrac{x}{2}} + C$$

2.　(1) $I_0 = \int 1\,dx = x + C$

(2) 部分積分によって,

$$I_n = \int (\log x)^n \, dx = x(\log x)^n - \int x \cdot n(\log x)^{n-1} \cdot \frac{1}{x} \, dx = x(\log x)^n - nI_{n-1}$$

(3) $I_3 = x(\log x)^3 - 3I_2 = x(\log x)^3 - 3\left\{x(\log x)^2 - 2I_1\right\}$

$= x(\log x)^3 - 3x(\log x)^2 + 6I_1 = x(\log x)^3 - 3x(\log x)^2 + 6(x\log x - I_0)$

$= x(\log x)^3 - 3x(\log x)^2 + 6x\log x - 6(x + C)$

$= x(\log x)^3 - 3x(\log x)^2 + 6x\log x - 6x + C$　［$-6C$ を改めて C とした］

3. (1) 部分積分を繰り返して，$\displaystyle\int_0^\pi e^{-x}\sin x\,dx = -\Big[\ e^{-x}\sin x\ \Big]_0^\pi + \int_0^\pi e^{-x}\cos x\,dx = -\Big[\ e^{-x}\cos x\ \Big]_0^\pi - \int_0^\pi e^{-x}\sin x\,dx = e^{-\pi} + 1 - \int_0^\pi e^{-x}\sin x\,dx$ となる．第 3 項を左辺に移項することにより，$\displaystyle\int_0^\pi e^{-x}\sin x\,dx = \frac{e^{-\pi}+1}{2}$ である．

(2) $\displaystyle\int_0^\pi x\sin^2 x\,dx = \int_0^\pi x\cdot\frac{1-\cos 2x}{2}\,dx = \frac{1}{2}\int_0^\pi x\,dx - \frac{1}{2}\int_0^\pi x\cos 2x\,dx$

$\displaystyle= \frac{1}{2}\Big[\ \frac{x^2}{2}\ \Big]_0^\pi - \frac{1}{4}\Big[\ x\sin 2x\ \Big]_0^\pi + \frac{1}{4}\int_0^\pi \sin 2x\,dx = \frac{\pi^2}{4} + \frac{1}{4}\Big[\ -\frac{1}{2}\cos 2x\ \Big]_0^\pi = \frac{\pi^2}{4}$

4. $m = n$ の場合は，

$$I = \int_0^{2\pi} \cos^2 mx\,dx = \frac{1}{2}\int_0^{2\pi}(1+\cos 2mx)\,dx = \frac{1}{2}\Big[\ x + \frac{1}{2m}\sin 2mx\ \Big]_0^{2\pi} = \pi$$

$m \neq n$ の場合は，積を和に直す公式から，

$$I = \frac{1}{2}\int_0^{2\pi}\{\cos(m+n)x + \cos(m-n)x\}\,dx$$
$$= \frac{1}{2}\left[\frac{1}{m+n}\sin(m+n)x + \frac{1}{m-n}\sin(m-n)x\right]_0^{2\pi} = 0$$

5. (1) $f(x) = x^3 - x^2$ とおく．$f'(1) = 1$ であるから，接線の方程式は $y = x - 1$ となる．

(2) 曲線 C と接線 ℓ の共有点の x 座標は，方程式 $x^3 - x^2 = x - 1$ の解である．変形すると $(x+1)(x-1)^2 = 0$ となるので，$x = -1, 1$ である．したがって，A 以外の共有点の座標は $(-1, -2)$ である．

(3) C と ℓ は右図のようになるから，求める図形の面積 S は次のようになる．

$$S = \int_{-1}^{1}\left\{(x^3 - x^2) - (x - 1)\right\}dx = \frac{4}{3}$$

6. 与えられた領域は，中心 $(0, a)$，半径 1 の円の内部である．$(y-a)^2 = 1 - x^2$ であるから，$y = a \pm \sqrt{1-x^2}$ となるので，求める回転体の体積を V とすると，V は次の式で計算される．

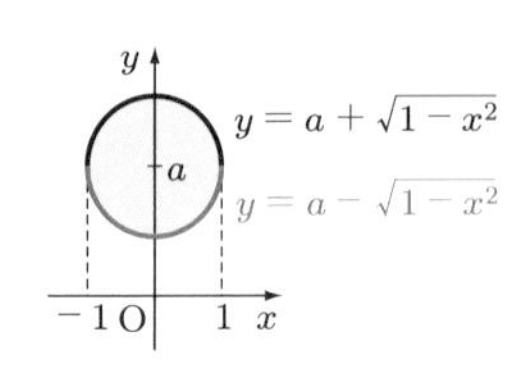

$$V = \pi\int_{-1}^{1}\left(a + \sqrt{1-x^2}\right)^2 dx - \pi\int_{-1}^{1}\left(a - \sqrt{1-x^2}\right)^2 dx$$

$$= 4\pi a \int_{-1}^{1} \sqrt{1-x^2}\,dx$$

$$= 2\pi a \left[\, x\sqrt{1-x^2} + \sin^{-1} x \,\right]_{-1}^{1} = 2\pi^2 a$$

7. (1) $\dfrac{dx}{dt} = -\dfrac{4t}{(1+t^2)^2}$, $\dfrac{dy}{dt} = \dfrac{2(1-t^2)}{(1+t^2)^2}$ であるから,

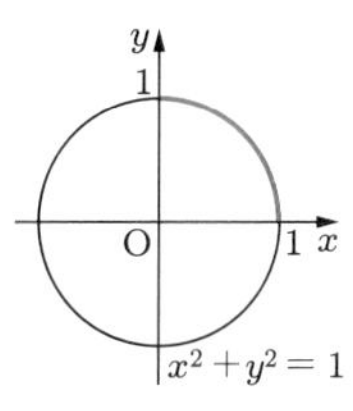

$$\left(\frac{dx}{dt}\right)^2 + \left(\frac{dy}{dt}\right)^2 = \frac{4(1+t^2)^2}{(1+t^2)^4} = \frac{4}{(1+t^2)^2}$$

である．したがって, $L = \displaystyle\int_0^1 \frac{2}{1+t^2}\,dt = 2\Big[\tan^{-1} x\Big]_0^1 = \frac{\pi}{2}$

(2) $r^2 + \left(\dfrac{dr}{d\theta}\right)^2 = \left(\cos^3\dfrac{\theta}{3}\right)^2 + \left(-3\cdot\dfrac{1}{3}\cos^2\dfrac{\theta}{3}\sin\dfrac{\theta}{3}\right)^2$

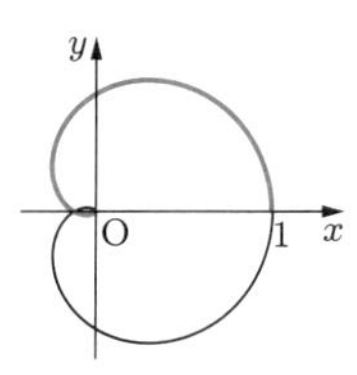

$$= \cos^4\frac{\theta}{3}\left(\cos^2\frac{\theta}{3} + \sin^2\frac{\theta}{3}\right) = \cos^4\frac{\theta}{3}$$

である．したがって, $L = \displaystyle\int_0^{\frac{3\pi}{2}} \cos^2\frac{\theta}{3}\,d\theta = \frac{1}{2}\int_0^{\frac{3\pi}{2}} \left(1+\cos\frac{2\theta}{3}\right)d\theta$

$= \dfrac{3\pi}{4}$

8. (1) $0<k<1$ のとき, $\displaystyle\int_0^1 \frac{1}{x^k}\,dx = \lim_{\varepsilon\to+0}\frac{1}{1-k}\Big[\, x^{1-k} \,\Big]_\varepsilon^1 = \frac{1}{1-k}$

$k=1$ のとき, $\displaystyle\int_0^1 \frac{1}{x^k}\,dx = \lim_{\varepsilon\to+0}\Big[\,\log x\,\Big]_\varepsilon^1 = \infty$

$k>1$ のとき, $\displaystyle\int_0^1 \frac{1}{x^k}\,dx = \lim_{\varepsilon\to+0}\frac{-1}{k-1}\left[\,\frac{1}{x^{k-1}}\,\right]_\varepsilon^1 = \infty$

(2) $k>1$ のとき, $\displaystyle\int_1^\infty \frac{1}{x^k}\,dx = \lim_{M\to\infty}\frac{-1}{k-1}\left[\,\frac{1}{x^{k-1}}\,\right]_1^M = \frac{1}{k-1}$

$k=1$ のとき, $\displaystyle\int_1^\infty \frac{1}{x^k}\,dx = \lim_{M\to\infty}\Big[\,\log x\,\Big]_1^M = \infty$

$0<k<1$ のとき, $\displaystyle\int_1^\infty \frac{1}{x^k}\,dx = \lim_{M\to\infty}\frac{1}{1-k}\Big[\, x^{1-k} \,\Big]_1^M = \infty$

第4章

第8節の問

8.1 (1) $y' = -3\sin 3x$, $y'' = -9\cos 3x$, $y''' = 27\sin 3x$, $y^{(4)} = 81\cos 3x$

(2) $y' = -e^{-x}(x-1)$, $y'' = e^{-x}(x-2)$, $y''' = -e^{-x}(x-3)$, $y^{(4)} = e^{-x}(x-4)$

(3) $y' = \dfrac{1}{1+x}$, $y'' = -\dfrac{1}{(1+x)^2}$, $y''' = \dfrac{2}{(1+x)^3}$, $y^{(4)} = -\dfrac{6}{(1+x)^4}$

8.2 (1) $y^{(n)} = \dfrac{(-1)^n n!}{x^{n+1}}$　(2) $y^{(n)} = \begin{cases} \cos x & (n=4k) \\ -\sin x & (n=4k+1) \\ -\cos x & (n=4k+2) \\ \sin x & (n=4k+3) \end{cases}$ (k は 0 以上の整数)

または　$y^{(n)} = \cos\left(x + \dfrac{n\pi}{2}\right)$

8.3 (1) $r=1$，和は $\dfrac{1}{1+x}$　(2) $r=2$，和は $\dfrac{2}{2-x}$

(3) $r=1$，和は $\dfrac{1}{1+x^2}$　(4) $r=\dfrac{1}{3}$，和は $\dfrac{1}{1+3x}$

8.4 (1) $r=1$　(2) $r=\infty$　(3) $r=0$

8.5 (1) $\dfrac{1}{(1-x)^2} = 1+2x+3x^2+4x^3+\cdots$　($|x|<1$)

(2) $\log(1-x) = -x - \dfrac{1}{2}x^2 - \dfrac{1}{3}x^3 - \cdots$　($|x|<1$)

8.6 $x=0$ におけるマクローリン多項式は $y=-4x^2$

$x=\sqrt{2}$ におけるテイラー多項式は

$y = -4 + 8\left(x-\sqrt{2}\right)^2$　［右図］

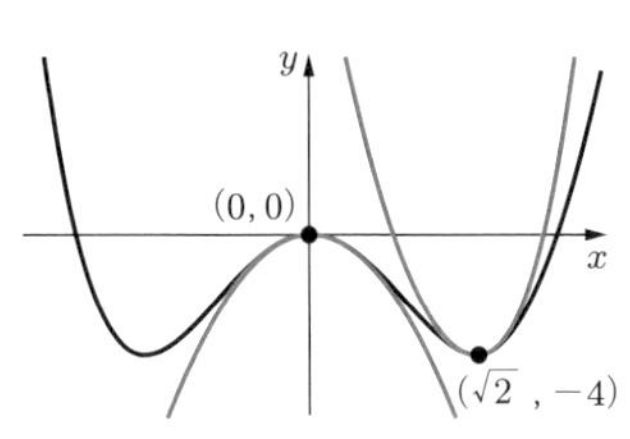

8.7 (1) $e^x = 1 + \dfrac{x}{1!} + \dfrac{x^2}{2!} + \dfrac{x^3}{3!} + \cdots + \dfrac{x^n}{n!} + \cdots$　(x は任意の実数)

(2) $\cos x = 1 - \dfrac{x^2}{2!} + \dfrac{x^4}{4!} - \dfrac{x^6}{6!} + \cdots + (-1)^n \dfrac{x^{2n}}{(2n)!} + \cdots$　(x は任意の実数)

8.8 (1) $\sin 2x = \dfrac{2x}{1!} - \dfrac{8x^3}{3!} + \dfrac{32x^5}{5!} - \dfrac{128x^7}{7!} + \cdots + (-1)^n \dfrac{2^{2n+1}x^{2n+1}}{(2n+1)!} + \cdots$

(x は任意の実数)

(2) $\log(1+x^2) = x^2 - \dfrac{x^4}{2} + \dfrac{x^6}{3} - \dfrac{x^8}{4} + \cdots + (-1)^n \dfrac{x^{2(n+1)}}{n+1} + \cdots$　($|x|<1$)

8.9 (1) $-\dfrac{\sqrt{3}}{2} + \dfrac{1}{2}i$　(2) i　(3) 1

8.10 (1)　$e^{-i\theta} = \cos(-\theta) + i\sin(-\theta) = \cos\theta - i\sin\theta$ である．これと $e^{i\theta} = \cos\theta + i\sin\theta$ を加えると，$e^{i\theta} + e^{-i\theta} = 2\cos\theta$ となる．この両辺を 2 で割ればよい．

(2)　$e^{i\theta} = \cos\theta + i\sin\theta$ から $e^{-i\theta} = \cos\theta - i\sin\theta$ を引くと，$e^{i\theta} - e^{-i\theta} = 2i\sin\theta$ となる．この両辺を $2i$ で割ればよい．

8.11 (1) $e^x \fallingdotseq 1 + x + \dfrac{1}{2}x^2$，$\sqrt[4]{e} \fallingdotseq 1.281$　(2) $\log(1+x) \fallingdotseq x - \dfrac{1}{2}x^2$，$\log 1.1 \fallingdotseq 0.095$

(3) $\dfrac{1}{1+x} \fallingdotseq 1 - x + x^2$，$\dfrac{1}{0.96} \fallingdotseq 1.042$

8.12 近似式 $\cos x \fallingdotseq 1 - \dfrac{1}{2!}x^2 + \dfrac{1}{4!}x^4 - \dfrac{1}{6!}x^6$，　$\cos 1 \fallingdotseq 0.54028$,

誤差の見積もり $|R_7(1)| < \dfrac{1}{7!} = 0.00019\cdots$

練習問題 8

[1] (1) $y''' = 2e^{-x}(\sin x + \cos x)$　(2) $y''' = (x^2-6)\sin x - 6x\cos x$

(3) $y''' = \dfrac{162}{(1-3x)^4}$

[2] $y' = 2x\log x + x$，$y'' = 2\log x + 3$，$n \geqq 3$ のとき $y^{(n)} = \dfrac{(-1)^{n+1}2(n-3)!}{x^{n-2}}$

[3] $\dfrac{1}{2-x}=\dfrac{1}{2}\cdot\dfrac{1}{1-\dfrac{x}{2}}=\dfrac{1}{2}+\dfrac{1}{2^2}x+\dfrac{1}{2^3}x^2+\cdots+\dfrac{1}{2^{n+1}}x^n+\cdots$,

収束半径は 2

[4] (1) $\dfrac{1}{1+x}=1-x+x^2-x^3+\cdots+(-1)^n x^n+\cdots$ の x を x^2 に置き換えれば

$$\frac{1}{1+x^2}=1-x^2+x^4-x^6+\cdots+(-1)^n x^{2n}+\cdots$$

(2) (1) の両辺を 0 から x まで積分すると

$$\tan^{-1}x=x-\frac{1}{3}x^3+\frac{1}{5}x^5-\frac{1}{7}x^7+\cdots+(-1)^n\frac{1}{2n+1}x^{2n+1}+\cdots$$

[5] $e^x=1+x+\dfrac{x^2}{2!}+\dfrac{x^3}{3!}+\cdots$, $e^{-x}=1-x+\dfrac{x^2}{2!}-\dfrac{x^3}{3!}+\cdots$

よって，$\cosh x=\dfrac{e^x+e^{-x}}{2}=1+\dfrac{x^2}{2!}+\dfrac{x^4}{4!}+\cdots+\dfrac{x^{2n}}{(2n)!}+\cdots$ (x は任意の実数)

[6] (1) $e^{\alpha i}e^{\beta i}=(\cos\alpha+i\sin\alpha)(\cos\beta+i\sin\beta)$

$$=(\cos\alpha\cos\beta-\sin\alpha\sin\beta)+i(\sin\alpha\cos\beta+\cos\alpha\sin\beta)$$
$$=\cos(\alpha+\beta)+i\sin(\alpha+\beta)=e^{(\alpha+\beta)i}$$

(2) $\dfrac{e^{\alpha i}}{e^{\beta i}}=\dfrac{\cos\alpha+i\sin\alpha}{\cos\beta+i\sin\beta}$

$$=\frac{(\cos\alpha+i\sin\alpha)(\cos\beta-i\sin\beta)}{(\cos\beta+i\sin\beta)(\cos\beta-i\sin\beta)}$$
$$=(\cos\alpha\cos\beta+\sin\alpha\sin\beta)+i(\sin\alpha\cos\beta-\cos\alpha\sin\beta)$$
$$=\cos(\alpha-\beta)+i\sin(\alpha-\beta)=e^{(\alpha-\beta)i}$$

[7] $\sin x\fallingdotseq x-\dfrac{x^3}{3!}$ であるから $\sin 0.5\fallingdotseq 0.479$，誤差の見積もりは $|R_4(0.5)|<\dfrac{1}{4!}\cdot 0.5^4=0.0026\cdots$

[8] (1) $f(x)=(1+x)^p$ とおくと，

$$f^{(n)}(x)=p(p-1)(p-2)\cdots(p-n+1)(1+x)^{p-n}$$

よって，$f^{(n)}(0)=n!\begin{pmatrix}p\\n\end{pmatrix}$ となり，これは $n=0$ のときも正しい．したがって，

$$(1+x)^p=\sum_{n=0}^{\infty}\begin{pmatrix}p\\n\end{pmatrix}x^n$$

が成り立つ．

(2) $\sqrt[3]{1+x}\fallingdotseq 1+\dfrac{1}{3}x-\dfrac{1}{9}x^2$, $\sqrt[3]{1.2}\fallingdotseq 1.062$ (真の値は $\sqrt[3]{1.2}=1.062658\cdots$)

第5章

第9節の問

9.1 (1) 定義域は 2 直線 $y=\pm x$ 上の点を除く平面上全体，値域は $z\neq 0$

(2) 定義域は $-2\leqq x\leqq 2$，値域は $0\leqq z\leqq 2$

9.2 (1) 点 $(0, 0, -4)$ を通り，$\boldsymbol{n} = \pm\begin{pmatrix} 3 \\ 2 \\ -1 \end{pmatrix}$ に垂直な平面

(2) 原点を中心とした半径 2 の球面の $z \geqq 0$ の部分

(3) yz 平面上の半円 $z = \sqrt{1-y^2}$ 上の各点を通り，x 軸に平行な直線で作られる円柱面の $z \geqq 0$ の部分

9.3 (1) 0　　(2) 存在しない

9.4 (1) $f_x = 6(3x-2y)$, $f_y = -4(3x-2y)$, $f_x(1,1) = 6$, $f_y(1,1) = -4$

(2) $f_x = 2e^{2x}\sin y$, $f_y = e^{2x}\cos y$, $f_x(0,\pi) = 0$, $f_y(0,\pi) = -1$

(3) $z_x = \dfrac{1}{y^2}$, $z_y = -\dfrac{2x}{y^3}$, $z_x(0,3) = \dfrac{1}{9}$, $z_y(0,3) = 0$

(4) $z_x = -\dfrac{y}{x^2+y^2}$, $z_y = \dfrac{x}{x^2+y^2}$, $z_x(1,1) = -\dfrac{1}{2}$, $z_y(1,1) = \dfrac{1}{2}$

9.5 (1) $\dfrac{\partial^2 f}{\partial x^2} = 6$, $\dfrac{\partial^2 f}{\partial y \partial x} = \dfrac{\partial^2 f}{\partial x \partial y} = 4$, $\dfrac{\partial^2 f}{\partial y^2} = -10$

(2) $\dfrac{\partial^2 f}{\partial x^2} = \dfrac{-4y}{(x+2y)^3}$, $\dfrac{\partial^2 f}{\partial y \partial x} = \dfrac{\partial^2 f}{\partial x \partial y} = \dfrac{2(x-2y)}{(x+2y)^3}$, $\dfrac{\partial^2 f}{\partial y^2} = \dfrac{8x}{(x+2y)^3}$

(3) $z_{xx} = 2y\cos xy - xy^2\sin xy$, $z_{xy} = z_{yx} = 2x\cos xy - x^2 y\sin xy$, $z_{yy} = -x^3\sin xy$

(4) $z_{xx} = 0$, $z_{xy} = z_{yx} = \dfrac{1}{y}$, $z_{yy} = -\dfrac{x}{y^2}$

9.6 (1) $\dfrac{dz}{dt} = 2e^{2t}(\cos^2 t - 2\sin t\cos t - \sin^2 t)$　　(2) $\dfrac{dz}{dt} = \dfrac{2}{t^2+1}$

9.7 (1) $\dfrac{\partial z}{\partial u} = 22u - 18v$, $\dfrac{\partial z}{\partial v} = -18u - 12v$

(2) $\dfrac{\partial z}{\partial u} = -\dfrac{1}{u^2}\cos\dfrac{u+v}{uv}$, $\dfrac{\partial z}{\partial v} = -\dfrac{1}{v^2}\cos\dfrac{u+v}{uv}$

9.8 $z'(0) = 25$, $z''(0) = 20$

9.9 (1) $4x + 3y - z - 6 = 0$　　(2) $x + y + \sqrt{2}z - 4 = 0$

9.10 (1) $dz = 2xy^3\,dx + 3x^2y^2\,dy$　　(2) $dz = y\cos xy\,dx + x\cos xy\,dy$

(3) $dz = -\dfrac{y}{x^2}\,dx + \dfrac{1}{x}\,dy$　　(4) $dz = \dfrac{2}{2x+3y}\,dx + \dfrac{3}{2x+3y}\,dy$

9.11 $V = \dfrac{1}{3}\pi r^2 h$ である．体積の増加量を ΔV とすると，$\Delta V \fallingdotseq \dfrac{2\pi rh}{3}\Delta r + \dfrac{\pi r^2}{3}\Delta h$ より，およそ $2.17\,\mathrm{cm}^3$ 増加する．

練習問題 9

[1] (1) $z_x = 2x - 2y$, $z_y = -2x + 6y$　　(2) $z_x = -\dfrac{x}{\sqrt{4-x^2}}$, $z_y = 0$

(3) $z_x = -2xe^{-x^2-y^2}$, $z_y = -2ye^{-x^2-y^2}$　　(4) $z_x = \dfrac{\sin x \sin y}{\cos^2 x}$, $z_y = \dfrac{\cos y}{\cos x}$

[2] (1) $z_{xx} = 2y$, $z_{xy} = z_{yx} = 2x - 2y$, $z_{yy} = -2x$

(2) $z_{xx} = 2\cos(x^2+y^2) - 4x^2\sin(x^2+y^2)$, $z_{xy} = z_{yx} = -4xy\sin(x^2+y^2)$, $z_{yy} = 2\cos(x^2+y^2) - 4y^2\sin(x^2+y^2)$

(3) $z_{xx} = 4y(xy+1)e^{2xy}$, $z_{xy} = z_{yx} = 4x(xy+1)e^{2xy}$, $z_{yy} = 4x^3e^{2xy}$

(4) $z_{xx} = 2\sin^{-1} y$, $z_{xy} = z_{yx} = \dfrac{2x}{\sqrt{1-y^2}}$, $z_{yy} = \dfrac{x^2y}{\sqrt{(1-y^2)^3}}$

[3] (1) $x + y - z - 2 = 0$　　(2) $3x + 4y - 5z = 0$

[4] (1) $\dfrac{x-2}{3}=\dfrac{y+4}{5}=\dfrac{z+7}{-1}$　(2) $\dfrac{x-1}{3}=\dfrac{y-1}{-3}=\dfrac{z}{-1}$

(3) $\dfrac{x-1}{-2}=\dfrac{y-2}{-4}=\dfrac{z-5}{-1}$　(4) $\dfrac{x-2}{-2}=\dfrac{y+3}{3}=\dfrac{z-1}{-1}$

[5] (1) $dz=\dfrac{x}{\sqrt{x^2+3y^2}}\,dx+\dfrac{3y}{\sqrt{x^2+3y^2}}\,dy$

(2) $dz=-\dfrac{2x}{(x^2-3y^2)^2}\,dx+\dfrac{6y}{(x^2-3y^2)^2}\,dy$

(3) $dz=-\dfrac{y}{x^2+y^2}\,dx+\dfrac{x}{x^2+y^2}\,dy$

[6] $z_u=z_x\cos\theta+z_y\sin\theta$, $z_v=z_x(-\sin\theta)+z_y\cos\theta$ であるから,

$$\begin{aligned}(z_u)^2+(z_v)^2&=(z_x\cos\theta+z_y\sin\theta)^2+(-z_x\sin\theta+z_y\cos\theta)^2\\&=(z_x)^2(\cos^2\theta+\sin^2\theta)+(z_y)^2(\cos^2\theta+\sin^2\theta)\\&=(z_x)^2+(z_y)^2\end{aligned}$$

[7] $c=\sqrt{a^2+b^2}$ であるから，$dc=\dfrac{a}{\sqrt{a^2+b^2}}\,da+\dfrac{b}{\sqrt{a^2+b^2}}\,db=\dfrac{a}{c}\,da+\dfrac{b}{c}\,db$ である.

$da=\Delta a, db=\Delta b$ であるから，$\Delta c\fallingdotseq dc=\dfrac{a}{c}\,\Delta a+\dfrac{b}{c}\,\Delta b$

第10節の問

10.1 (1) $(2,-1)$　(2) $(1,1)$　(3) $(0,0)$, $(-2,2)$　(4) $(-1,-1)$, $(2,2)$

10.2 (1) $(2,-1)$ で極小値 -3 をとる.　(2) 極値をとらない.

(3) $(-2,2)$ で極大値 8 をとる.　(4) $(2,2)$ で極大値 20 をとる.

10.3 (1) $\dfrac{dy}{dx}=\dfrac{2x}{y}$,　$4x+3y+1=0$

(2) $\dfrac{dy}{dx}=\dfrac{-3x^2+4y}{-4x+3y^2}$,　$x+y-4=0$

10.4 (1) $(2,1)$ で最大値 5，$(-2,-1)$ で最小値 -5 をとる.

(2) $(2,2)$, $(-2,-2)$ で最大値 4，$(2,-2)$, $(-2,2)$ で最小値 -4 をとる.

(3) $(1,1)$ と $(-1,-1)$ で最小値 2 をとる．最大値はない.

練習問題 10

[1] $H(x,y)=f_{xx}f_{yy}-(f_{xy})^2$ とする.

(1) $f_x=4x+2y+2$, $f_y=2x+2y$ より，極値をとりうる点は $(-1,1)$. $H(x,y)=4>0, f_{xx}(x,y)=4>0$ より，点 $(-1,1)$ で極小になり，極小値 $f(-1,1)=-4$ をとる.

(2) $f_x=3x^2+3y$, $f_y=3y^2+3x$ より，極値をとりうる点は $(0,0)$, $(-1,-1)$. $H(x,y)=36xy-9$, $f_{xx}=6x$ より，点 $(0,0)$ では極値はとらない．点 $(-1,-1)$ では極大になり，極大値 $f(-1,-1)=2$ をとる.

(3) $f_x=4x^3-4x$, $f_y=2y-2$ より，極値をとりうる点は $(0,1)$, $(\pm1,1)$. $H(x,y)=24x^2-8$, $f_{xx}=12x^2-4$ より，点 $(0,1)$ では極値はとらない．点 $(\pm1,1)$ で極小になり，極小値 $f(\pm1,1)=-2$ をとる.

(4) $f_x=(-2x+y)e^{-x^2+xy-y^2}, f_y=(x-2y)e^{-x^2+xy-y^2}$ より，極値をとりうる点は $(0,0)$. $H(0,0)=3, f_{xx}(0,0)=-2$ より，点 $(0,0)$ で極大になり，極大値 $f(0,0)=1$.

(5) $f_x=\cos x\sin y, f_y=\sin x\cos y$ より，指定された範囲で極値をとりうる点は $(0,0), \left(\pm\dfrac{\pi}{2},\pm\dfrac{\pi}{2}\right), \left(\pm\dfrac{\pi}{2},\mp\dfrac{\pi}{2}\right)$. $H(x,y)=\sin^2x\sin^2y-\cos^2x\cos^2y, f_{xx}=$

$-\sin x \sin y$ より，点 $(0, 0)$ では極値はとらない．点 $\left(\pm\dfrac{\pi}{2}, \pm\dfrac{\pi}{2}\right)$ では極大になり，極大値 $f\left(\pm\dfrac{\pi}{2}, \pm\dfrac{\pi}{2}\right) = 1$ をとる．点 $\left(\pm\dfrac{\pi}{2}, \mp\dfrac{\pi}{2}\right)$ では極小になり，極小値 $f\left(\pm\dfrac{\pi}{2}, \mp\dfrac{\pi}{2}\right) = -1$ をとる．

[2] (1) $\dfrac{dy}{dx} = \dfrac{2x - 3y - 2}{3x - 2y - 1}$　　(2) $\dfrac{dy}{dx} = -\dfrac{y^3 + x^2y + 2x}{x^3 + xy^2 + 2y}$

[3] $\dfrac{dy}{dx}$，接線の順に示す．

(1) $\dfrac{dy}{dx} = -\dfrac{2x + y}{x + 2y}$，　$x - y - 2 = 0$

(2) $\dfrac{dy}{dx} = -\dfrac{2xy^3 - 3}{3x^2y^2 + 2}$，　$x - 5y + 4 = 0$

(3) $\dfrac{dy}{dx} = -\dfrac{e^y}{xe^y - 1}$，　$x + 4y - 5 = 0$

(4) $\dfrac{dy}{dx} = -\dfrac{x - y\sqrt{x^2 + y^2}}{y - x\sqrt{x^2 + y^2}}$，　$x - y + 1 = 0$

[4] 条件式 $g(x, y) = 0$ と定数 λ に対して，$f_x = \lambda g_x$，$f_y = \lambda g_y$，$g = 0$ を解く．

(1) $\lambda = 4, 9$ であり，極値をとりうる点は $(0, \pm 2), (\pm 3, 0)$ である．これらの点は楕円上の点であるから，点 $(\pm 3, 0)$ で最大値 $f(\pm 3, 0) = 9$ をとり，点 $(0, \pm 2)$ で最小値 $f(0, \pm 2) = 4$ をとる．

(2) $\lambda = 4$ であり，極値をとりうる点は $(2, 4)$．$x = 2y - 6$ であるから，$f(x, y) = (2y - 6)^2 - y^2 = 3y^2 - 24y + 36 = 3(y - 4)^2 - 12$ となるので，点 $(2, 4)$ で最小値 $f(2, 4) = -12$ をとる．最大値はない．

(3) $\lambda = 1$ であり，極値をとりうる点は $(0, -2), (\pm\sqrt{2}, -1)$．$x^2 = 2y + 4$ であるから，$f(x, y) = y^2 + 2y + 4 = (y + 1)^2 + 3$ となるので，点 $(\pm\sqrt{2}, -1)$ では最小値 $f(\pm\sqrt{2}, -1) = 3$ をとる．一方，$y = \dfrac{1}{2}x^2 - 2$ であるから，$f(x, y) = \dfrac{1}{4}x^4 - x^2 + 4$ であり，$f_x = x(x^2 - 2)$ となる．増減を調べると，$x = 0, \pm\sqrt{2}$ で極値をとり，$x = 0$ のときは極大になる．極大値は $f(0, -2) = 4$ である．最大値はない．

[5] 題意より，$100x + 300y = 3000$ のとき，$f(x, y) = xy$ の最大値を求めればよい．$g(x, y) = x + 3y - 30$ とすると，ラグランジュの乗数法により $\lambda = 5$ となり，極値をとりうる点は $(15, 5)$ である．したがって，キャンディ 15 個，チョコレート 5 個のとき最大になる．

[6] 与えられた直線上の点を (x, y) とする．原点からの距離は $\sqrt{x^2 + y^2}$ であるから，$x^2 + y^2$ が最小になる点を求めればよい．$f(x, y) = x^2 + y^2, g(x, y) = ax + by + c$ としてラグランジュの乗数法を利用すると，$\lambda = -\dfrac{2c}{a^2 + b^2}$ となり，極値をとりうる点は $\left(\dfrac{a\lambda}{2}, \dfrac{b\lambda}{2}\right)$ となるので，求める点は $\left(-\dfrac{ac}{a^2 + b^2}, -\dfrac{bc}{a^2 + b^2}\right)$ である．

第5章の章末問題

1. (1) $y = x^2$ とすると，$\displaystyle\lim_{(x,y)\to(0,0)} \frac{x^2y}{x^4 + y^2} = \lim_{x\to 0} \frac{x^4}{2x^4} = \frac{1}{2}$

(2) $y = 0$ とすると，$\displaystyle\lim_{(x,y)\to(0,0)} \frac{x^2y}{x^4 + y^2} = 0$

(3) (1) (2) により，近づき方によって異なる値に近づくので，極限値は存在しない．

2. (1) $\dfrac{\partial z}{\partial s} = f'(x) + g'(y), \quad \dfrac{\partial z}{\partial t} = -cf'(x) + cg'(y)$

(2)
$$\frac{\partial^2 z}{\partial s^2} = \frac{\partial}{\partial s}\left(\frac{\partial z}{\partial s}\right)$$
$$= \frac{\partial}{\partial x}\left(f'(x) + g'(y)\right) \cdot \frac{\partial x}{\partial s} + \frac{\partial}{\partial y}\left(f'(x) + g'(y)\right) \cdot \frac{\partial y}{\partial s}$$
$$= f''(x) \cdot 1 + g''(y) \cdot 1 = f''(x) + g''(y)$$
$$\frac{\partial^2 z}{\partial t^2} = \frac{\partial}{\partial t}\left(\frac{\partial z}{\partial t}\right)$$
$$= \frac{\partial}{\partial x}\left(-cf'(x) + cg'(y)\right) \cdot \frac{\partial x}{\partial t} + \frac{\partial}{\partial y}\left(-cf'(x) + cg'(y)\right) \cdot \frac{\partial y}{\partial t}$$
$$= -cf''(x) \cdot (-c) + cg''(y) \cdot c = c^2\left(f''(x) + g''(y)\right)$$

よって，$\dfrac{\partial^2 z}{\partial s^2} = \dfrac{1}{c^2}\dfrac{\partial^2 z}{\partial t^2}$ が成り立つ．

3. $z_u = z_x x_u + z_y y_u = z_x \cdot (2u) + z_y \cdot (2v) = 2(uz_x + vz_y)$,

$z_v = z_x x_v + z_y y_v = z_x \cdot (-2v) + z_y \cdot (2u) = 2(-vz_x + uz_y)$

であるから，

$$\begin{aligned}&(z_u)^2 + (z_v)^2 \\ &\quad = 4\{u^2(z_x)^2 + 2uvz_xz_y + v^2(z_y)^2\} + 4\{v^2(z_x)^2 - 2uvz_xz_y + u^2(z_y)^2\} \\ &\quad = 4(u^2 + v^2)\{(z_x)^2 + (z_y)^2\}\end{aligned}$$

である．したがって，$(z_x)^2 + (z_y)^2 = \dfrac{1}{4(u^2 + v^2)}\{(z_u)^2 + (z_v)^2\}$ が成り立つ．

4. 点 $\mathrm{P}(a, b, c)$ における接平面 S の方程式は，

$$\frac{x}{a} + \frac{y}{b} + \frac{z}{c} = 3$$

となる．接平面と x 軸，y 軸，z 軸との交点は，それぞれ $\mathrm{A}(3a, 0, 0)$, $\mathrm{B}(0, 3b, 0)$, $\mathrm{C}(0, 0, 3c)$ となるので，四面体 OABC の体積は，

$$V = \frac{1}{6} 3a \cdot 3b \cdot 3c = \frac{9}{2}abc = \frac{9}{2}$$

となる．これは点 P の座標によらず一定である．

5. $\begin{cases} f_x = mx^{m-1} = 0 \\ f_y = ny^{n-1} = 0 \end{cases}$ より，極値をとりうる点は $(0, 0)$ だけであり，$f(0, 0) = 0$ である．

(i) m と n が偶数のとき，$(x, y) \neq (0, 0)$ であれば $x^m + y^n > 0$ が成り立つので，f は $(0, 0)$ で極小値 0 をとる．

(ii) m と n の少なくとも一方が奇数のとき，たとえば m が奇数であれば，$x > 0$ ならば $f(x, 0) = x^m > 0$ であり，$x < 0$ ならば $f(x, 0) = x^m < 0$ であるから，f は $(0, 0)$ で極値をとらない．n が奇数の場合も同様である．

6. $\mathrm{P}(x, y)$ として，$f(x, y) = \mathrm{PA}^2 + \mathrm{PB}^2 + \mathrm{PC}^2$ とおくと，

$$f(x, y) = \{(x - x_1)^2 + (y - y_1)^2\} + \{(x - x_2)^2 + (y - y_2)^2\} + \{(x - x_3)^2 + (y - y_3)^2\}$$

である．極値をとりうる点は $\begin{cases} 6x - 2(x_1 + x_2 + x_3) = 0 \\ 6y - 2(y_1 + y_2 + y_3) = 0 \end{cases}$ を解いて，$\left(\dfrac{x_1 + x_2 + x_3}{3}, \dfrac{y_1 + y_2 + y_3}{3}\right)$

となる．この点において，$f_{xx}f_{yy}-(f_{xy})^2=36>0$, $f_{xx}>0$ であるから，$f(x,y)$ は極小値をとる．この値が最小値である．

7. 円筒形の容器の底面の半径を $r\,[\mathrm{cm}]$，高さを $h\,[\mathrm{cm}]$ とする．容器の体積 V と質量 W は $V=\pi r^2 h\,[\mathrm{cm}^3]$, $W=2\pi r^2\cdot 5+2\pi rh\cdot 3=2\pi(5r^2+3rh)\,[\mathrm{g}]$ である．体積が一定であるから，C を定数として，条件 $\varphi(r,h)=r^2h-C=0$ のもとで関数 $f(r,h)=5r^2+3rh$ が最小値をとる点を調べればよい．この点は連立方程式 $\begin{cases}10r+3h=\lambda\cdot 2rh\\ 3r=\lambda\cdot r^2\end{cases}$ を満たすので，$\dfrac{h}{r}=\dfrac{10}{3}$ となる．したがって，高さと底面の半径の比を $10:3$ とすればよい．

8. 極値をとる (x,y,z) で，ある λ に対して $\dfrac{-1}{x^2}=\lambda$, $\dfrac{-1}{y^2}=4\lambda$, $\dfrac{-1}{z^2}=9\lambda$ となる．さらに，$x+4y+9z=3$ を連立させて解くと，$x=\dfrac{1}{2}$, $y=\dfrac{1}{4}$, $z=\dfrac{1}{6}$ である．したがって，$\left(\dfrac{1}{2},\dfrac{1}{4},\dfrac{1}{6}\right)$ で極小値 13 をとる（これは最小値でもある）．

第6章

第11節の問

11.1 (1) $\dfrac{8}{3}$　(2) $\dfrac{(e^2-1)^2}{2}$　(3) 2

11.2 (1) $-\dfrac{1}{6}$　(2) $\dfrac{\pi}{4}$　(3) $\dfrac{\pi}{4}$　(4) $\dfrac{4}{15}(2\sqrt{2}-1)$

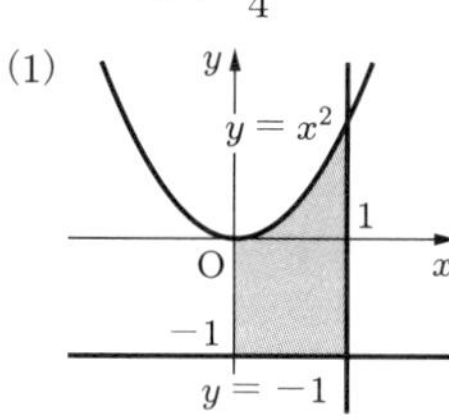

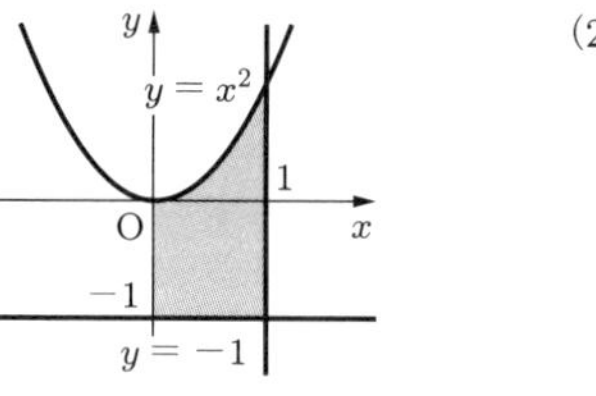

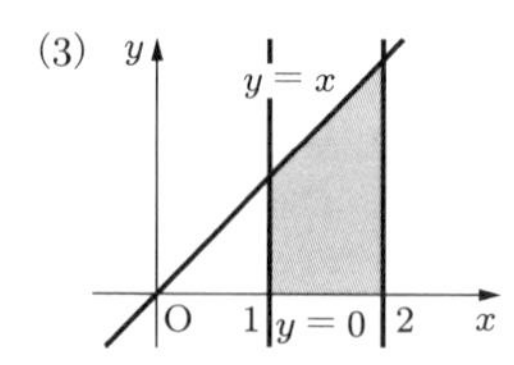

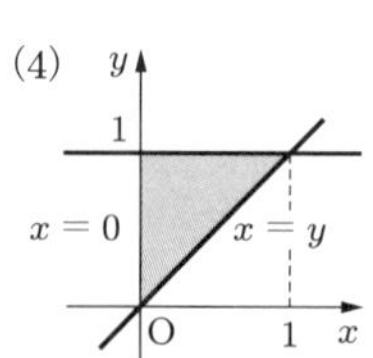

11.3 (1) $\displaystyle\int_0^1\left\{\int_y^{\sqrt{y}} f(x,y)\,dx\right\}dy$

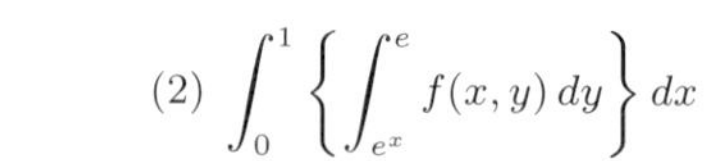

(2) $\displaystyle\int_0^1\left\{\int_{e^x}^{e} f(x,y)\,dy\right\}dx$

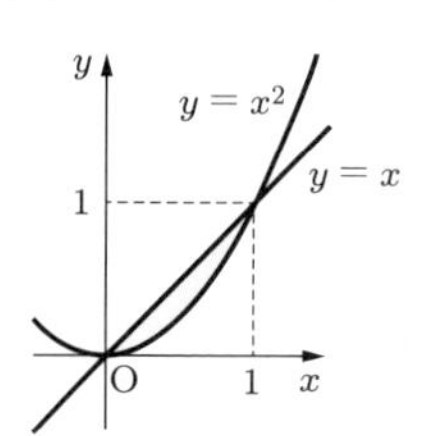

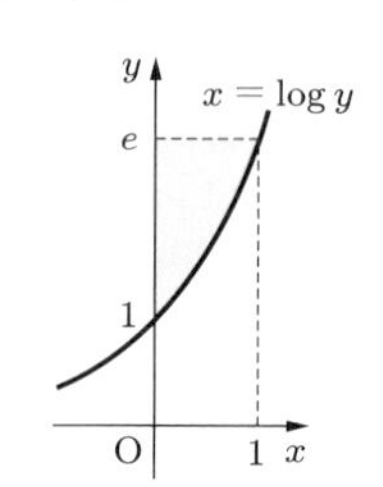

11.4 $\dfrac{2}{25}$

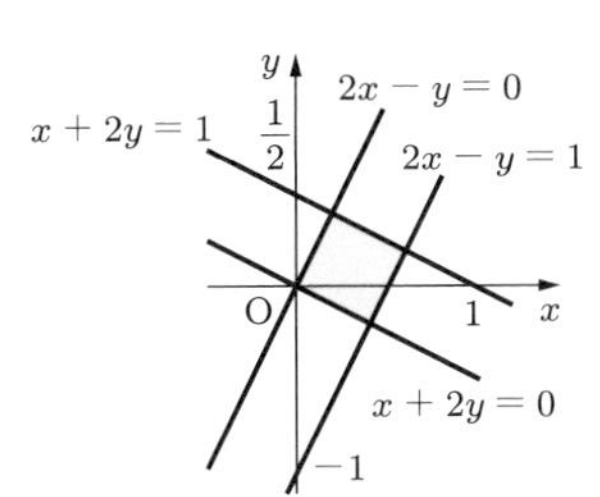

11.5 (1) $\dfrac{\pi}{8}$　　(2) $\dfrac{15}{8}$

11.6 $\dfrac{1}{6}abc$

$$\left[\ V=\iint_{\mathrm{D}} c\left(1-\frac{x}{a}-\frac{y}{b}\right)dxdy,\ D=\left\{(x,y)\,\middle|\,\frac{x}{a}+\frac{y}{b}\leqq 1,\ 0\leqq x\leqq a, y\geqq 0\right\}\ \right]$$

11.7 $\dfrac{2}{3}a^3$　$\left[\ V=\displaystyle\iint_{\mathrm{D}} y\,dxdy,\ D=\{(x,y)|x^2+y^2\leqq a^2,\ y\geqq 0\}\ \right]$

11.8 $\left(\dfrac{4a}{3\pi},\dfrac{4a}{3\pi}\right)$

練習問題 11

[1] (1) $\dfrac{2}{3}$　　(2) $\dfrac{e^2(3e^2-1)}{8}$

[2] (1) 与式 $=\displaystyle\int_1^2\left\{\int_1^x\left(\frac{2x^2}{y^2}+2y\right)dy\right\}dx=\int_1^2\left[-\frac{2x^2}{y}+y^2\right]_1^x dx$

$$=\int_1^2(3x^2-2x-1)\,dx=3$$

(2) 与式 $=\displaystyle\int_0^4\left\{\int_0^{\sqrt{x}}\frac{y}{1+x^2}\,dy\right\}dx=\frac{1}{2}\int_0^4\left[\frac{y^2}{1+x^2}\right]_0^{\sqrt{x}}dx=\frac{1}{2}\int_0^4\frac{x}{1+x^2}\,dx$

$$=\frac{1}{4}\int_0^4\frac{(1+x^2)'}{1+x^2}\,dx=\frac{1}{4}\Big[\log(1+x^2)\Big]_0^4=\frac{1}{4}\log 17$$

[3] (1) $\displaystyle\int_0^2\left\{\int_0^{x^2}f(x,y)\,dy\right\}dx$

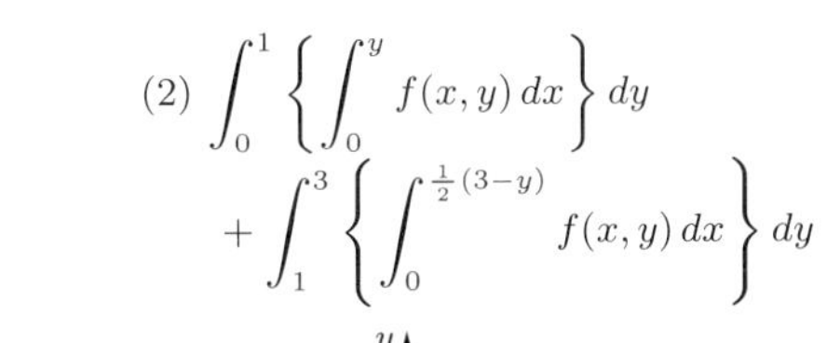

(2) $\displaystyle\int_0^1\left\{\int_0^y f(x,y)\,dx\right\}dy+\int_1^3\left\{\int_0^{\frac{1}{2}(3-y)}f(x,y)\,dx\right\}dy$

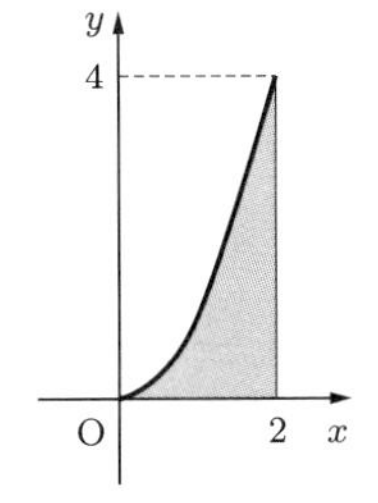

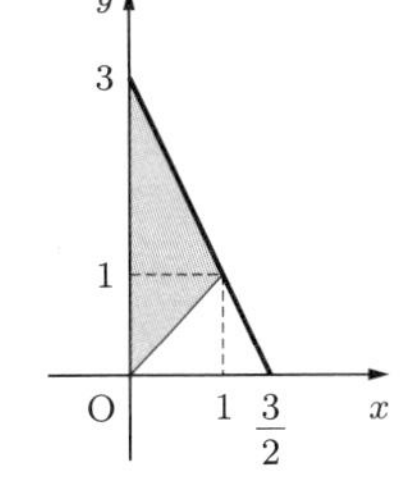

[4] 与式 $= \displaystyle\int_0^1 \left\{ \int_0^y e^{y^2}\,dx \right\} dy = \int_0^1 ye^{y^2}\,dy = \left[\frac{1}{2}e^{y^2} \right]_0^1 = \frac{e-1}{2}$

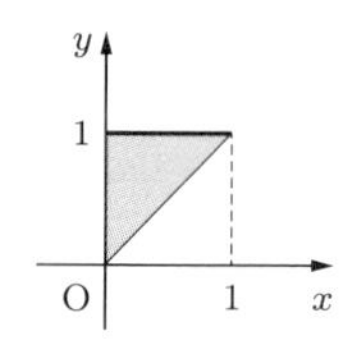

[5] $u = x + 2y,\ v = x - 2y$ とおくと，$x = \dfrac{1}{2}u + \dfrac{1}{2}v,\ y = \dfrac{1}{4}u - \dfrac{1}{4}v$ となり $J = -\dfrac{1}{4}$ である．積分領域は $\mathrm{D}' = \{(u,v)\,|\,0 \leqq u \leqq 2,\ 0 \leqq v \leqq 2\}$ である．

$$\text{与式} = \int_0^2 \left\{ \int_0^2 \left(\frac{1}{2}u + \frac{1}{2}v \right)^2 \cdot \frac{1}{4}du \right\} dv = \frac{1}{4}\int_0^2 \left[\frac{2}{3}\left(\frac{1}{2}u + \frac{1}{2}v \right)^3 \right]_0^2 dv$$

$$= \frac{1}{6}\int_0^2 \left(1 + \frac{3}{2}v + \frac{3}{4}v^2 \right) dv = \frac{7}{6}$$

[6] (1) 与式 $= \displaystyle\int_0^\pi \left\{ \int_0^2 r^2 \sin\theta\,dr \right\} d\theta = \frac{16}{3}$

(2) 与式 $= \displaystyle\int_0^{\frac{\pi}{4}} \left\{ \int_0^{2\sqrt{2}} r^2\,dr \right\} d\theta = \frac{4\sqrt{2}\,\pi}{3}$

(3) 与式 $= \displaystyle\int_{\frac{\pi}{4}}^{\frac{\pi}{2}} \left\{ \int_0^1 r^2 \cos\theta\,dr \right\} d\theta = \frac{2-\sqrt{2}}{6}$

[7] (1) 積分領域は $\mathrm{D} = \{(x,y)\,|\,x^2 + y^2 \leqq a^2\}$．極座標に変換して求める．

$$V = \iint_D (x^2 + y^2)\,dxdy = \int_0^{2\pi} \left\{ \int_0^a r^2 \cdot r\,dr \right\} d\theta = \frac{\pi a^4}{2}$$

(2) 図形の対称性から，$\mathrm{D} = \{(x,y)\,|\,x^2 + y^2 \leqq a^2,\ x \geqq 0,\ y \geqq 0\}$ の部分（下図）の体積を求めて 8 倍する．

$$V = 8\iint_D \sqrt{a^2 - x^2}\,dxdy$$

$$= 8\int_0^a \left\{ \int_0^{\sqrt{a^2-x^2}} \sqrt{a^2 - x^2}\,dy \right\} dx$$

$$= 8\int_0^a \left[y\sqrt{a^2 - x^2} \right]_0^{\sqrt{a^2-x^2}} dx$$

$$= 8\int_0^a (a^2 - x^2)\,dx = \frac{16a^3}{3}$$

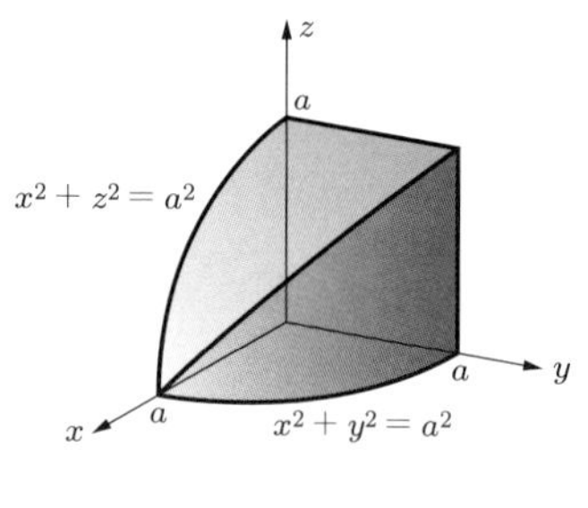

[8] この三角形は，$\mathrm{D} = \left\{ (x,y)\,\middle|\, \dfrac{x}{a} + \dfrac{y}{b} \leqq 1,\ 0 \leqq x \leqq a,\ y \geqq 0 \right\}$ である．

$\displaystyle\iint_{\mathrm{D}} dxdy = \frac{ab}{2}$，$\displaystyle\overline{x} = \frac{2}{ab}\iint_{\mathrm{D}} x\,dxdy = \frac{2}{ab}\int_0^a \left\{ \int_0^{b-\frac{b}{a}x} x\,dy \right\} dx = \frac{a}{3}$

同様に，$\displaystyle\overline{y} = \frac{2}{ab}\iint_{\mathrm{D}} y\,dxdy = \frac{b}{3}$ となるから，求める重心の座標は $\left(\dfrac{a}{3}, \dfrac{b}{3} \right)$ である．

[9] (1) $\left(0, \dfrac{4(a^2+ab+b^2)}{3\pi(a+b)}\right)$

(2) $b = 2a$ のとき，重心の y 座標は $\overline{y} = \dfrac{28a}{9\pi}$ となる．$\dfrac{28}{9} = 3.111\cdots < \pi$ であるから，$\overline{y} < a$ である．したがって，重心 $\mathrm{G}(0, \overline{y})$ は，領域 D の外（下側）にある．

索　引

英数字

あ　行

か　行

さ 行

た 行

な　行

は　行

ま　行

や　行

ら　行

監修者　上野　健爾　京都大学名誉教授・四日市大学関孝和数学研究所長
理学博士

編　者　工学系数学教材研究会

編集委員（五十音順）
阿蘇　和寿　石川工業高等専門学校名誉教授［執筆代表］
梅野　善雄　一関工業高等専門学校名誉教授
佐藤　義隆　東京工業高等専門学校名誉教授
長水　壽寛　福井工業高等専門学校教授
馬渕　雅生　八戸工業高等専門学校教授
柳井　忠　　新居浜工業高等専門学校教授

執筆者（五十音順）
阿蘇　和寿　石川工業高等専門学校名誉教授
梅野　善雄　一関工業高等専門学校名誉教授
小原　康博　熊本高等専門学校名誉教授
栗原　博之　茨城大学教授
古城　克也　新居浜工業高等専門学校教授
小鉢　暢夫　熊本高等専門学校准教授
佐藤　義隆　東京工業高等専門学校名誉教授
徳一　保生　北九州工業高等専門学校名誉教授
長岡　耕一　旭川工業高等専門学校名誉教授
長水　壽寛　福井工業高等専門学校教授
馬渕　雅生　八戸工業高等専門学校教授
宮田　一郎　元金沢工業高等専門学校教授
森田　健二　石川工業高等専門学校教授
森本　真理　秋田工業高等専門学校准教授
柳井　忠　　新居浜工業高等専門学校教授

（所属および肩書きは 2023 年 8 月現在のものです）

工学系数学テキストシリーズ
微分積分（第 2 版）

2014 年 12 月 24 日　第 1 版第 1 刷発行
2021 年 4 月 5 日　第 1 版第 5 刷発行
2022 年 12 月 28 日　第 2 版第 1 刷発行
2023 年 9 月 20 日　第 2 版第 2 刷発行

編者　工学系数学教材研究会

編集担当　太田陽喬（森北出版）
編集責任　上村紗帆（森北出版）
組版　ウルス
印刷　丸井工文社
製本　同

発行者　森北博巳
発行所　森北出版株式会社
〒102–0071　東京都千代田区富士見 1–4–11
03–3265–8342（営業・宣伝マネジメント部）
https://www.morikita.co.jp/

Printed in Japan
ISBN978–4–627–05722–7